纪念吴文俊先生诞辰100周年

国家出版基金项目
NATIONAL PUBLICATION FOUNDATION

The Complete Works of Wu Wen-Tsun

Topology I

吴文俊全集 · 拓扑学卷 Ⅰ

—— Sur les Classes Caractéristiques des Structures Fibrées Sphériques

—— Rational Homotopy Type

吴文俊 著
李邦河 编订

科学出版社
龍門書局
北京

内 容 简 介

本卷收录由法国 Hermann & Cie 出版社出版的吴文俊的博士论文 *Sur les Classes Caractéristiques des Structures Fibrées Sphériques*（《论球丛结构的示性类》）与 Springer 出版的 *Rational Homotopy Type —— A Constructive Study via the Theory of the I^*-Measure*（《有理同伦类》）. 吴的博士论文给出了两类具有特定群结构的纤维丛等价的一个非平凡的必要条件与 4 维复型到格拉斯曼流形映射的同伦分类. 作为应用，证明了 $4k$ 维球体不存在概复结构. 进一步给出 4 维与 6 维流形具有概复结构的充分必要条件，并确定了 4 维流形所有可能的概复结构. 论文还给出了 Whitney 示性类的对偶定理的证明. Whitney 对这个定理给的证明极为复杂，全文没有发表. 吴的证明则非常简洁，这是示性类的一个经典结果.《有理同伦类》一书介绍了吴文俊引进的 I^* 函子，其显著特点之一是可计算性. I^* 函子比已知的经典函子如同调函子 H 与同伦函子 π 等更易于计算及使用. I^* 函子不仅可以得出 H^*及 π 的有理部分信息，而且可以得出一些更加复杂的关系. 这使得 I^* 函子成为构造性代数拓扑学的重要内容.

本卷包括了吴文俊在示性类、流形的复结构与有理同伦方面的多个经典结果，可作为数学、物理与数学史研究人员、教师、研究生的参考文献，也可以作为拓扑学课程的参考书.

图书在版编目(CIP)数据

吴文俊全集. 拓扑学卷. I / 吴文俊著；李邦河编订. — 北京：龙门书局, 2019.5

国家出版基金项目

ISBN 978-7-5088-5559-2

Ⅰ. ①吴… Ⅱ. ①吴… ②李… Ⅲ. ①拓扑 - 文集 Ⅳ. ①O1-53

中国版本图书馆 CIP 数据核字 (2019) 第 074602 号

责任编辑：李 欣 赵彦超 / 责任校对：彭珍珍
责任印制：肖 兴 / 封面设计：无极书装

科学出版社 出版
北京东黄城根北街 16 号
邮政编码：100717
http://www.sciencep.com

北京通州皇家印刷厂 印刷

科学出版社发行 各地新华书店经销

*

2019 年 5 月第 一 版 开本：720 × 1000 1/16
2019 年 5 月第一次印刷 印张：22 1/2
字数：454 000

定价：178.00 元

编　者　序

中国现代数学的崛起，开始于 20 世纪初，经历了几代人坚苦卓绝的努力. 在这百年奋战中涌现出来的数学家中，吴文俊是最杰出的代表之一. 他早年留学法国，留学期间就已在拓扑学方面做出了杰出贡献，提出了后来以他的名字命名的“吴公式”和“吴示性类”. 回国后提出了“吴示嵌类”等拓扑不变量，发展了统一的嵌入理论. 他关于示性类与示嵌类的研究，已成为 20 世纪拓扑学的经典，至今还在前沿研究中使用.20 世纪 70 年代以来，吴文俊院士在汲取中国古代数学精髓的基础上，开创了崭新的现代数学领域——数学机械化. 他发明的被国际上誉为“吴方法”的数学机械化方法，改变了国际自动推理的面貌，形成了自动推理的中国学派，已使中国在数学机械化领域处于国际领先地位. 上述工作无疑属于 20 世纪中国数学赶超国际先进水平的标志性成果，而吴文俊院士博大精深的科学研究，除了拓扑学与数学机械化以外，还跨越了代数几何、博弈论、中国数学史、计算图论、人工智能等众多领域，并在每个领域都留下了这位多能数学家的重要贡献.

吴文俊先生是一位具有强烈爱国精神的数学家. 自 1950 年谢绝法国师友的挽留回到祖国后，半个世纪如一日，为在他深爱的中华故土发展数学事业而鞠躬尽瘁. 除了第一流的科研成果，吴文俊先生长期身处中国数学界领导地位，在团结带领整个中国数学界赶超世界先进水平方面，也做出了不可磨灭的贡献. 特别是，吴文俊先生在担任中国数学会理事长期间，领导中国数学最终成功地加入了国际数学联盟，此举大大提高了我国数学界的国际地位，同时也为我国成功举办 2002 年国际数学家大会铺平了道路.

吴文俊治学严谨，学术思想活跃，无论获得多么高的声誉，他总是勤奋地在科研第一线工作，一生积极进取，锲而不舍，不断取得新的成就. 在开始从事机器证明时，他已近花甲之年，从零开始学习编写计算机程序，每天十多个小时在机房连续工作，终于在几何定理机器证明这一难题上取得成功.

吴文俊先生为中国现代数学的发展建立了丰功伟绩，而他本人却始终淡泊、谦逊. 他处事公正豁达，待人充满善意，受过他帮助的人可以说不计其数. 正因如此，这位有着崇高国际声望而平易近人的学者，受到了每一个认识他的人格外的爱戴与尊敬.

2019 年 5 月 12 日是吴文俊先生百年诞辰. 为了纪念这个特殊的日子，我们编辑出版了《吴文俊全集》，通过系统地收录、整理吴文俊先生的学术著作和论文，纪念吴先生的学术思想及学术成就. 全集共计 13 卷，包括拓扑学 4 卷、数学机械化 5 卷以及数学史、博弈论与代数几何、数学思想各一卷. 同时，全集还设有附卷，收录吴文俊先生的同事、学生和其他社会各界人士发表过的与吴先生有关的各类文献资料.

最后，我们对在全集编辑中给予帮助的各位同事表示衷心感谢；感谢国家出版基金对于全集出版的资助；感谢科学出版社编辑人员在出版全集时认真细致的专业精神；感谢相关出版与新闻机构在版权方面提供的帮助.

李邦河　高小山　李文林

2019 年 3 月

Contents

Sur les Classes Caractéristiques des Structures Fibrées Sphériques

Rational Homotopy Type ——A Constructive Study via the Theory of the I^*-Measure

Sur les Classes Caractéristiques des Structures Fibrées Sphériques

ACTUALITÉS SCIENTIFIQUES ET INDUSTRIELLES

1183

PUBLICATIONS DE L'INSTITUT DE MATHÉMATIQUE
DE L'UNIVERSITÉ DE STRASBOURG

XI

SUR LES ESPACES FIBRÉS

ET LES

VARIÉTÉS FEUILLETÉES

PAR

WU WEN-TSUN ET Georges REEB

PARIS
HERMANN & Cie, ÉDITEURS
6, rue de la Sorbonne, 6

1952

This monograph consists of the theses of the authors at the University of Strasbourg under the direction of C. Ehresmann, and contains detailed accounts of original contributions of the authors, whose main results have been announced in the Comptes Rendus de l'Académie des Sciences à Paris. The contents of the two papers are not directly related, although both can be said to be concerned with certain aspects of the theory of differentiable manifolds.

The paper of Wu Wen-Tsun has the complete title: *Sur les classes caractéristiques des structures fibrées sphériques.* Its starting-point is the so-called universal bundle theorem. In the cases in which the author is interested, the fiber bundle has as base space a finite polyhedron B and as structural group G one of the three groups: the orthogonal group O_m in m variables, the proper orthogonal group $\hat{O}_m$ in m variables, and the unitary group O'_m in m complex variables. The universal bundle theorem asserts that, B and G being given, there exists a bundle with the base space B_0 and the same structural group G such that the given bundle is induced by a mapping $f:B\to B_0$ and that this mapping f is defined up to a homotopy. It was perhaps Pontrjagin who first observed that the dual homomorphism $f^*:H(B_0, R)\to H(B, R)$ of the cohomology ring of B_0 into the cohomology ring of B, relative to a coefficient ring R, is thus completely determined by the bundle. In our three cases we can take as B_0 respectively the following Grassmann manifolds: the manifold $R_{n,m}$ of all m-dimensional linear spaces through a point O in a real Euclidean space of dimension $n+m$, the manifold $\widehat{R}_{n,m}$ of such oriented linear spaces, and the manifold $C_{n,m}$ of all linear spaces of dimension m through a point O in a complex Euclidean space of complex dimension $n+m$, with n sufficiently large in all three cases. The author's notation for $C_{n,m}$ is slightly confusing. In many places, such as on pages 7, 8, 48, etc., it would be clearer to write $C_{n',m'}$ for $C_{n,m}$.

The fruitfulness of this approach is based on the fact that these Grassmann manifolds are relatively "rich" in homology properties. The homology groups of these manifolds were determined by Ehresmann, on adopting the notion of Schubert varieties in algebraic geometry. Since f^* is a multiplicative homomorphism, it suffices to know its effect on a multiplicative base of $H(B_0, R)$. Moreover, we can restrict ourselves to the cohomology classes of dimensions $\leqq \dim B$. The cases of interest are the following:

(1) The structural group G is O_m or $\hat{O}_m$ and the coefficient ring R is the finite field of two elements. In this case a multiplicative base of $H(B_0, R)$ is formed by the k-dimensional cohomology classes W_2^k, $1 \leqq k \leqq m$. Their images under f^* are called the Stiefel-Whitney classes.

(2) G is O_m or $\hat{O}_m$ and R is the field of real numbers. There are classes P_0^{4k}, $1 \leqq k \leqq m/4$, which generate the elements of dimension $\leqq m$ of $H(B_0, R)$. Their images under f^* are called the Pontrjagin classes.

(3) G is O'_m and R is the ring of integers. There are classes C^{2k}, $1 \leqq k \leqq m$, of dimension $2k$ which generate the elements of dimension $\leqq 2m$ of $H(B_0, R)$.

These cohomology classes are what the author calls characteristic classes. It is the study of their properties and their geometrical applications which constitutes the main aim of this paper.

The paper is divided into five chapters. Chapter I contains an exposition of the homology properties of Grassmann manifolds. The results are essentially due to Ehresmann, with modifications by Pontrjagin for the case $\widehat{R}_{n,m}$. The section on the relation between two dual Grassmann manifolds is new and should be found useful in geometrical applications.

The author considers Chapter II as containing his main contribution in this paper. For simplicity call a fiber bundle with the structural group G a G-structure. If G' is a subgroup of G, a fundamental problem in fiber bundles is whether a G-structure is equivalent to a G'-structure. The author studies the cases when (G, G') are respectively the pairs $(O_m, \hat{O}_m)$ and $(\hat{O}_{2m}, O'_m)$. For definiteness of description let us restrict ourselves to the pair $(\hat{O}_{2m}, O'_m)$. There is a canonical mapping $\phi': C_{n,m} \to \widehat{R}_{2n,2m}$. If an $\hat{O}_{2m}$-structure is induced by a mapping $f: B \to \widehat{R}_{2n,2m}$, it follows from the universal bundle theorem that it is equivalent to an O'_m-structure if and only if there exists a mapping $g: B \to C_{n,m}$, such that f and $\phi' \circ g$ are homotopic. The study of the homology properties of the mapping ϕ' is thus carried out. From this one derives the following necessary conditions for a given $\hat{O}_{2m}$-structure to be equivalent to an O'_m-structure

$$W_2^{2k} = C_2^{2k}, \qquad W_2^{2k+1} = 0 \tag{1}$$

$$(-1)^k P_0^{4k} = \sum_{h=0}^{2k} (-1)^h C_0^{2h} \cup C_0^{4k-2h}, \tag{2}$$

where C^{2h} are the characteristic classes (with integer coefficients) of the O'_m-structure and the subscripts 2 and 0 denote respectively their reductions to coefficients mod 2 and to real coefficients. Neither set of these conditions is trivial, even for the tangent bundle of an even-dimensional orientable manifold. In fact, the author gives examples of even-dimensional orientable manifolds whose three-dimensional Stiefel-Whitney class does not vanish. (Whitney proved that the three-dimensional Stiefel-Whitney class of a four-dimensional orientable manifold always vanishes.) Meanwhile, the author derives from (2) the theorem that a sphere of dimension $4k$ has no almost complex structure.

Chapter III is devoted to the study of the homotopy properties of Grassmann manifolds. The main result is a homotopy classification of the mappings of a four-dimensional complex into $C_{n,2}$, $n \geqq 2$. This result is applied in Chapter IV to derive a necessary and sufficient condition for a four-dimensional oriented manifold to have an almost complex structure. The author even determines all possible almost complex structures on it. (In the statement of Theorem 10, p. 74, it would be clearer to mention that the manifold M is of dimension 4.) The same idea is applied to derive a necessary and sufficient condition that a six-dimensional oriented manifold has an almost complex structure.

From an $\hat{O}_m$-structure and an $\hat{O}_n$-structure over the same base space we can define, following an idea of Whitney, an $\hat{O}_{m+n}$-structure. The relations between the characteristic classes of these three structures constitute the duality theorems of the Whitney type. Chapter V gives the statements and proofs of such duality theorems. Whitney himself has not published his proofs, claiming that they are very difficult. The present method of looking at the problem as the study of the homology properties of a certain canonical mapping of Grassmann manifolds seems to be the proper approach to this question.

This thesis was finished in the summer of 1949. In the next two years Wu pushed this study much further. Among other results he has determined the Steenrod squares on a Grassmann manifold and has obtained necessary conditions that a sphere bundle be the tangent bundle of a differentiable manifold. (Cf. Comptes Rendus Paris, v. 230, pp. 508–511, 918–920.)

S. S. Chern

INTRODUCTION

§ 1. Nous étudierons dans ce travail les espaces fibrés E (B, F, G, H) dont la fibre est une sphère de dimension $m - 1$ et G le groupe orthogonal O_m ou un de ses sous-groupes [1] [12] (*). Nous dirons qu'un tel espace fibré définit une G-structure (fibrée sphérique) sur la base B, que nous désignerons par les symboles $\mathfrak{S}$, $\mathfrak{F}$, etc. Le problème central de la théorie des espaces fibrés est de classifier, étant donnés B, F et G, les structures fibrées par leurs invariants. Pour les O_m-structures le problème de classification se ramène à un autre grâce à un théorème fondamental de Steenrod-Whitney [2]. Soit en effet $\mathbf{R}_{n,m}$ la variété grassmannienne des sous-espaces de dimension m dans l'espace numérique de dimension $n + m$. Le théorème de Steenrod-Whitney dit alors :

Les classes d'isomorphisme des O_m-structures qu'on peut définir sur un complexe B sont en correspondance biunivoque avec les classes d'homotopie des applications continues (1) de B dans $\mathbf{R}_{n,m}$, pourvu que n soit assez grand.

Il en résulte que tous les invariants d'une classe d'homotopie des applications de B dans $\mathbf{R}_{n,m}$ sont aussi des invariants des O_m-structures correspondantes. Ceci permet donc d'introduire la notion suivante :

Soit $\mathbf{A}$ une classe de cohomologie dans $\mathbf{R}_{n,m}$. Soit $\mathfrak{S}$ une O_m-structure sur B correspondant à l'application $f: B \to \mathbf{R}_{n,m}$ (2). La classe $f^*\mathbf{A}$ (image réciproque de $\mathbf{A}$ par f) est alors un invariant de $\mathfrak{S}$ et est appelée une *classe caractéristique* de $\mathfrak{S}$.

D'après Ehresmann [3], les classes d'homologie et de même les

(*) Voir la liste des références p. 11.

(1) Dorénavant nous dirons simplement *application* au lieu d'*application continue*.

(2) Une application f d'un espace X dans un espace Y sera généralement notée $f: X \to Y$.

classes de cohomologie de $\mathbf{R}_{n,m}$ à coefficients entiers mod 2 peuvent être mises en correspondance biunivoque avec des suites d'entiers qui, dans nos notations sont des suites $\omega(1), \ldots \omega(m)$ telles que

$$0 \leqslant \omega(1) \leqslant \ldots \leqslant \omega(m) \leqslant n.$$

Les classes à coefficients entiers peuvent être aussi déterminées à l'aide de ces suites. Pourtant les seules classes qui importent sont celles qui figurent dans le tableau suivant :

Classes dans $\mathbf{R}_{n,m}$.	Coefficients.	Suite correspondante.
$\mathbf{W}_2^i (i=1, \ldots m)$	entiers mod 2	$\omega(1)=\ldots=\omega(m-i)=0$, $\omega(m-i+1)=\omega(m)=1$.
$\overline{\mathbf{W}}_2^i (i=1, \ldots n)$	entiers mod 2	$\omega(1)=\ldots=\omega(m-1)=0$, $\omega(m)=i$.
$\mathbf{P}_0^{4k} (1 \leqslant k \leqslant m/2)$	entiers	$\omega(1)=\ldots=\omega(m-2k)=0$, $\omega(m-2k+1)=\ldots=\omega(m)=2$.
$\overline{\mathbf{P}}_0^{4k} (1 \leqslant k \leqslant n/2)$	entiers	$\omega(1)=\ldots=\omega(m-2)=0$, $\omega(m-1)=\omega(m)=2k$.

Les classes caractéristiques correspondantes seront désignées par $\mathbf{W}_2^i(\mathfrak{S})$, $\overline{\mathbf{W}}_2^i(\mathfrak{S})$, $\mathbf{P}_0^{4k}(\mathfrak{S})$ et $\overline{\mathbf{P}}_0^{4k}(\mathfrak{S})$ respectivement ; elles sont indépendantes de la valeur de n. L'indice inférieur 0 ou 2 indiquera toujours que les coefficients de la classe de cohomologie ou d'homologie considérée sont respectivement entiers ou entiers mod 2, et l'indice supérieur désignera la dimension. De plus, étant donnée une classe à coefficients entiers $\mathbf{A}_0$, la classe déduite de $\mathbf{A}_0$ par réduction mod 2 sera désignée par $\mathbf{A}_2$. Par exemple, la classe $\mathbf{P}_2^{4k}$ est ainsi déduite de $\mathbf{P}_0^{4k}$.

L'importance de ces classes provient des raisons suivantes :

a) D'après Chern [4] les classes $\mathbf{W}_2^i$ forment une base pour l'anneau de cohomologie mod 2 de $\mathbf{R}_{n,m}$.

b) Tous les coefficients de cotorsion de $\mathbf{R}_{n,m}$ sont égaux à 2. Toutes les classes de cotorsion sont donc déduites de classes mod 2 par une certaine opération invariante λ définie de la manière suivante : soit $\mathbf{A}_2$ une classe mod 2. Prenons une cochaîne A_0 à coefficients entiers telle que A_0 réduit mod 2 appartienne à $\mathbf{A}_2$. On a alors $\delta A_0 = 2C_0$, où C_0 est un cocycle entier appartenant à une classe entière qui ne dépend que de $\mathbf{A}_2$ et que nous désignons par $\lambda(\mathbf{A}_2)$.

c) D'après les travaux de Pontrjagin et Chern, les classes $\mathbf{P}_0^{4k}$ ou $\overline{\mathbf{P}}_0^{4k}$ engendrent les éléments de dimension $\leqslant n$ de l'anneau de cohomologie à coefficients réels de $\mathbf{R}_{n,m}$.

Il en résulte que toutes les classes caractéristiques d'une O_m-structure $\mathfrak{S}$ sont complètement déterminées par les classes $\mathbf{W}_2^i(\mathfrak{S})$ et $\mathbf{P}_0^{4k}(\mathfrak{S})$; nous nous bornerons donc à l'étude de ces dernières.

§ **2.** Le théorème de Steenrod-Whitney a été généralisé par Pontrjagin [5] au cas des G-structures fibrées sphériques, où G est le groupe des rotations $O_m^\wedge$ et par Chern [6] au cas où G est le groupe unitaire O'_m, ce qui suppose $m = 2m'$. Ces structures seront appelées respectivement *orientées* ou *unitaires* pour les distinguer des structures *ordinaires* dont le groupe G est le groupe orthogonal. Dans le théorème de Steenrod-Whitney étendu, les variétés $\mathbf{R}_{n,m}$ sont à remplacer respectivement par les variétés $\hat{\mathbf{R}}_{n,m}$ et $\mathbf{C}_{n,m}$ (n assez grand) définies de la manière suivante :

$\hat{\mathbf{R}}_{n,m}$ est la variété grassmannienne des sous-espaces *orientés* de dimension m dans l'espace numérique de dimension $n+m$;

$\mathbf{C}_{n,m}$ ($n = 2n'$, $m = 2m'$) est la variété grassmannienne des sous-espaces complexes de dimension complexe m' dans l'espace numérique complexe $C^{n'+m'}$ de dimension complexe $n'+m'$.

Les propriétés d'homologie des variétés $\hat{\mathbf{R}}_{n,m}$ et $\mathbf{C}_{n,m}$ ont été étudiées par Pontrjagin [7], Ehresmann [8] et Hodge [9]. On peut aussi introduire un système de *classes caractéristiques :*

$\mathbf{W}_2^i(\mathfrak{S})$, $\overline{\mathbf{W}}_2^i(\mathfrak{S})$, $\mathbf{P}_0^{4k}(\mathfrak{S})$, $\overline{\mathbf{P}}_0^{4k}(\mathfrak{S})$ et $\mathbf{X}_0^m(\mathfrak{S})$ pour une $O_m^\wedge$-structure $\mathfrak{S}$;

$\mathbf{C}_0^{2k}(\mathfrak{S})$, $\overline{\mathbf{C}}_0^{2k}(\mathfrak{S})$ pour une O'_m-structure $\mathfrak{S}$.

Dans les applications les classes caractéristiques ainsi définies se présentent toujours ensemble, de sorte qu'il convient de les réunir sous la forme d'un polynome en introduisant une indéterminée t de la manière suivante :

$$\left.\begin{aligned} \mathbf{W}_2(\mathfrak{S}, t) &= \sum_{i=0}^{m} \mathbf{W}_2^i(\mathfrak{S}) \cdot t^i \\ \overline{\mathbf{W}}_2(\mathfrak{S}, t) &= \sum_{i\geqslant 0} \overline{\mathbf{W}}_2^i(\mathfrak{S}) \cdot t^i \\ \mathbf{P}_0(\mathfrak{S}, t) &= \sum_{k=0}^{[m/2]} (-1)^k \mathbf{P}_0^{4k}(\mathfrak{S}) \cdot t^{4k} \\ \overline{\mathbf{P}}_0(\mathfrak{S}, t) &= \sum_{k\geqslant 0} \overline{\mathbf{P}}_0^{4k}(\mathfrak{S}) \cdot t^{4k} \end{aligned}\right\} \text{pour une } O_m\text{- ou } O_m^\wedge\text{-structure } \mathfrak{S} \text{ ; } [m/2] = \text{le plus grand entier contenu dans } m/2.$$

$$\left.\begin{aligned} \mathbf{C}_0(\mathfrak{S}, t) &= \sum_{k=0}^{m'} \mathbf{C}_0^{2k}(\mathfrak{S}) \cdot t^{2k} \\ \overline{\mathbf{C}}_0(\mathfrak{S}, t) &= \sum_{k\geqslant 0} \overline{\mathbf{C}}_0^{2k}(\mathfrak{S}) \cdot t^{2k} \end{aligned}\right\} \text{pour une } O'_m\text{-structure } \mathfrak{S} \text{ ; } m = 2m'.$$

où $\mathbf{W}_2^0(\mathfrak{S})$, $\mathbf{P}_0^0(\mathfrak{S})$, $\mathbf{C}_0^0(\mathfrak{S})$, $\overline{\mathbf{W}}_2^0(\mathfrak{S})$, etc. sont des classes unités mod 2 ou entières de dimension 0.

L'étude des classes caractéristiques constitue le but essentiel du présent travail. Nous remarquons que les classes $\mathbf{W}_2^i(\mathfrak{S})$ sont en relation étroite avec les classes caractéristiques introduites par Stiefel [10] et Whitney [11], et la classe $\mathbf{X}_0^m(\mathfrak{S})$ avec la caractéristique d'Euler-Poincaré d'une variété orientable pour la « structure tangente » de cette variété orientée. Mais nous ne préciserons pas les relations exactes dans ce travail.

§ **3.** Il est évident qu'on peut considérer une structure fibrée sphérique orientée comme une structure ordinaire et une structure unitaire comme une structure orientée ; cela veut dire qu'une structure orientée est subordonnée [1] à une structure ordinaire et une structure unitaire à une structure orientée. Le premier problème central que nous considérons dans ce travail est le problème inverse, à savoir :

Étant donnée une structure ordinaire (ou orientée) $\mathfrak{S}$, est-ce qu'il existe une structure orientée (resp. unitaire) $\mathfrak{S}'$ subordonnée à $\mathfrak{S}$?

Grâce au théorème fondamental de Steenrod-Whitney-Pontrjagin-Chern ce problème peut être ramené à un problème concernant les variétés grassmanniennes de la manière suivante :

Pour un élément X de $\hat{\mathbf{R}}_{n,m}$, soit $\varphi(X)$ le même élément mais non-orienté. $\varphi(X)$ est alors un élément de $\mathbf{R}_{n,m}$ et on obtient ainsi une application canonique $\varphi: \hat{\mathbf{R}}_{n,m} \to \mathbf{R}_{n,m}$.

Pour un élément Z de $\mathbf{C}_{n,m}$, soit $\varphi'(Z)$ le même élément en négligeant sa structure complexe mais muni de l'orientation naturelle. On peut alors considérer $\varphi'(Z)$ comme un élément de $\hat{\mathbf{R}}_{n,m}$. On a ainsi une application canonique $\varphi': \mathbf{C}_{n,m} \to \hat{\mathbf{R}}_{n,m}$.

Notre problème est alors équivalent au suivant :

Étant donnée une application $f: B \to \mathbf{R}_{n,m}$, est-ce qu'il existe une application $\hat{f}: B \to \hat{\mathbf{R}}_{n,m}$, telle que $\varphi\hat{f} = f$?

Étant donnée une application $f: B \to \hat{\mathbf{R}}_{n,m}$, est-ce qu'il existe une application $g: B \to \mathbf{C}_{n,m}$ telle que $\varphi' g \simeq f$?

Le premier pas vers la solution de notre problème est donc la détermination du type d'homologie des applications φ et φ'. D'après les raisons données plus haut, il suffit pour cela de déterminer les images inverses des classes $\mathbf{W}_2^i$, $\mathbf{P}_0^{4k}$ et $\mathbf{X}_0^m$. On est conduit ainsi aux résultats suivants :

Si la structure orientée $\mathfrak{S}'$ est subordonnée à la structure ordinaire $\mathfrak{S}$, on a

$$\mathbf{W}_2(\mathfrak{S}, t)=\mathbf{W}_2(\mathfrak{S}', t), \qquad \overline{\mathbf{W}}_2(\mathfrak{S}, t)=\overline{\mathbf{W}}_2(\mathfrak{S}', t),$$
$$\mathbf{P}_0(\mathfrak{S}, t)=\mathbf{P}_0(\mathfrak{S}', t), \qquad \overline{\mathbf{P}}_0(\mathfrak{S}, t)=\overline{\mathbf{P}}_0(\mathfrak{S}', t).$$

Si la structure unitaire $\mathfrak{S}'$ est subordonnée à la structure orientée $\mathfrak{S}$, on a

$$(1) \qquad \begin{cases} \mathbf{W}_2(\mathfrak{S}, t)=\mathbf{C}_2(\mathfrak{S}', t), \\ \mathbf{P}_0(\mathfrak{S}, t)=\mathbf{C}_0(\mathfrak{S}', t) \cup \mathbf{C}_0(\mathfrak{S}', \mathrm{i}t), \\ \mathbf{X}_0^m(\mathfrak{S})=(-1)^{m'}\mathbf{C}_0^m(\mathfrak{S}'), \qquad m=2m'. \end{cases}$$

Ces dernières formules donnent quelques conditions nécessaires pour qu'une structure orientée $\mathfrak{S}$ admette une structure unitaire subordonnée ; par exemple, il est nécessaire que

$$(2) \qquad \mathbf{W}_2^{2k+1}(\mathfrak{S})=0.$$

§ 4. Comme application nous étudierons les structures presque complexes des variétés différentiables [12] [13]. Nous dirons qu'une variété différentiable orientée est presque complexe si sa structure tangente $\mathfrak{S}$ admet une structure unitaire subordonnée. On déduit des formules (1) les conditions nécessaires suivantes pour qu'une variété orientée soit presque complexe :

Pour les variétés de dimension 4 : il existe une classe entière $\mathbf{C}_0^2$ de dimension 2 telle que

$$(3) \qquad \mathbf{C}_2^2=\mathbf{W}_2^2(\mathfrak{S}), \qquad \mathbf{C}^2 \cup \mathbf{C}_0^2=\mathbf{P}_0^4(\mathfrak{S})+2\mathbf{X}_0^4(\mathfrak{S});$$

Pour les variétés de dimension 6 : il existe une classe entière $\mathbf{C}_0^2$ de dimension 2 telle que

$$(4) \qquad \mathbf{C}_2^2=\mathbf{W}_2^2(\mathfrak{S}).$$

Une étude plus approfondie des propriétés d'homotopie des variétés grassmanniennes [14] [15] [16] montre que ces conditions sont non seulement nécessaires mais aussi suffisantes. De plus, pour la dimension 4 les structures presque complexes de la variété sont en correspondance biunivoque avec le système de classes $\mathbf{C}_0^2$ vérifiant les conditions (3). Pour la dimension 6 le théorème est dû à Ehresmann, mais énoncé sous une autre forme et démontré par une autre méthode [12].

§ **5**. Un autre problème étudié est la détermination des rapports entre les classes caractéristiques de certaines structures fibrées sphériques invariablement liées l'une à l'autre. Par exemple, la structure fibrée sphérique tangente d'une variété plongée dans un espace euclidien et sa structure fibrée sphérique normale fournissent un exemple de deux structures fibrées sphériques *duales* l'une de l'autre dont nous ne préciserons pas ici la définition. Pour deux telles structures $\mathfrak{S}$ et $\overline{\mathfrak{S}}$, on a :

$$(5)_1 \quad \mathbf{W}_2(\mathfrak{S}, t) = \overline{\mathbf{W}}_2(\overline{\mathfrak{S}}, t), \qquad \overline{\mathbf{W}}_2(\mathfrak{S}, t) = \mathbf{W}_2(\overline{\mathfrak{S}}, t);$$

$$(5)_2 \quad \mathbf{P}_0(\mathfrak{S}, t) = \overline{\mathbf{P}}_0(\overline{\mathfrak{S}}, t), \qquad \overline{\mathbf{P}}_0(\mathfrak{S}, t) = \mathbf{P}_0(\overline{\mathfrak{S}}, t).$$

De même, pour deux structures fibrées sphériques unitaires $\mathfrak{S}$ et $\overline{\mathfrak{S}}$ *duales* l'une de l'autre on a

$$(5)_3 \quad \mathbf{C}_0(\mathfrak{S}, t) = \mathbf{C}_0(\overline{\mathfrak{S}}, t), \qquad \overline{\mathbf{C}}_0(\mathfrak{S}, t) = \mathbf{C}_0(\overline{\mathfrak{S}}, t).$$

Ces formules forment une généralisation d'un théorème de dualité de Whitney [11] qui s'exprime par les formules $(5)_1$. Elles montrent que les classes $\mathbf{W}_2^i(\mathfrak{S})$ présentent un caractère dual par rapport aux classes $\overline{\mathbf{W}}_2^i(\mathfrak{S})$, ce qui justifie leur introduction.

§ **6**. Le dernier problème que nous considérons est la détermination des classes caractéristiques de la structure fibrée sphérique qui est composée par deux autres structures fibrées sphériques. Par exemple, en *composant* deux structures ordinaires $\mathfrak{S}_1$ et $\mathfrak{S}_2$ sur un même complexe K on obtiendra une structure ordinaire $\mathfrak{S}$, appelée le *produit* de $\mathfrak{S}_1$ et $\mathfrak{S}_2$. L'étude des classes caractéristiques de $\mathfrak{S}$ conduit à une formule importante due à Whitney [11] :

$$\mathbf{W}_2(\mathfrak{S}, t) = \mathbf{W}_2(\mathfrak{S}_1, t) \cup \mathbf{W}_2(\mathfrak{S}_2, t).$$

A l'aide de cette formule et de ses conséquences nous construisons un exemple d'une variété orientée de dimension 6 dont $\mathbf{W}_2^3(\mathfrak{S}) \neq 0$ pour sa structure tangente $\mathfrak{S}$, ce qui montre que la condition nécessaire (2) (et aussi (4)) pour l'existence d'une structure presque complexe n'est pas triviale en général.

§ **7**. Le présent travail est subdivisé en cinq chapitres. Dans le premier chapitre nous étudierons les propriétés d'homologie des variétés grassmanniennes. Comme point de départ, nous définissons les subdivisions canoniques des variétés $\hat{\mathbf{R}}_{n,m}$ et nous donnons les formules de bords dues à Pontrjagin [7]. Nous reproduisons la démonstration de Pontrjagin de ces formules pour que notre travail soit aussi complet que possible. Le deuxième chapitre est la partie essentielle de ce travail; nous y définissons les classes caractéristiques des diverses structures fibrées sphériques et étudions les relations entre elles pour des structures invariablement associées l'une à l'autre. Le troisième chapitre concerne les propriétés d'homotopie des variétés grassmanniennes, qui serviront à l'étude des structures presque complexes des variétés différentiables dans le quatrième chapitre. La composition des structures fibrées sphériques est considérée dans le dernier chapitre. Nous suivons une méthode unique: les formules liant les classes caractéristiques des diverses structures fibrées sphériques sont toujours obtenues par la considération du type d'homologie de certaines applications canoniques d'une variété grassmannienne (ou le produit de deux variétés grassmanniennes) dans une autre.

Remarque. Les premiers quatre chapitres du présent travail constituent ma thèse soutenue à la Faculté des Sciences de l'Université de Strasbourg le 16 juillet 1949 pour obtenir le grade de Docteur ès sciences. L'auteur tient à exprimer ses remerciements à S. Chern et Ch. Ehresmann et son grand respect à L. Pontrjagin.

Le 16 octobre 1949, Paris.

RÉFÉRENCES

[1] Ch. EHRESMANN, Espaces fibrés associés, *C. R.*, Paris, 213 (1941), 762-764; Espaces fibrés de structures comparables, *C. R.*, Paris, 214 (1942), 144-147.

[2] N. E. STEENROD, Classification of sphere bundles, *Annals of Math.*, 4 (1944), 294-311.

[3] Ch. EHRESMANN, Sur la topologie de certaines variétés algébriques réelles, *Journal de Math.*, 104 (1939), 69-100.

[4] S. CHERN, On the multiplication in the characteristic ring of a sphere bundle, *Annals of Math.*, 49 (1948), 362-372.

[5] L. PONTRJAGIN, Characteristic cycles, *C. R.* U. R. S. S., 47 (1945), 242-245.

[6] S. CHERN, Characteristic classes of Hermitian manifolds, *Annals of Math.*, 47 (1946), 85-121.

[7] L. PONTRJAGIN, Mat. Sbornik. 21 (163) (1947), 233-284.

[8] Ch. EHRESMANN, Sur la topologie de certains espaces homogènes, *Annals of Math.*, 35 (1934), 396-443.

[9] W. V. D. Hodge, The intersection formulae for a grassmannian variety, *Journal Lond. Math. Soc.*, 17 (1942), 48-64.

(La formule peut aussi être démontrée par la méthode utilisée par S. Chern dans (4).)

[10] E. Stiefel, Richtungsfelder und Fernparallelismus in *n*-dimensionalen Mannigfaltigkeiten, *Comm. Math. Helv.*, 8 (1935/36), 305-353.

[11] H. Whitney, On the topology of differentiable manifolds, *Lectures in Topology* (1941), 101-141.

[12] Ch. Ehresmann, Sur la théorie des espaces fibrés, *Colloque de Topologie Algébrique*, Paris (1947).

[13] H. Hopf, Zur Topologie der komplexen Mannigfaltigkeiten, Courant *Anniversary volume* (1948), 167-185.

[14] G. W. Whitehead, Homotopy properties of the real orthogonal groups, *Annals of Math.*, 43 (1942), 132-146.

[15] B. Eckmann, Über die Homotopiegruppen von Gruppenräumen, *Comm. Math. Helv.*, 14 (1841/42), 234-256.

[16] L. Pontrjagin, Classification of some skew products, *C. R.* U. R. S. S., 47 (1945), 322-325.

CHAPITRE PREMIER

LES PROPRIÉTÉS D'HOMOLOGIE DES VARIÉTÉS GRASSMANNIENNES

§ 1. Les variétés grassmanniennes.

Soit R^{n+m} l'espace numérique de dimension $n+m$. La variété des sous-espaces vectoriels de dimension m non-orientés (respectivement orientés) de R^{n+m} sera désignée par $\mathbf{R}_{n,m}$ (resp. $\hat{\mathbf{R}}_{n,m}$).

Soit $C^{n'+m'}$ (resp. $Q^{n''+m''}$) l'espace numérique complexe (resp. quaternionien) de dimension $n'+m'$ (resp. $n''+m''$), c'est-à-dire de dimension réelle $n+m$, où $n=2n'$, $m=2m'$ (resp. $n=4n''$, $m=4m''$). La variété des sous-espaces vectoriels complexes (resp. quaternioniens) de dimension m' (resp. m'') ou de dimension réelle m, de $C^{n'+m'}$ (resp. $Q^{n''+m''}$) sera désignée par $\mathbf{C}_{n,m}$ (resp. $\mathbf{Q}_{n,m}$).

Les variétés $\mathbf{R}_{n,m}$, $\hat{\mathbf{R}}_{n,m}$, $\mathbf{C}_{n,m}$ ou $\mathbf{Q}_{n,m}$ sont appelées *variétés grassmanniennes* et seront désignées par $\mathbf{G}_{n,m}$ s'il n'y a aucune nécessité de les distinguer.

Les propriétés d'homologie des variétés grassmanniennes ont été étudiées à l'aide des ω-fonctions ou, d'une façon plus précise, des (m, n, ω)-fonctions. Ce sont des fonctions définies dans l'ensemble des entiers $1, 2, \dots m$ et prenant des valeurs entières satisfaisant aux conditions :

$$0 \leqslant \omega(1) \leqslant \omega(2) \leqslant \dots \leqslant \omega(m) \leqslant n.$$

L'ensemble des (m, n, ω)-fonctions sera désigné par $\Omega(n, m)$. Nous poserons

$$d(\omega) = \sum_{i=1}^{m} \omega(i). \tag{1}$$

Les fonctions suivantes sont particulièrement importantes dans la théorie des structures fibrées sphériques :

$$(2)\quad \begin{cases} \omega(1)=\cdots=\omega(m-k)=0, \\ \omega(m-k+1)=\cdots=\omega(m)=1\,; \qquad (0\leqslant k\leqslant m) \end{cases}$$

$$(\bar{2})\quad \omega(1)=\cdots=\omega(m-1)=0, \qquad \omega(m)=k\,; \qquad (0\leqslant k\leqslant n)$$

$$(3)\quad \begin{cases} \omega(1)=\cdots=\omega(m-2k)=0, \\ \omega(m-2k+1)=\cdots=\omega(m)=2\,; \qquad (0\leqslant 2k\leqslant m) \end{cases}$$

$$(\bar{3})\quad \omega(1)=\cdots=\omega(m-2)=0\,; \qquad \omega(m-1)=\omega(m)=2k\,; \qquad (0\leqslant 2k\leqslant n).$$

Nous désignerons ces fonctions respectivement par ω_k^m, $\overline{\omega}_k^m$, $\omega_{2k,\,2k}^m$ et $\overline{\omega}_{2k,\,2k}^m$.

En faisant la convention $\omega(0)=0$, $\omega(m+1)=n$, nous appellerons *point sautant* de la fonction $\omega\in\Omega(n,\,m)$ un entier $i(0\leqslant i\leqslant m)$ tel que $\omega(i+1)>\omega(i)$. Soient $i_0(\omega)$, …, $i_{s(\omega)}(\omega)$ la suite des points sautants de la fonction ω rangés dans l'ordre croissant. Nous désignerons par $\Omega_0(n,\,m)$, $\Omega_0^*(n,\,m)$, $\Omega_1(n,\,m)$ et $\Omega_1^*(n,\,m)$ les sous-ensembles de $\Omega(n,\,m)$ dont les fonctions ω satisfont respectivement aux conditions suivantes :

$$(4)\quad \begin{cases} \omega(i_0+1)+i_0\equiv\omega(i_1+1)+i_1\equiv\cdots\equiv\omega(i_{s-1}+1)+i_{s-1} \\ \text{et aussi}\equiv\omega(i_s+1)+i_s \pmod 2 \text{ si } \omega(m)=n. \qquad [\pmod 2) \end{cases}$$

$$(4)^*\quad \begin{cases} \omega(i_1)+i_1\equiv\omega(i_2)+i_2\equiv\cdots\equiv\omega(i_s)+i_s \pmod 2 \\ \text{et aussi}\equiv\omega(i_0)+i_0 \pmod 2 \text{ si } \omega(1)=0. \end{cases}$$

$$(5)\quad \begin{cases} \omega(i_0+1)+i_0\equiv\omega(i_1+1)+i_1\equiv\cdots\equiv\omega(i_{s-1}+1)+i_{s-1}\equiv m \\ \text{et aussi}\equiv\omega(i_s+1)+i_s \pmod 2 \text{ si } \omega(m)=n. \qquad [\pmod 2) \end{cases}$$

$$(5)^*\quad \begin{cases} \omega(i_1)+i_1\equiv\omega(i_2)+i_2\equiv\cdots\equiv\omega(i_s)+i_s\equiv m \pmod 2 \\ \text{et aussi}\equiv\omega(i_0)+i_0 \pmod 2 \text{ si } \omega(1)=0. \end{cases}$$

(où $s=s(\omega)$, $i_r=i_r(\omega)$, $r=0,\,1,\,\dots,\,s$).

Pour chaque fonction $\omega\in\Omega(n,\,m)$ nous définissons certaines fonctions associées $\omega_{(i)}$, $\omega^{(i)}$ et ω^* par les équations suivantes :

$$(6)\quad \begin{cases} \omega_{(i)}(j)=\omega(j) \text{ pour } j\neq i, \qquad \omega_{(i)}(i)=\omega(i)-1\,; \\ \omega^{(i)}(j)=\omega(j) \text{ pour } j\neq i, \qquad \omega^{(i)}(i)=\omega(i)+1\,; \\ \omega^*(j)=n-\omega(m-j+1), \qquad j=1,\,\dots,\,m. \end{cases}$$

En posant $s(\omega)=s$, on remarque que $\omega_{(i)}$ n'appartient à $\Omega(n,\,m)$ que pour $i=i_0(\omega)+1,\,\dots,\,i_{s-1}(\omega)+1$ et aussi $i=i_s(\omega)+1$

si $\omega(m)=n$. De même, $\omega^{(i)}$ n'appartient à $\Omega(n, m)$ que pour $i=i_1(\omega), \ldots, i_s(\omega)$ et aussi $i=i_0(\omega)$ si $\omega(1)=0$. On a

$$\omega^{**}=\omega, \qquad s(\omega^*)=s(\omega),$$
$$i_r(\omega^*)+i_{s-r}(\omega)=m, \qquad r=0, 1, \ldots, s.$$

Il en résulte que $\omega \in \Omega_0(n, m)$ est équivalent à $\omega^* \in \Omega_0^*(n, m)$. Nous remarquons aussi

$$(7) \qquad \begin{cases} \omega_m^m \in \Omega_0^*(n, m), \\ \omega_{2k, 2k}^m \in \Omega_1^*(n, m) \subset \Omega_0^*(n, m), \\ \overline{\omega}_{2k, 2k}^m \in \Omega_1^*(n, m) \subset \Omega_0^*(n, m). \end{cases}$$

§ 2. Subdivision cellulaire.

Soit M un espace compact. Une collection finie K de sous-espaces disjoints deux à deux, appelés *cellules* de M, forme une *subdivision cellulaire* de M si les conditions suivantes sont vérifiées :

1° Chaque cellule σ est ou bien un point ou bien homéomorphe à une boule ouverte dont la dimension s'appelle la *dimension* de σ.

2° La réunion de toutes les cellules de la collection K est l'espace M tout entier.

3° Pour chaque cellule σ les points appartenant à l'adhérence de σ mais non à σ elle-même forment un sous-espace de M qui est une réunion de certaines cellules de dimension plus petite de K.

Soient H_p et H^p une théorie d'homologie et de cohomologie d'espaces topologiques au sens d'Eilenberg-Steenrod. A la subdivision K on peut alors associer canoniquement un complexe abstrait, désigné par le même symbole K, dont les groupes d'homologie et de cohomologie sont isomorphes aux groupes correspondants de l'espace M, de sorte qu'on peut les identifier. Ceci est vrai même pour des « subdivisions » plus générales que celles définies ci-dessus. Cf. Eilenberg-Steenrod, *Proc. Nat. Acad. Sc.*, 31 (1945), 117-120; H. Cartan, *Comm. Math. Helv.*, 18 (1945-46), 1-15, § 10 ; et aussi E. Spanier, *Annals of Math.*, 50 (1949), 203-245, § 10.

Deux subdivisions cellulaires K et L d'une variété compacte orientée M de dimension m seront dites *duales* s'il existe une *application cellulaire* D, appelée *opérateur de dualité,* du complexe K dans le complexe L telle que les conditions suivantes soient vérifiées :

1° D est une application biunivoque de l'ensemble des cellules orientées de K sur l'ensemble des cellules orientées de L.

2° Pour chaque cellule σ de K, $\dim \sigma + \dim D(\sigma) = m$.

3° $D(-\sigma) = -D(\sigma)$, $\sigma \in K$.

4° Deux cellules orientées $\sigma \in K$ et $\tau \in L$ sont disjointes si $\dim \sigma + \dim \tau \leqslant m$ et $\tau \neq \pm D(\sigma)$; les deux cellules σ et $D(\sigma)$ ont un seul point commun dont l'indice d'intersection est égal à $+1$: $I_0(\sigma, D(\sigma)) = +1$, où I_0 signifie l'indice d'intersection dans la variété orientée M.

Les homomorphismes des groupes de chaînes de K dans ceux de L induits par D seront désignés par le même symbole D. Il résulte de 4° que, pour une chaîne A de dimension p de K et une chaîne B de dimension $m-p$ de L, on a $I_0(A, B) = \langle D(A), B \rangle$, où $\langle \ \rangle$ est le symbole du produit scalaire.

Nous supposons vérifiée de plus la condition suivante :

5° $I_0(\partial\sigma, \tau) = (-1)^p I_0(\sigma, \partial\tau)$, $\sigma \in K$, $\tau \in L$,

$$\dim \sigma = p, \qquad \dim \tau = m - p + 1.$$

Par exemple, cette condition est vérifiée pour les subdivisions duales des variétés grassmanniennes considérées dans §§ 3-5.

En supposant 5°, on aura :

$$\langle D\partial(\sigma), \tau \rangle = I_0(\partial\sigma, \tau) = (-1)^p I_0(\sigma, \partial\tau) = (-1)^p \langle D(\sigma), \partial\tau \rangle$$
$$= (-1)^p \langle \delta D(\sigma), \tau \rangle.$$

Les cellules σ, τ étant quelconques, on en déduit $D\partial = (-1)^p \delta D$. Il en résulte que D induit un isomorphisme de $H_p(K)$ sur $H^{m-p}(L)$. L'opérateur de dualité D établit donc d'une façon canonique une dualité entre l'homologie et la cohomologie de la variété orientée M, c'est-à-dire $H_p(M) \approx H^{m-p}(M)$; deux classes correspondantes dans cet isomorphisme sont dites *duales* l'une de l'autre. Remarquons que, M étant compacte et localement connexe dans toutes les dimensions, on peut considérer les groupes $H_p(M)$ comme groupes d'homologie singuliers de l'espace M, en partant d'une théorie d'homologie quelconque.

§ 3. Les variétés grassmanniennes $\hat{R}_{n,m}$.

Nous commençons par l'étude des variétés $\hat{R}_{n,m}$.

Soit $\hat{R}_{n,m}$ la variété grassmannienne définie dans l'espace R^{n+m}. Prenons un système de coordonnées $(x) = (x_1, \dots, x_{n+m})$ et désignons par R^k le sous-espace vectoriel de dimension k défini par les équations :

(1) $$x_{k+1} = \cdots = x_{n+m} = 0, \qquad (0 < k \leqslant n+m).$$

Pour une fonction $\omega \in \Omega(n, m)$ l'ensemble des sous-espaces orientés X de dimension m tels que

(2) $$\dim(X \cap R^{\omega(i)+i}) \geqslant i, \qquad i = 1, 2, \ldots, m,$$

est une pseudovariété de dimension $d(\omega)$ (cf. (1), § 1), que nous désignerons par $\overline{U_\omega}$. En particulier, $\hat{R}_{n,m} = \overline{U_{\omega_0}}$, où $\omega_0 = \omega_0^{m*}$(cf. (2) et (6), § 1).

Soit $(e_1, \ldots, e_{n+m})$ la base de R^{n+m} correspondant à (x). Désignons par X_ω l'espace vectoriel de dimension m engendré par les vecteurs $e_{\bar{i}}$, où $\bar{i}$ est le i-ième nombre de la suite :

(3) $$\{\bar{i}(\omega)\} = \{\omega(1)+1, \omega(2)+2, \ldots, \omega(m)+m\}.$$

L'espace X_ω est aussi défini par les équations :

(4) $$x_{\tilde{j}} = 0, \qquad j = 1, \ldots, n$$

où $\tilde{j}$ est le j-ième nombre de la suite :

(3)′ $$\{\tilde{j}(\omega)\} = \{1, \ldots, \omega(1); \omega(1)+2, \ldots, \omega(2)+1, \ldots; \omega(m)+m+1, \ldots, n+m\}.$$

Remarquons que $\{\tilde{j}(\omega)\}$ et $\{\bar{i}(\omega)\}$ sont des suites complémentaires dans la suite des entiers de 1 à $n+m$. L'espace X_ω, muni d'une orientation déterminée par la suite des vecteurs $e_{\bar{1}}, e_{\bar{2}}, \ldots, e_{\bar{m}}$, sera désigné par $\overset{+}{X}_\omega$. Le même espace muni de l'orientation opposée sera désigné par $\overset{-}{X}_\omega$.

L'ensemble des éléments de $\hat{R}_{n,m}$ ayant une projection orthogonale non-dégénérée sur X_ω et dont l'orientation se projette sur celle de $\overset{+}{X}_\omega$ (resp. $\overset{-}{X}_\omega$) forme un voisinage de $\overset{+}{X}_\omega$ (resp. $\overset{-}{X}_\omega$) dans $\hat{R}_{n,m}$ que nous désignerons par $\overset{+}{N}_\omega$ (resp. $\overset{-}{N}_\omega$). Les intersections

$$\overset{+}{N}_\omega \cap \overline{U_\omega} = \overset{+}{U}_\omega \qquad \text{et} \qquad \overset{-}{N}_\omega \cap \overline{U_\omega} = \overset{-}{U}_\omega$$

sont des cellules ouvertes dont la réunion a pour adhérence la pseudo-variété $\overline{U_\omega}$. Tout élément de $\overset{+}{N}_\omega$ (resp. $\overset{-}{N}_\omega$), en négligeant son orientation, est déterminé par un système d'équations :

(5) $$x_{\tilde{j}} = \sum_{i=1}^{m} \xi_{ji} x_{\bar{i}}, \qquad j = 1, 2, \ldots, n,$$

où $\bar{i}$ et $\tilde{j}$ parcourent respectivement les deux systèmes d'indices (3) et (3)'. On peut donc considérer les nombres ξ_{ji} comme les coordonnées de cet élément, appelées *coordonnées normales* dans le voisinage $\overset{+}{N}_\omega$ (resp. $\bar{N}_\omega$), dont l'orientation sera déterminée une fois pour toutes par l'ordre suivant de ses coordonnées :

$$(6)\qquad \xi_{11},\ \ldots,\ \xi_{1m},\ \xi_{21},\ \ldots,\ \xi_{2m},\ \ldots,\ \xi_{n1},\ \ldots,\ \xi_{nm}.$$

Dans le système des coordonnées normales du voisinage $\overset{+}{N}_\omega$ (resp. $\bar{N}_\omega$), l'ensemble $\overset{+}{U}_\omega$ (resp. $\bar{U}_\omega$) se présente comme une variété linéaire définie par les équations

$$(7)\qquad \xi_{ji}=0,\qquad \text{pour}\qquad j>\omega(i),\qquad i=1,\ 2,\ldots m.$$

Les nombres ξ_{ji} tels que $j\leqslant\omega(i)$, $i=1,\ \ldots,\ m$, forment une suite partielle de (6), qui détermine un système de coordonnées *normales* dans U_ω (resp. $\bar{U}_\omega$) ainsi que l'orientation *normale* de $\overset{+}{U}_\omega$ (resp. $\bar{U}_\omega$). L'élément $\overset{+}{X}_\omega\in\overset{+}{U}_\omega$ (resp. $\bar{X}_\omega\in\bar{U}_\omega$), correspondant aux coordonnées $\xi_{ji}=0$ pour tous les i et j, sera appelé *l'élément central* de $\overset{+}{U}_\omega$ (resp. $\bar{U}_\omega$) ou $\overset{+}{N}_\omega$ (resp. $\bar{N}_\omega$).

D'après Pontrjagin, l'ensemble des cellules ouvertes $\overset{+}{U}_\omega$ et $\bar{U}_\omega$, $\omega\in\Omega(n,\ m)$, forme une subdivision cellulaire *canonique* $\hat{K}_{(x)}$ de la variété $\hat{R}_{n,\,m}$ par rapport au système de coordonnées

$$(x)=(x_1\ \ldots,\ x_{n+m})\ \text{de}\ R^{n+m}.$$

Les relations d'incidence entre les cellules du complexe $\hat{K}_{(x)}$, munies des orientations normales, ont été déterminées par Pontrjagin ; on peut les écrire sous la forme :

$$(8)\qquad \begin{cases}\partial\overset{+}{U}_\omega=\Sigma\varepsilon_{\omega,k}\Big[\overset{+}{U}_{\omega_{(k)}}+(-1)^{\omega(k)+k+m}\bar{U}_{\omega_{(k)}}\Big],\\ \partial\bar{U}_\omega=\Sigma\varepsilon_{\omega,k}\Big[\bar{U}_{\omega_{(k)}}+(-1)^{\omega(k)+k+m}\overset{+}{U}_{\omega_{(k)}}\Big],\end{cases}$$

où $\varepsilon_{\omega,k}=+1$ ou -1 et où la sommation s'étend à l'ensemble des indices k tels que $\omega_{(k)}\in\Omega(n,\ m)$.

Esquisse de la démonstration. — On montre facilement que les formules donnant les bords sont de la forme :

$$\begin{cases}\partial\overset{+}{U}_\omega=\Sigma\Big[\overset{+}{a}_{\omega,k}\overset{+}{U}_{\omega_{(k)}}+\overset{+}{b}_{\omega,k}\bar{U}_{\omega_{(k)}}\Big],\\ \partial\bar{U}_\omega=\Sigma\Big[\bar{a}_{\omega,k}\overset{+}{U}_{\omega_{(k)}}+\bar{b}_{\omega,k}\bar{U}_{\omega_{(k)}}\Big].\end{cases}\qquad (\omega_{(k)}\in\Omega(n,\ m))$$

où $\overset{+}{a}_{\omega,k}$, $\overset{+}{b}_{\omega,k}$, etc., sont des entiers positifs, négatifs ou nuls. Les formules (8) sont donc équivalentes à :

$$(9) \qquad \overset{+}{a}_{\omega,k} \cdot \overset{-}{a}_{\omega,k} = (-1)^{\omega(k)+k+m};$$

$$(10) \qquad \overset{+}{a}_{\omega,k} = \overset{-}{b}_{\omega,k}, \quad \overset{-}{a}_{\omega,k} = \overset{+}{b}_{\omega,k}.$$

Les équations (10) sont faciles à démontrer. En effet, considérons l'application ρ de $\hat{R}_{n,m}$ sur elle-même telle que pour $X \in \hat{R}_{n,m}$, $\rho(X)$ soit le même élément avec l'orientation opposée. Évidemment ρ appliqne les cellules orientées $\overset{+}{U}_{\omega}$, $\overset{+}{U}_{\omega(k)}$ et $\overset{-}{U}_{\omega(k)}$ respectivement sur les cellules orientées $\overset{-}{U}_{\omega}$, $\overset{-}{U}_{\omega(k)}$ et $\overset{+}{U}_{\omega(k)}$. Les équations résultent alors du fait que ρ conserve les coefficients d'incidence :

$$\rho\partial = \partial\rho.$$

Il reste donc à démontrer l'équation (9). Soit k un entier fixe tel que $\omega_{(k)} \in \Omega_{(n,m)}$ et considérons l'ensemble U' des éléments $X' \in \hat{R}_{n,m}$ satisfaisant aux conditions suivantes :

(α) X' se projette *positivement sur* l'élément central $\overset{+}{X}_{\omega(k)}$ de $\overset{+}{U}_{\omega(k)}$.

(β) X' est représenté par l'ensemble des équations :

$$(11) \qquad \begin{cases} x_{\tilde{j}} = \sum_{i \neq k} \xi'_{ji} x_{\bar{i}} + \xi'_{jk} x_{\bar{k}-1}, & \text{pour} \quad j \neq \omega(k), \\ x_{\omega(k)+k} = \sum_{i \neq k} \xi'_{\omega(k),i} x_{\bar{i}} + \xi'_{\omega(k),k} x_{\bar{k}-1}, \end{cases}$$

où

$$(12) \qquad \xi'_{ji} = 0 \qquad \text{pour} \qquad j > \omega(i)$$

et $\tilde{j}$ et $\bar{i}$ sont respectivement le j-ième nombre de $(3)'$ et le i-ème nombre de (3); en particulier, $\bar{k} = \omega(k) + k$, $\tilde{k'} = \omega(k) + k - 1$, où $k' = \omega(k)$.

En effet, X' est l'élément de $\hat{R}_{n,m}$ déterminé par la suite de vecteurs $\{e'_1, \ldots e'_m\}$ où

$$(13) \qquad \begin{cases} e'_i = e_{\bar{i}} + \sum_{j \neq \omega(k)} \xi'_{ji} e_{\tilde{j}} + \xi'_{\omega(k),i} e_{\omega(k)+k}, & i \neq k; \\ e'_k = e_{\bar{k}-1} + \sum_{j \neq \omega(k)} \xi'_{jk} e_{\tilde{j}} + \xi'_{\omega(k),k} e_{\omega(k)+k}, \end{cases}$$

où les ξ'_{ji} satisfont à (12).

Considérons maintenant $\{\xi'_{ji}\}$, $j \leqslant \omega(i)$, comme un système de coordonnées dans U' et introduisons une orientation de U' en rangeant ces coordonnées dans un ordre tel que ξ'_{ji} précède $\xi'_{j'i'}$ si $j' > j$ ou $j' = j$, $i' > i$. Désignons par $U'_{(+)}$, $U'_{(-)}$ et U'_0 les sous-ensembles de U' dont les éléments X' satisfont respectivement aux conditions :

$$\xi'_{\omega(k),k} > 0, \qquad \xi'_{\omega(k),k} < 0 \qquad \text{et} \qquad \xi'_{\omega(k),k} = 0.$$

Orientons $U'_{(+)}$ et $U'_{(-)}$ par l'orientation induite de celle de U'. On voit alors que :

1° U'_0 n'est autre que la cellule $\overset{+}{U}_{\omega(k)}$. Par conséquent,

$$(14) \qquad \partial U'_{(+)} = \eta \overset{+}{U}_{\omega(k)}, \qquad \partial U'_{(-)} = -\eta \overset{+}{U}_{\omega(k)}, \qquad \eta = \pm 1.$$

2° L'élément central $\overset{+}{X}_\omega$ de $\overset{+}{U}_\omega$ est déterminé par la suite de vecteurs

$$\{e_{\bar{1}}, \ldots, e_{\bar{m}}\}.$$

D'après (13), un élément $X' \in U'$ se projette *positivement sur* $\overset{+}{X}_\omega$ si et seulement si $\xi'_{\omega(k),k} > 0$. Par conséquent

$$(15) \qquad U'_{(+)} = \overset{+}{U}_\omega \cap U'.$$

Soit $\{\xi_{ji}\}$ le système de coordonnées normales dans $\overset{+}{U}_\omega$. En comparant (11) et (5), on voit que les transformations de coordonnées pour les éléments communs aux U' et $\overset{+}{U}_\omega$ sont données par les équations suivantes :

$$(16) \begin{cases} \xi_{jk} = \xi'_{jk}/\xi'_{\omega(k),k}, \\ \quad \text{pour } j \neq \omega(k), \text{ ou, ce qui revient au même, pour } j < \omega(k); \\ \xi_{ji} = \xi'_{ji} - \xi'_{jk}\xi'_{\omega(k),i}/\xi'_{\omega(k),k}, \\ \quad \text{pour } j \neq \omega(k),\ i \neq k; \\ \xi_{\omega(k),k} = 1/\xi'_{\omega(k),k}; \\ \xi_{\omega(k),i} = -\xi'_{\omega(k),i}/\xi'_{\omega(k),k}, \\ \quad \text{pour } i \neq k, \text{ ou, ce qui revient au même, pour } i > k; \end{cases}$$

où $\xi'_{\omega(k),k} > 0$.

Le jacobien de (16) est du signe de $(-1)^{m-k+1}$, c'est-à-dire les orientations de $\overset{+}{U}_\omega$ et $U'_{(+)}$ coïncident ou ne coïncident pas dans leur partie commune suivant que $m-k+1$ est pair ou impair. D'après (14), on a alors :

$$(17) \qquad \overset{+}{a}_{\omega,k} = (-1)^{m-k+1}\eta.$$

3° Pour $U'_{(-)}$ on a de même

$$U'_{(-)} = \overline{U}_\omega \cap U'.$$

Les transformations de coordonnées pour les éléments communs aux U' et $\overline{U}_\omega$ sont encore représentées par (16) mais où $\xi'_{\omega(k),k} < 0$. On trouve que le jacobien de (16) est du signe de $(-1)^{\omega(k)}$. On en déduit, en tenant compte de (14) :

$$(18) \qquad \bar{a}_{\omega,k} = (-1)^{\omega(k)+1}\eta.$$

De (17) et (18) on déduit (9). Les formules (8) sont donc démontrées.

Il en résulte que la chaîne

$$(19) \qquad \hat{R}_\omega = \overset{+}{U}_\omega + (-1)^{\omega(i_0+1)+i_0+m} \cdot \overline{U}_\omega \qquad (i_0 = i_0(\omega))$$

est un cycle mod 2 pour toutes les fonctions $\omega \in \Omega(n, m)$; elle est un cycle entier si et seulement si $\omega \in \Omega_0(n, m)$. Cette chaîne, dont la dimension est égale à $d(\omega)$, considérée comme un cycle mod 2 ou un cycle entier selon le cas, sera désignée par $[\omega]^{\hat{}}_0$ ou $[\omega]^{\hat{}}_2$ et sa classe d'homologie par $\mathbf{[\omega]}^{\hat{}}_0$ ou $\mathbf{[\omega]}^{\hat{}}_2$. Nous remarquons que ces classes (et aussi ces cycles) sont définis à partir d'un système de coordonnées particulier $(x)=(x_1, \dots x_{n+m})$ de l'espace R^{n+m}. Nous remarquons aussi que le cycle $[\omega]_2^{\hat{}}$ ou $[\omega]_0^{\hat{}}$ est représenté géométriquement par la pseudo-variété $\overline{U}_\omega$.

A chaque fonction $\omega\in\Omega(n, m)$ nous avons associé une orientation de la cellule $\overset{+}{N}_\omega$ (resp. $\overline{N}_\omega$) et par suite une orientation de la variété orientable $\hat{R}_{n,m}=\overline{U}_{\omega_0}$ où $\omega_0=\omega_0^{m*}$. Nous choisirons une fois pour toutes l'orientation de la variété $\hat{R}_{n,m}$ induite par celle de $\overset{+}{N}_{\omega_0}$. On a alors :

Proposition 1. — *L'orientation de* $\overset{+}{N}_\omega$ (*resp.* $\overline{N}_\omega$) *est en cohérence ou non avec celle de* $\hat{R}_{n,m}$ *selon que*

$$(20)\qquad \begin{cases} m.(mn-d(\omega)) & \textit{est pair ou impair,} \\ (\text{resp. } m.(mn-d(\omega))+m+n & \textit{est pair ou impair}). \end{cases}$$

Démonstration. — La suite $\{\bar{j}(\omega), \bar{i}(\omega)\}$, c'est-à-dire la suite

$$1, \dots, \omega(1), \omega(1)+2, \dots, \omega(m)+m+1, \dots, n+m,$$
$$\omega(1)+1, \dots, \omega(m)+m,$$

diffère de la suite $1, 2, \dots n+m$ par une permutation paire ou impaire selon que $mn-d(\omega)$ est pair ou impair. Donc la transformation orthogonale A définie par les équations :

$$(21)\qquad \begin{cases} A(x_{\bar{1}})=(-1)^{mn-d(\omega)}.x_1, \\ A(x_{\bar{j}})=x_j, \quad j=2, \dots n, \\ A(x_{\bar{i}})=x_{n+i}, \quad i=l, \dots m, \end{cases}$$

a un déterminant $+1$, et on a

$$(22)\qquad A(\overset{+}{X}_\omega)=\overset{+}{X}_{\omega_0}, \quad A(\overline{X}_\omega)=\overline{X}_{\omega_0}.$$

Un élément X dans le voisinage $\overset{+}{N}_\omega$ (resp. $\overline{N}_\omega$) représenté par les équations (5) est transformé dans un élément A(X) représenté par les équations :

$$(23)\qquad \begin{cases} x_1=(-1)^{mn-d(\omega)}.\sum_{i=1}^{m}\xi_{1i}x_{n+i}, \\ x_j=\sum_{i=1}^{m}\xi_{ji}x_{n+i}, \quad j=2, \dots n, \end{cases}$$

et appartenant par conséquent au voisinage $\overset{+}{N}_{\omega_0}$ (resp. $\overline{N}_{\omega_0}$). L'image $A(N_\omega)$ [resp. $A(\overline{N}_\omega)$] a une orientation déduite de celle de

$\overset{+}{N}_\omega$ (resp. $\overline{N}_\omega$). En comparant les deux systèmes d'équations (5) et (23) et en tenant compte de l'équation (21) on voit que l'orientation de $A(\overset{+}{N}_\omega)$ [resp. $A(\overline{N}_\omega)$] est en cohérence ou non avec celle de $\overset{+}{N}_{\omega_0}$ (resp. $\overline{N}_{\omega_0}$) selon que $m[mn - d(\omega)]$ est pair ou impair. Puisque le déterminant de la transformation A est positif, on peut déformer A dans la transformation identique en parcourant une famille de transformations orthogonales de l'espace R^{n+m}. Par conséquent $A(\overset{+}{N}_\omega)$ [resp. $A(\overline{N}_\omega)$] est déformable en $\overset{+}{N}_\omega$ (resp. $\overline{N}_\omega$) et les deux déterminent la même orientation de $\hat{\mathbf{R}}_{n,m}$. Il en résulte que l'orientation de $\overset{+}{N}_\omega$ (resp. $\overline{N}_\omega$) est en cohérence ou non avec celle de $\overset{+}{N}_{\omega_0}$ (resp. $\overline{N}_{\omega_0}$) selon que $m(mn - d(\omega))$ est pair ou impair.

De la même façon la considération de la transformation orthogonale A′ définie par les équations :

$$(24)\qquad \begin{cases} A'(x_1) = -x_1, \\ A'(x_i) = x_i, \qquad i = 2, \ldots n+m-1, \\ A'(x_{n+m}) = -x_{n+m}, \end{cases}$$

nous donne

$$(25)\qquad A'(\overset{+}{X}_\omega) = \overline{X}_{\omega_0}, \qquad A'(\overline{X}_{\omega_0}) = \overset{+}{X}_{\omega_0}.$$

De (24) et (25) on déduit que l'orientation de $\overset{+}{N}_{\omega_0}$ est en cohérence ou non avec celle de $\overline{N}_{\omega_0}$ selon que $m+n$ est pair ou impair. Il en résulte que l'orientation de $\overline{N}_\omega$ est en cohérence ou non avec celle de $\overset{+}{N}_{\omega_0}$ selon que $m.(mn - d(\omega)) + m + n$ est pair ou impair. La proposition est ainsi démontrée.

Nous définissons maintenant une subdivision cellulaire *duale* à celle considérée ci-dessus. Pour cela introduisons un autre système de coordonnées $(x^*) = (x_1^*, \ldots x_{n+m}^*)$ dans l'espace R^{n+m} tel que :

$$(26)\qquad x_i^* = x_{n+m+1-i}, \qquad i = 1, \ldots n+m.$$

A partir de ce système on définit de même une subdivision cellulaire canonique $\hat{K}_{(x^*)}$ de la variété $\hat{\mathbf{R}}_{n,m}$ dont les cellules, les cycles, etc., seront désignés respectivement par les mêmes symboles que dans le complexe $\hat{K}_{(x)}$ en ajoutant un astéristique. En particulier, R^{*k} $(0 < k \leqslant n+m)$ est le sous-espace de R^{n+m} de dimension k défini par les équations :

$$x_{k+1}^* = \ldots = x_{n+m}^* = 0, \qquad \text{où} \qquad x_1 = \ldots = x_{n+m-k} = 0.$$

Proposition 2. — *Les subdivisions $\hat{K}_{(x)}$ et $\hat{K}_{(x^*)}$ sont duales. En prenant l'orientation de $\hat{R}_{n,m}$ à partir du système de coordonnées (x), l'opérateur de dualité $D : \hat{K}_{(x)} \to \hat{K}_{(x^*)}$ est donné par les équations suivantes :*

$$
(27)\quad \begin{cases}
D(\overset{+}{U}_{\omega}) = (-1)^{\lambda(\omega^*)} . \overset{+}{U}^*_{\omega^*}, \quad D(\overline{U}_{\omega}) = (-1)^{\lambda(\omega^*)+m+n} . \overline{U}^*_{\omega^*}, \\
\text{si } \frac{1}{2} m(m-1) \text{ est pair ;} \\
D(\overset{+}{U}_{\omega}) = (-1)^{\lambda(\omega^*)} . \overline{U}^*_{\omega^*}, \quad D(\overline{U}_{\omega}) = (-1)^{\lambda(\omega^*)+m+n} . \overset{+}{U}^*_{\omega^*}, \\
\text{si } \frac{1}{2} m(m-1) \text{ est impair ;}
\end{cases}
$$

où $\lambda(\omega^*)$ est un entier qui ne dépend que de la fonction ω^*. En particulier, on a (cf. (2), (3) et $(\overline{3})$ de § 1) :

$$
(28)\quad \lambda(\omega^m_{2k,2k}) = \lambda(\overline{\omega}^m_{2k,2k}) \equiv 0, \quad \lambda(\omega^m_m) \equiv 1/2\, m(m+1) \bmod 2.
$$

Démonstration. Les deux systèmes d'espaces R^k et R^{*l} $(0 < k, l < n+m)$ sont en position générale, c'est-à-dire deux espaces R^k et R^{*l} ont une intersection dont la dimension est la plus petite possible :

$$
\dim(R^k \cap R^{*l}) = \sup(k+l-n-m,\ 0),
$$

D'après un raisonnement d'Ehresmann, on a alors :

$$
(29)\quad I_0(\overset{+}{U}_{\omega}, \overset{+}{U}^*_{\omega'}) = I_0(\overset{+}{U}_{\omega}, \overline{U}^*_{\omega'}) = I_0(\overline{U}_{\omega}, \overset{+}{U}^*_{\omega'}) = I_0(\overline{U}_{\omega}, \overline{U}^*_{\omega'}) = 0,
$$
$$
\text{si } \omega' \neq \omega^*, \qquad d(\omega') + d(\omega) \leqslant nm,
$$

où I_0 est l'indice d'intersection calculé dans la variété $\hat{R}_{n,m}$ orientée à partir du système (x).

Considérons maintenant le cas $\omega' = \omega^*$. Les éléments de $\overset{+}{U}_{\omega}$ ou $\overline{U}_{\omega}$ et $\overset{+}{U}^*_{\omega^*}$ ou $\overline{U}^*_{\omega^*}$ sont respectivement représentés par les équations :

$$
(30)\quad x_{\tilde{j}} = \sum_{i=1}^{m} \xi_{ji} x_{\bar{i}}, \quad j = 1, \dots m ; \quad \xi_{ji} = 0 \quad \text{pour} \quad j > \omega(i) ;
$$

$$
(31)\quad \overset{*}{x}_{\tilde{j}^*} = \sum_{i=1}^{m} \xi^*_{ji} \overset{*}{x}_{\bar{i}^*}, \quad j = 1, \dots m ; \quad \xi^*_{ji} = 0 \quad \text{pour} \quad j > \omega^*(i),
$$

où $\bar{i}$, $\bar{i}^*$, $\tilde{j}$, $\tilde{j}^*$ parcourent respectivement les suites :

$$\{\bar{i}(\omega)\} = \{\omega(1)+1, \ldots, \omega(m)+m\}.$$

$$\begin{aligned}\{\bar{i}^*(\omega^*)\} &= \{\omega^*(1)+1, \ldots, \omega^*(m)+m\}.\\ &= \{n+m+1-(\omega(m)+m), \ldots, n+m+1-(\omega(1)+1)\}.\end{aligned}$$

$$\begin{aligned}\{\bar{j}(\omega)\} = \{&1, \ldots, \omega(1);\quad \omega(1)+2, \ldots \omega(2)+1;\\ &\ldots \omega(m)+m+1, \ldots, n+m\}.\end{aligned}$$

$$\begin{aligned}\{\bar{j}^*(\omega^*)\} &= \{1, \ldots, \omega^*(1);\ \omega^*(1)+2, \ldots, \omega^*(2)+1;\\ &\qquad \ldots, \omega^*(m)+m+1, \ldots, n+m\},\\ &= \{n+m+1-(n+m), \ldots, n+m+1\\ &\qquad -(\omega(m)+m+1);\quad \ldots, n+m+1-\omega(1), \ldots,\\ &\qquad\qquad n+m+1-1\}.\end{aligned}$$

Les deux suites $\{\bar{i}^*(\omega^*)\}$ et $\{n+m+1-\bar{i}(\omega)\}$ sont donc en ordre inverse, c'est-à-dire $\bar{i}^* = n+m+1-\bar{i}'$, où $i' = m+1-i$. De même, $\bar{j}^* = n+m+1-\bar{j}'$, où $j' = n+1-j$. D'après (26), on a donc

$$x^*_{\bar{i}^*} = x_{\bar{i}'}, \qquad x^*_{\bar{j}^*} = x_{\bar{j}'}, \qquad i = 1, \ldots, m; \qquad j = 1, \ldots, n,$$

et (31) devient

$$(32)\qquad \begin{cases} x_{\bar{j}} = \sum\limits_{i=1}^{m} \xi^*_{n+1-j,\, m+1-i}\, x_{\bar{i}}, & j = 1, \ldots, n;\\ \xi^*_{n+1-j,\, m+1-i} = 0 \quad \text{pour} & j \leqslant \omega(i). \end{cases}$$

En comparant les équations (30) et (32) on voit alors que le seul élément possible commun aux $\overset{+}{U}_\omega$ ou $\overline{U}_\omega$ et $\overset{+}{U}{}^*_{\omega^*}$ ou $\overline{U}{}^*_{\omega^*}$ est l'élément central $\overset{+}{X}_\omega$ ou $\overline{X}_\omega$. D'une façon plus précise, puisque les suites $\{\bar{i}(\omega)\}$ et $\{n+m+1-\bar{i}^*(\omega^*)\}$ diffèrent par une permutation paire ou impaire selon que $\frac{1}{2}m(m-1)$ est pair ou impair, on aura :

$$(33)\qquad \begin{cases} I_0(\overset{+}{U}_\omega, \overline{U}{}^*_{\omega^*}) = I_0(\overline{U}_\omega, \overset{+}{U}{}^*_{\omega^*}) = 0,\\ \overset{+}{U}_\omega \cap \overset{+}{U}{}^*_{\omega^*} = \{\overset{+}{X}_\omega\},\ \overline{U}_\omega \cap \overline{U}_\omega = \{\overline{X}_\omega\},\\ \qquad\qquad \text{pour} \quad \frac{1}{2}m(m-1) \text{ pair;} \end{cases}$$

$$(33)'\qquad \begin{cases} I_0(\overset{+}{U}{}^*_\omega, \overset{+}{U}{}^*_{\omega^*}) = I_0(\overline{U}_\omega, \overline{U}{}^*_{\omega^*}) = 0,\\ \overset{+}{U}_\omega \cap \overline{U}_{\omega^*} = \{\overset{+}{X}_\omega\},\ \overline{U}_\omega \cap \overset{+}{U}{}^*_{\omega^*} = \{\overline{X}_\omega\},\\ \qquad\qquad \text{pour} \quad \frac{1}{2}m(m-1) \text{ impair.} \end{cases}$$

Dans le cas où $\frac{1}{2}m(m-1)$ est pair(resp. impair), les ensembles $\overset{+}{U}_\omega$ et $\overset{+}{U}{}^*_{\omega^*}$ (resp. $\overline{U}{}^*_{\omega^*}$) sont des variétés linéaires dans le voisinage $\overset{+}{N}_\omega$, qui se coupent suivant le seul élément $\overset{+}{X}_\omega$. Par un simple calcul on trouve que

$$\overset{+}{I}_{\omega,0}(\overset{+}{U}_\omega, \overset{+}{U}{}^*_{\omega^*}) = (-1)^{\lambda'(\omega^*)}, \qquad \left(\text{resp. } \overset{+}{I}_{\omega,0}(\overset{+}{U}_\omega, \overline{U}{}^*_{\omega^*}) = (-1)^{\lambda'(\omega^*)}\right),$$

où $\overset{+}{I}_{\omega,0}$ désigne l'indice d'intersection calculé dans le voisinage orienté $\overset{+}{N}_\omega$ et où $\lambda'(\omega^*)$ est un entier ne dépendant que de ω^* qui ne nous intéressera pas. En particulier, on a

$$(28)' \quad \begin{cases} \lambda'(\omega^m_m) \equiv \frac{1}{2}m(m-1) & \bmod 2\,; \\ \lambda'(\omega^m_{2k,2k}) \equiv 0, \quad \lambda'(\omega^m_{2k,2k}) \equiv 0 & \bmod 2. \end{cases}$$

D'après la proposition 1, $\overset{+}{I}_{\omega,0} = (-1)^{m(mn-d(\omega))} \cdot I_0$. On a donc

$$I_0(\overset{+}{U}_\omega, \overset{+}{U}{}^*_{\omega^*}) = (-1)^{\lambda(\omega^*)}, \qquad \left(\text{resp. } I_0(\overset{+}{U}_\omega, \overline{U}{}^*_{\omega^*}) = (-1)^{\lambda(\omega^*)}\right),$$

où on a posé $\lambda(\omega^*) = \lambda'(\omega^*) + m(mn - d(\omega)) = \lambda'(\omega^*) + m \cdot d(\omega^*)$, de sorte que (28) est une conséquence de (28)'. En définissant une application cellulaire $D : \hat{K}_{(x)} \to \hat{K}_{(x^*)}$ par les équations (27), l'équation précédente devient $I_0(\overset{+}{U}_\omega, D(\overset{+}{U}_\omega)) = +1$. De même, on a $I_0(\overline{U}_\omega, D(\overline{U}_\omega)) = +1$. Il en résulte que D n'est autre que l'opérateur de dualité de $\hat{K}_{(x)}$ dans $\hat{K}^*_{(x)}$. Le théorème est ainsi démontré.

Il en résulte que la chaîne dans $\hat{K}_{(x^*)}$ de dimension $d(\omega)$ (cf. (19)): $D(\hat{R}_{\omega^*}) = (-1)^{\mu(\omega)} \cdot [\overset{+}{U}{}^*_\omega + (-1)^{\omega^*(i_0^*+1)+i_0^*+n} \cdot \overline{U}{}^*_\omega]$, où

$$(34) \qquad \hat{R}^*_\omega = (-1)^{\mu(\omega)} \cdot$$

où $i_0^* = i_0(\omega^*)$, $i_s = i_s(\omega)$, $s = s(\omega)$, et $[\overset{+}{U}{}^*_\omega + (-1)^{\omega(i_s)+i_s+m} \cdot \overline{U}{}^*_\omega]$,

$$(34)' \qquad \mu(\omega) = \lambda(\omega) + \frac{1}{2}m(m-1) \cdot [\omega(i_s) + i_s + m],$$

est toujours un cocycle mod 2 et est aussi un cocycle entier si et seulement si $\omega^* \in \Omega_0(n, m)$ ou $\omega \in \Omega_0^*(n, m)$. Nous le désignerons par $\{\omega\}_2^\wedge$ ou $\{\omega\}_0^\wedge$ et sa classe par $\{\omega\}_2^\wedge$ ou $\{\omega\}_0^\wedge$. En particulier, on a

$$(35) \quad \{\omega\}_0^\wedge = \begin{cases} \overset{+}{U}{}^*_\omega + \overline{U}{}^*_\omega, & \text{pour} \quad \omega = \omega^m_{2k,2k} \quad \text{ou} \quad \overline{\omega}^m_{2k,2k}, \\ (-1)^m \cdot [\overset{+}{U}{}^*_\omega - \overline{U}{}^*_\omega], & \text{pour} \quad \omega = \omega^m_m,\ n > 1. \end{cases}$$

Comme nous l'avons déjà remarqué, les classes $[\hat{\omega}]_i$ et $\{\omega\}_i^{\wedge}$, $i=0, 2$, sont définies dans les complexes $\hat{K}_{(x)}$ et $\hat{K}_{(x^*)}$ respectivement et dépendent donc du système de coordonnées

$$(x)=(x_1, \ldots, x_{n+m})$$

choisi dans l'espace R^{n+m}. Pourtant on peut démontrer la proposition suivante:

Proposition 3. — *Dans le cas* $\omega(m)<n$, $\omega\in\Omega_0(n, m)$, *la classe* $\{\omega\}_0^{\wedge}$ *est indépendante du système de coordonnées choisi dans* R^{n+m}.

Démonstration. Soit $(x')=(x'_1, \ldots, x'_{n+m})$ un autre système de coordonnées de l'espace R^{n+m}, par rapport auquel les cocycles et autres éléments définis seront distingués par un prime. Si (x) et (x') définissent la même orientation de R^{n+m}, la transformation orthogonale A telle que $A(x'_i)=x_i$, $i=1, \ldots, n+m$ est déformable dans la transformation identique en parcourant une famille de transformations orthogonales. On a ainsi

$$A^*\{\omega\}_0^{\prime\wedge}=\{\omega\}_0^{\prime\wedge}, \qquad \text{ou} \qquad \{\omega\}_0^{\wedge}=\{\omega\}_0^{\prime\wedge}$$

et le théorème est démontré.

Supposons au contraire que (x) et (x') définissent différentes orientations de R^{n+m}. Considérons un autre système de coordonnées $(x'')=(x''_1, \ldots, x''_{n+m})$ tel que

$$x''_i=x_i, \qquad i\neq 1; \qquad x''_1=-x_1,$$

et désignons les cocycles définis à partir de ce système par $\{\omega\}_0^{\prime\prime\wedge}$, etc. Les systèmes (x') et (x'') définissent alors la même orientation de R^{n+m} et par conséquent d'après le cas précédent on a

$$\{\omega\}_0^{\prime\wedge}\sim\{\omega\}_0^{\prime\prime\wedge}. \tag{36}$$

Les systèmes (x'^*) et (x''^*) étant définis comme (x^*) (cf. 26)), et $\omega(m)$ étant $<n$, on voit facilement que $\overset{+}{X}{}_{\omega}^{*}=\overset{+}{X}{}_{\omega}^{\prime\prime *}$, $\overline{X}{}_{\omega}^{*}=\overline{X}{}_{\omega}^{\prime\prime *}$ et aussi, en tenant compte de l'orientation,

$$\overset{+}{U}{}_{\omega}^{*}=\overset{+}{U}{}_{\omega}^{\prime\prime *}, \qquad \overline{U}{}_{\omega}^{*}=\overline{U}{}_{\omega}^{\prime\prime *}, \qquad (\omega(m)<n),$$

d'où

$$\{\omega\}_0^{\wedge}=\{\omega\}_0^{\prime\prime\vee}.$$

En combinant avec (36), on obtient la proposition dans le présent cas.

Remarque 1. — La même méthode permet de démontrer que les classes $\{\omega\}_0^{\wedge}$ pour $\omega = \omega_{2k,\,2k}^m$, $\overline{\omega}_{2k,\,2k}^m$, $(\omega \in \Omega_0(n,\, m))$, même dans le cas $n = \omega(m)$, sont indépendantes du système de coordonnées choisi dans l'espace R^{n+m}. Pour les classes $\{\omega\}_2^{\wedge}$ l'indépendance est évidente.

Remarque 2. — On n'a pas encore déterminé une base même additive pour l'anneau de cohomologie de $\hat{\mathbf{R}}_{n,m}$ aux coefficients entiers. Nous renvoyons le lecteur aux mémoires originaux de Pontrjagin concernant les résultats importants pour l'étude des structures fibrées sphériques que nous n'utiliserons pas dans notre travail.

§ 4. Les variétés grassmanniennes $\mathbf{R}_{n,m}$.

Soit $\mathbf{R}_{n,m}$ la variété grassmannienne définie dans l'espace numérique R^{n+m} de dimension $n+m$. Prenons un système de coordonnées $(x) = (x_1,\, \ldots,\, x_{n+m})$ et supposons que les notations R^k, X_ω, $\bar{i}(\omega)$, $\bar{j}(\omega)$ ont le même sens que dans § 3 (cf. (1), (3), (3)' et (4) de § 3). L'ensemble N_ω des éléments X de $\mathbf{R}_{n,m}$ ayant une projection orthogonale non-dégénérée sur X_ω est un voisinage de X_ω dans $\mathbf{R}_{n,m}$ dont les éléments sont définis par les équations (5) de § 3. Le système des nombres ξ_{ji}, ((6) § 3) forme un système de *coordonnées normales* de N_ω qui, dans l'ordre considéré, détermine aussi son *orientation normale*. Le sous-ensemble U_ω de N_ω dont les éléments satisfont aux équations (2) § 3, est aussi une cellule ouverte de dimension $d(\omega)$ représentée par les équations (7) § 3, avec les coordonnées normales de N_ω. Nous orientons U_ω par ses coordonnées ξ_{ji} non-nulles rangées dans le même ordre que dans (6) § 3. L'élément X_ω, correspondant aux coordonnées $\xi_{ji} = 0$ dans U_ω, est appelé *élément central* de U_ω ou N_ω. L'ensemble des cellules ouvertes U_ω, $\omega \in \Omega\ (n,\, m)$, forme une subdivision cellulaire, $K_{(x)}$, de $\mathbf{R}_{n,m}$ appelée la *subdivision canonique* par rapport au système de coordonnées (x).

La variété $\hat{\mathbf{R}}_{n,m}$ définie dans R^{n+m} est évidemment un revêtement à deux feuillets de la variété $\mathbf{R}_{n,m}$. De plus, le complexe $\hat{K}_{(x)}$ qui forme la subdivision cellulaire de $\hat{\mathbf{R}}_{n,m}$, canonique par rapport au système de coordonnées (x), est aussi un complexe de revêtement du complexe $K_{(x)}$; la projection de $\hat{K}_{(x)}$ sur $K_{(x)}$ sera désignée par φ. Grâce aux orientations que nous avons adoptées pour les cellules U_ω, $\overset{+}{U}_\omega$ et $\overline{U}_\omega$ on a algébriquement :

$$(1) \qquad \varphi\overset{+}{U}_\omega = \varphi\overline{U}_\omega = U_\omega.$$

Puisque $\varphi\partial = \partial\varphi$, on déduit des formules (8) § 3 les formules correspondantes de $K_{(x)}$:

$$(2) \qquad \partial U_\omega = \sum \varepsilon_{\omega, i}(1 + (-1)^{\omega(i)+i+m}) U_{\omega_{(i)}},$$

$$(\varepsilon_{\omega, i} = +1 \text{ ou } -1)$$

où la sommation s'étend aux indices i pour lesquels $\omega_{(i)} \in \Omega(n, m)$.

On en déduit de plus :

$$(2)' \qquad \delta U_\omega = \sum \eta_{\omega, i}(1 + (-1)^{\omega(i)+i+m+1}) U_{\omega^{(i)}},$$

où $\omega^{(i)} \in \Omega(n, m)$, $\eta_{\omega, i} = +1$ ou -1.

Il résulte de ces formules que la chaîne U_ω est un cycle ainsi qu'un cocycle mod 2 pour chaque $\omega \in \Omega(n, m)$. C'est un cycle (resp. cocycle) entier si et seulement si $\omega \in \Omega_1(n, m)$ (resp. $\omega \in \Omega_1^*(n, m)$). Nous désignerons par $[\omega]_2$ (resp. $\{\omega\}_2$) le cycle (resp. cocycle) mod 2 représenté par la chaîne U_ω, $\omega \in \Omega(n, m)$, et sa classe par $[\omega]_2$ (resp. $\{\omega\}_2$). Pour $\omega \in \Omega_1(n, m)$ ou $\omega \in \Omega_1^*(n, m)$ nous poserons respectivement (cf. (1), § 3 et Proposition 2) :

$$(3) \qquad \begin{cases} [\omega]_0 = U_\omega, & \omega \in \Omega_1(n, m); \\ \{\omega\}_0 = (-1)^{\lambda(\omega)} \cdot U_\omega, & \omega \in \Omega_1^*(n, m). \end{cases}$$

Nous désignerons leurs classes entières correspondantes par $[\omega]_0$ et $\{\omega\}_0$ respectivement.

Comme dans la proposition 2, § 3, on peut démontrer que les classes $\{\omega\}_2$, $\omega \in \Omega(n, m)$, et $\{\omega\}_0$, $\omega \in \Omega(n, m)$, $\omega(m) < n$, sont indépendantes du choix du système de coordonnées dans R^{n+m}. On peut remarquer, comme à la fin du § 3, qu'il en est ainsi pour les classes $\{\omega\}_0$, où $\omega_{2k, 2k}^m$ ou $\overline{\omega}_{2k, 2k}^m$, même dans le cas $n = \omega(m)$.

Dans le cas $m + n \equiv 0$ mod. 2 la variété $\mathbf{R}_{n, m}$ est orientable et par dualité on peut faire correspondre la classe $\{\omega^*\}_0$ à la classe $[\omega]_0$. D'une façon plus précise, on définit d'abord les subdivisions cellulaires duales $K_{(x)}$ et $K_{(x^*)}$ de $\mathbf{R}_{n, m}$ canoniques par rapport aux systèmes de coordonnées (x) et (x^*) dans R^{n+m} liées par les relations (26) § 3. L'opérateur de dualité $D: K_{(x)} \to K_{(x^*)}$ qui applique une cellule de $K_{(x)}$ sur la cellule duale de $K_{(x^*)}$ est alors donné par

$$(4) \qquad D(U_\omega) = (-1)^{\lambda(\omega^*)} \cdot U^*_{\omega^*} \qquad \text{(cf. Proposition 2, § 3),}$$

en considérant $\mathbf{R}_{n,m}$ orientée comme le voisinage N_{ω_0}, où $\omega_0 = \omega_0^{m^*}$. Les classes $[\omega]_0$ et $\{\omega^*\}_0$, définies respectivement dans $K_{(x)}$ et $K_{(x^*)}$, sont donc duales l'une de l'autre. Dans le cas mod 2, les classes $[\omega]_2$, et $\{\omega^*\}_2$ sont toujours duales, que $n+m$ soit pair ou impair.

L'anneau de cohomologie mod 2, $H^*(\mathbf{R}_{n,m})$, de la variété $\mathbf{R}_{n,m}$ a été déterminé par S. Chern. En particulier on a la proposition suivante :

Proposition 4. — *Les classes* $\{\bar{\omega}_k^m\}_2$, *où* $k = 1, \ldots, n$, *engendrent l'anneau* $H^*(\mathbf{R}_{n,m})$. *Pour la multiplication on a en particulier :*

$$(5) \qquad \{\omega\}_2 \cup \{\bar{\omega}_h^m\}_2 = \sum_{\omega'} \{\omega'\}_2,$$

où la sommation s'étend à toutes les fonctions $\omega' \in \Omega(n, m)$ *telles que*

$$(6) \qquad \begin{cases} \omega(i) \leqslant \omega'(i) \leqslant \omega(i+1), \quad i = 1, \ldots, m; \quad (\omega(m+1) = n)), \\ d(\omega') = d(\omega) + h. \end{cases}$$

§ 5. Les variétés grassmanniennes $\mathbf{C}_{n,m}$ et $\mathbf{Q}_{n,m}$.

Considérons maintenant la variété $\mathbf{C}_{n,m}$ $(n = 2n', m = 2m')$ définie dans $C^{n'+m'}$ de dimension complexe $n'+m'$. Prenons le système de coordonnées canoniques $(z) = (z_1, \ldots, z_{n'+m'})$. Soit C^k $(k = 1, \ldots, n'+m')$ l'espace complexe de dimension complexe k défini par $z_{k+1} = \cdots = z_{n'+m'} = 0$. Pour chaque fonction $\omega \in \Omega(n', m')$, l'ensemble $\overline{W}_\omega$ des sous-espaces complexes Z de dimension complexe m' tels que

$$(1) \qquad \dim(Z \cap C^{\omega(i)+i}) \geqslant 2i, \qquad i = 1, \ldots, m',$$

est une pseudo-variété de dimension $2d(\omega)$ qui est l'adhérence d'une cellule ouverte W_ω dont les éléments sont définis par les équations

$$z_{j^\sim} = \sum_{i=0}^{m'} \zeta_{ji} z_{\bar{i}}, \qquad j = 1, \ldots, n';$$

$$\zeta_{ji} = 0 \qquad \text{pour} \qquad j > \omega(i), \; i = 1, \ldots, m',$$

où ζ_{ji} sont des nombres complexes et $\bar{\bar{i}}$, $\bar{j}$ parcourent respectivement les suites

$$\{\bar{\bar{i}}(\omega)\} = \{\omega(1)+1, \ldots, \omega(m')+m'\},$$

$$\{\bar{\bar{j}}(\omega)\} = \{1, \ldots, \omega(1); \omega(1)+2, \ldots, \omega(2)+1; \ldots, \omega(m')+m'+1, \ldots, n'+m'\}.$$

Puisque les nombres ζ_{ji}, $j \leqslant \omega(i)$, $i = 1, \ldots, m'$, qu'on considère comme formant un système de coordonnées dans la cellule W_ω, sont complexes, on peut attacher une orientation naturelle à chaque cellule W_ω. *L'élément central* est défini comme dans le cas des variétés $\mathbf{R}_{n,m}$ ou $\hat{\mathbf{R}}_{n,m}$.

L'ensemble des cellules W_ω, où $\omega \in \Omega(n', m')$, forme une subdivision cellulaire *canonique* de $\mathbf{C}_{n,m}$. La chaîne W_ω représente un cycle entier ainsi qu'un cocycle entier que nous désignerons par $[\omega]_0^c$ et $\{\omega\}_0^c$ respectivement. Leurs classes seront désignées respectivement par $\mathbf{[}\omega\mathbf{]}_0^c$ et $\{\omega\}_0^c$; elles sont indépendantes du système de coordonnées choisi dans l'espace $C^{n'+m'}$. Ces classes sont linéairement indépendantes et forment une base du groupe d'homologie et de cohomologie respectivement. Pour déterminer une classe de cohomologie de dimension s, il suffit de connaître sa valeur sur chaque classe d'homologie $\mathbf{[}\omega\mathbf{]}_0^c$, $d(\omega) = 2s$, qui est représentée géométriquement par la pseudo-variété $\overline{W_\omega}$ et qui est duale à la classe $\{\omega\}_0^c$. L'anneau de cohomologie entier $H^*(\mathbf{C}_{n,m})$ de $\mathbf{C}_{n,m}$ est engendré par les classes $\{\bar{\omega}_k^{m'}\}_0^c$, où $k = 0, 1, \ldots, n'$, et satisfait aux formules analogues à (5) et (6) de § 4, en remplaçant partout m par m' et n par n'.

La généralisation à la variété $\mathbf{Q}_{n,m}$ ($n = 4n''$, $m = 4m''$) est immédiate. A chaque fonction $\omega \in \Omega(n'', m'')$ correspond une classe entière d'homologie $\mathbf{[}\omega\mathbf{]}_0^q$ et une classe entière de cohomologie $\{\omega\}_0^q$ de dimension $4d(\omega)$, qui sont duales. Les classes $\{\omega\}_0^q$, $\omega \in \Omega(n'', m'')$, forment une base du groupe de cohomologie et les classes $\{\bar{\omega}_k^{m''}\}_0^q$, $k = 0, 1, \ldots, n''$, engendrent l'anneau de cohomologie de $\mathbf{Q}_{n,m}$.

§ 6. Relations entre deux variétés grassmanniennes duales.

Considérons les deux variétés grassmanniennes, dites *duales*, $\hat{\mathbf{R}}_{n,m}$ et $\hat{\mathbf{R}}_{m,n}$ définies dans le même espace numérique R^{n+m} de dimension $n+m$. Prenons une orientation fixe de R^{n+m} et définissons une application

$$\mathfrak{d} : \hat{\mathbf{R}}_{n,m} \to \hat{\mathbf{R}}_{m,n}$$

telle que, pour chaque élément $X \in \hat{\mathbf{R}}_{n,m}$, $\mathfrak{d}(X)$ soit l'élément de $\hat{\mathbf{R}}_{m,n}$ complètement orthogonal à X et que $I_0(\mathfrak{d}X, X)$ à l'origine de R^{n+m}, calculé dans cet espace orienté, soit égal à $+1$. Pour étudier le type d'homologie de cette application, prenons deux systèmes de coordonnées $(x)=(x_1, \ldots, x_{n+m})$ et $(x')=(x'_1, \ldots, x'_{n+m})$ tels que

$$(1) \qquad x'_i = x_{n+m+1-i}, \qquad i = 1, \ldots, n+m.$$

Soient (e_i) et (e'_i) les bases correspondantes de l'espace R^{n+m}. Définissons les subdivisions cellulaires canoniques $\hat{K}_{(x)}$ et $\hat{K}_{(x')}$ par rapport à (x) pour $\hat{\mathbf{R}}_{n,m}$ et par rapport à (x') pour $\hat{\mathbf{R}}_{m,n}$. Les classes, cycles, etc., définis dans $\hat{\mathbf{R}}_{m,n}$ par rapport à (x') seront distingués de celles de $\hat{\mathbf{R}}_{n,m}$ par rapport à (x) en ajoutant un prime.

A chaque fonction $\omega \in \Omega(n, m)$ nous associons une fonction

$$\mathfrak{d}\omega \in \Omega(m, n)$$

de la manière suivante : Soient $i_0 = i_0(\omega), \ldots, i_s = i_s(\omega)$, où $s = s(\omega)$, l'ensemble des points sautants de ω (cf. § 1). La suite $\omega(1), \omega(2), \ldots, \omega(m)$ est alors de la forme :

$$\underbrace{0, \ldots, 0}_{i_0}, \quad \underbrace{\beta_1, \ldots, \beta_1}_{i_1 - i_0}, \quad \ldots, \quad \ldots, \quad \underbrace{\beta_s, \ldots, \beta_s}_{i_s - i_{s-1}}, \quad \underbrace{n, \ldots n}_{m - i_s},$$

où $0 < \beta_1 < \ldots < \beta_s < n$ (on peut avoir $i_0 = 0$ ou $i_s = m$ ou tous les deux). Par définition la suite $\mathfrak{d}\omega(1), \ldots, \mathfrak{d}\omega(n)$ pour la fonction associée $\mathfrak{d}\omega$ est de la forme :

$$\underbrace{m - i_s, \ldots, m - i_s}_{n - \beta_s}, \quad \underbrace{m - i_{s-1}, \ldots, m - i_{s-1}}_{\beta_s - \beta_{s-1}}, \quad \ldots$$
$$\ldots \quad \underbrace{m - i_1, \ldots, m - i_1}_{\beta_2 - \beta_1}, \quad \underbrace{m - i_0, \ldots, m - i_0}_{\beta_1}.$$

On peut vérifier que (cf. $(4)^*$, $(5)^*$ de § 1) :

(*a*) $\omega \in \Omega_0^*(n, m)$ resp. $\Omega_1^*(n, m)$ est équivalent à $\mathfrak{d}\omega \in \Omega_0^*(m, n)$ resp. $\Omega_1^*(m, n)$;

(*b*) En désignant les points sautants de $\mathfrak{d}\omega$ par

$$i'_0 = i_0(\mathfrak{d}\omega), \qquad i'_{s'} = i_{s'}(\mathfrak{d}\omega), \qquad \text{où} \qquad s' = s(\mathfrak{d}\omega),$$

on a $\mathfrak{d}\omega(i'_{s'}) + i'_{s'} + m \equiv \omega(i_s) + i_s + n \bmod 2$ pour $\omega \in \Omega_0^*(n, m)$;

(c) $\mathfrak{d}\mathfrak{d}\omega = \omega$;

(d) Pour $\omega = \omega_k^m$, on a $\mathfrak{d}\omega = \bar{\omega}_k^m$,
Pour $\omega = \bar{\omega}_k^m$, on a $\mathfrak{d}\omega = \omega_k^m$,
Pour $\omega = \omega_{2k, 2k}^m$, on a $\mathfrak{d}\omega = \bar{\omega}_{2k, 2k}^m$,
Pour $\omega = \bar{\omega}_{2k, 2k}^m$, on a $\mathfrak{d}\omega = \omega_{2k, 2k}^m$.

Un élément X dans une cellule $\overset{+}{\mathrm{U}}_\omega$ ou $\overline{\mathrm{U}}_\omega$, $\omega \in \Omega(n, m)$, du complexe $\hat{\mathrm{K}}_{(x)}$ est défini par les équations :

$$(2) \qquad x_{\tilde{j}} = \sum_{i=1}^{m} \xi_{ji} x_{\bar{i}}, \qquad j = 1, \ldots n,$$

$$(3) \qquad \xi_{ji} = 0 \qquad \text{pour} \qquad j > \omega(i),$$

où $\bar{i}$ et $\tilde{j}$ parcourent respectivement les systèmes d'indices suivants ;

$$(4) \qquad \{\bar{i}(\omega)\} = \{\omega(1) + 1,\ \omega(2) + 2, \ldots, \omega(m) + m\},$$

$$(5) \qquad \{\tilde{j}(\omega)\} = \{1, \ldots, \omega(1);\ \omega(1) + 2, \ldots, \omega(2) + 1;\ \ldots, \omega(m) + m + 1, \ldots, n + m\}.$$

L'élément $\mathfrak{d}(\mathrm{X})$ de $\hat{\mathrm{R}}_{n,m}$ est évidemment défini par les équations :

$$(6) \qquad x_{\bar{i}} = -\sum_{j=1}^{n} \xi_{ji} x_{\tilde{j}}, \qquad i = 1, \ldots, m,$$

où les ξ_{ji} satisfont à (3).

Dans le système de coordonnées (x'), les équations (6) deviennent (cf. (1)) :

$$(7) \qquad x'_{\tilde{j}'} = -\sum_{i'=1}^{n} \xi'_{j'i'} x'_{\bar{i}'}, \qquad j' = 1, \ldots, m,$$

où

$$(8) \qquad \begin{cases} j' = m + 1 - i, \qquad i' = n + 1 - j, \\ \xi'_{j'i'} = \xi_{n+1-i',\ m+1-j'}, \\ \xi'_{j'i'} = 0 \qquad \text{pour} \qquad j' > \mathfrak{d}\omega(i'), \end{cases}$$

$\bar{i}'$, $\tilde{j}'$ parcourant respectivement les systèmes d'indices :

$$\{\bar{i}'\} = \{\mathfrak{d}\omega(1) + 1, \ldots, \qquad \mathfrak{d}\omega(n) + n\},$$

$$\{\tilde{j}'\} = \{1, \ldots, \mathfrak{d}\omega(1);\ \mathfrak{d}\omega(1) + 2, \ldots, \mathfrak{d}\omega(2) + 1,\ \ldots, \mathfrak{d}\omega(n) + n + 1, \ldots, m + n\},$$

c'est-à-dire $\bar{i}'$ et $\tilde{j}'$ parcourent respectivement les systèmes $\{\bar{i}(\mathfrak{d}\omega)\}$ et $\{\tilde{j}(\mathfrak{d}\omega)\}$ correspondant à la fonction $\mathfrak{d}\omega \in \Omega(m, n)$. Il en résulte que $\mathfrak{d}$

est une application cellulaire du complexe $\hat{K}_{(x)}$ sur le complexe $\hat{K}_{(x')}$ qui applique $\overset{+}{U}_\omega$ (resp. $\overline{U}_\omega$) sur $\overset{+}{U}'_{\mathfrak{d}\omega}$ ou $\overline{U}'_{\mathfrak{d}\omega}$. Pour l'expliciter, nous observons que l'élément central $\overset{+}{X}_\omega$ de $\overset{+}{U}_\omega$ déterminé par la suite de vecteurs :

$$\{e_{\omega(1)+1}, \ldots, e_{\omega(m)+m}\},$$

est transformé par $\mathfrak{d}$ dans l'élément $\overset{+}{Y}$ de $\hat{R}_{m,n}$ déterminé par la suite de vecteurs

$$(9) \quad \{e_1, \ldots, e_{\omega(1)}, \quad e_{\omega(1)+2}, \ldots, e_{\omega(2)+1}, \ldots, e_{\omega(m)+m+1}, \ldots, e_{n+m}\}$$

ou dans l'élément $\overline{Y}$ d'orientation opposée à $\overset{+}{Y}$ selon que $mn - d(\omega)$ est pair ou impair. La suite (9) est en effet la même que la suite

$$\{e'_{\mathfrak{d}\omega(n)+n}, \ldots, e'_{\mathfrak{d}\omega(1)+1}\}.$$

Par conséquent $\overset{+}{U}_\omega$ (resp. $\overline{U}_\omega$) est appliqué sur $\overset{+}{U}'_{\mathfrak{d}\omega}$ ou $\overline{U}'_{\mathfrak{d}\omega}$ (resp. $\overline{U}'_{\mathfrak{d}\omega}$ ou $\overset{+}{U}'_{\mathfrak{d}\omega}$) selon que $mn - d(\omega) + \frac{1}{2}n(n-1) = \alpha(\omega)$ est pair ou impair. On a ainsi algébriquement :

$$(10) \quad \begin{cases} \mathfrak{d}\overset{+}{U}_\omega = (-1)^{\nu(\omega)} \cdot \overset{+}{U}'_{\mathfrak{d}\omega}, & \mathfrak{d}\overline{U}_\omega = (-1)^{\nu(\omega)} \cdot \overline{U}'_{\mathfrak{d}\omega}, \\ & \text{si } \alpha(\omega) \text{ est pair ;} \\ \mathfrak{d}\overset{+}{U}_\omega = (-1)^{\nu(\omega)} \cdot \overline{U}'_{\mathfrak{d}\omega}, & \mathfrak{d}\overline{U}_\omega = (-1)^{\nu(\omega)} \cdot \overset{+}{U}_{\mathfrak{d}\omega}, \\ & \text{si } \alpha(\omega) \text{ est impair ;} \end{cases}$$

où $\nu(\omega)$ est un entier qui ne nous intéresse pas. En particulier, on a :

$$(11) \quad \nu(\omega^m_{2k,2k}) \equiv (-1)^k, \qquad \nu(\overline{\omega}^m_{2k,2k}) \equiv (-1)^k \quad \text{mod } 2.$$

Par définition, on a (cf. (34) de § 3),

$$\{\mathfrak{d}\omega\}^{\wedge}_0 = (-1)^{\mu(\mathfrak{d}\omega)} \cdot [\overset{+}{U}'_{\mathfrak{d}\omega} + (-1)^{\mathfrak{d}\omega(i'_s)+i'_s+m} \cdot \overline{U}'_{\mathfrak{d}\omega}],$$

pour $\mathfrak{d}\omega \in \Omega_0(m, n)$. Donc

$$\mathfrak{d}^*\{\mathfrak{d}\omega\}^{\wedge}_0 = \begin{cases} (-1)^{\mu(\mathfrak{d}\omega)+\nu(\omega)} \cdot [\overset{+}{U}_\omega + (-1)^{\mathfrak{d}\omega(i'_s)+i'_s+m} \cdot \overline{U}_\omega], \\ \qquad\qquad \text{pour } \alpha(\omega) \text{ pair;} \\ (-1)^{\mu(\mathfrak{d}\omega)+\nu(\omega)} \cdot [\overline{U}_\omega + (-1)^{\mathfrak{d}\omega(i'_s)+i'_s+m} \cdot \overset{+}{U}_\omega], \\ \qquad\qquad \text{pour } \alpha(\omega) \text{ impair.} \end{cases}$$

D'après (b) et (34) de § 3 cette formule devient

$$(12) \quad \begin{aligned} &\mathfrak{d}^*\{\mathfrak{d}\omega\}^{\wedge}_0 = (-1)^{\tau(\omega)} \cdot \{\omega\}^{\wedge}_0, \qquad \text{ou} \\ &\mathfrak{d}^*\{\mathfrak{d}\omega\}^{\wedge}_0 = (-1)^{\tau(\omega)} \cdot \{\omega\}^{\wedge}_0, \end{aligned}$$

où $\tau(\omega)$ est un entier qui ne nous intéresse pas.

En particulier, on a

$$(13)\qquad \begin{cases} \mathfrak{d}^*\{\omega^n_{2k,2k}\}^{\wedge}_0 = (-1)^k\{\overline{\omega}^m_{2k,2k}\}^{\wedge}_0, \\ \mathfrak{d}^*\{\overline{\omega}^n_{2k,2k}\}^{\wedge}_0 = (-1)^k\{\omega^m_{2k,2k}\}^{\wedge}_0. \end{cases}$$

Nous remarquons que les classes intervenant dans ces dernières formules sont définies d'une façon invariante dans les variétés $\hat{\mathbf{R}}_{m,n}$ et $\hat{\mathbf{R}}_{n,m}$.

Pour les classes mod 2 on a tout simplement :

$$(14)\qquad \mathfrak{d}^*\{\mathfrak{d}\omega\}^{\wedge}_2 = \{\omega\}^{\wedge}_2, \qquad \omega\in\Omega(n, m), \qquad \mathfrak{d}\omega\in\Omega(m, n).$$

En particulier,

$$(15)\qquad \begin{cases} \mathfrak{d}^*\{\omega^n_k\}^{\wedge}_2 = \{\overline{\omega}^n_k\}^{\wedge}_2, \\ \mathfrak{d}^*\{\overline{\omega}^n_k\}^{\wedge}_2 = \{\omega^n_k\}^{\wedge}_2. \end{cases}$$

De la même façon on peut aussi définir les applications canoniques

$$\mathfrak{d} : \mathbf{G}_{n,m} \to \mathbf{G}_{m,n},$$

où $\mathbf{G}=\mathbf{R}$, $\mathbf{C}$, ou $\mathbf{Q}$ et déterminer son type d'homologie. Par exemple, les formules (15) deviennent

$$(15')\qquad \begin{cases} \mathfrak{d}^*\{\omega^{n'}_k\}_0 = \{\overline{\omega}^{m'}_k\}^c_0, & \mathfrak{d}^*\{\overline{\omega}^{n'}_k\}_0 = \{\omega^{m'}_k\}^c_0, \quad \text{pour } \mathbf{G}=\mathbf{C}; \\ \mathfrak{d}^*\{\omega^n_k\}_2 = \{\overline{\omega}^m_k\}_2, & \mathfrak{d}^*\{\overline{\omega}^n_k\}_2 = \{\omega^m_k\}_2, \quad \text{pour } \mathbf{G}=\mathbf{R}. \end{cases}$$

Les formules ainsi obtenues montrent une certaine relation de dualité entre les classes de cohomologie des variétés grassmanniennes duales. Nous les appliquerons en particulier à l'anneau de cohomologie des variétés grassmanniennes. En effet, la proposition 4, appliquée à la variété $\mathbf{R}_{m,n}$, montre que l'anneau de cohomologie mod 2 $H^*(\mathbf{R}_{m,n})$ est engendré par les classes $\{\overline{\omega}^n_k\}_2$, $k=1, \ldots, m$. En appliquant l'opération $\mathfrak{d}^*$ qui est un isomorphisme de $H^*(\mathbf{R}_{m,n})$ sur $H^*(\mathbf{R}_{n,m})$, on voit que l'anneau $H^*(\mathbf{R}_{n,m})$, d'après (15)', est engendré par les classes

$$\mathfrak{d}^*\{\overline{\omega}^n_k\}_2 = \{\omega^m_k\}_2, \qquad k=1, \ldots, m.$$

De même, l'anneau de cohomologie à coefficients entiers de la variété $\mathbf{C}_{n,m}$ est non seulement engendré par les classes $\{\overline{\omega}^{m'}_k\}^c_0$, $k=l, \ldots, n'$ mais aussi par les classes $\{\omega^{m'}_k\}^c_0$, $\quad k=l, \ldots, m'$.

On peut aussi en déduire des formules analogues à (5), (6) de § 4 pour les produits avec les classes $\{\omega^m_k\}_2$. Nous nous contentons d'établir une formule particulière dont nous aurons besoin dans le chap. 2. D'après (5) et (6) de § 4, en appliquant à la variété $\mathbf{C}_{m,n}$ $(m=2m', \quad n=2n')$, on a pour $h_1 \leqslant h_2$, $h=h_1+h_2$,

$$(16) \qquad \{\bar{\omega}^{n'}_{h_1}\}^c_0 \smile \{\bar{\omega}^{n'}_{h_2}\}^c_0 = \sum_{i=0}^{h_1} \{\bar{\omega}^{n'}_{i,h-i}\}^c_0,$$

où $\bar{\omega}^{n'}_{i,h-i}$ est la fonction $\bar{\omega}\in\Omega(m', n')$ définie par

$$\bar{\omega}(1)=\ldots=\bar{\omega}(n'-2)=0, \qquad \bar{\omega}(n'-1)=i, \qquad \bar{\omega}(n')=h-i.$$

En appliquant aux deux membres l'opération $\mathfrak{d}^*$, la formule (16) devient

$$(17) \qquad \{\omega^{m'}_{h_1}\}^c_0 \smile \{\omega^{m'}_{h_2}\}^c_0 = \sum_{i=0}^{h_1} \{\omega^{m'}_{i,h-i}\}^c_0,$$

où $\omega^{m'}_{i,h-i}$ est la fonction $\omega\in\Omega(n' m')$ définie par

$$(18) \qquad \left\{\begin{array}{c} \omega(1)=\ldots=\omega(m'-h+i)=0, \\ \omega(m'-h+i+1)=\ldots=\omega(m'-i)=1, \\ \omega(m'-i+1)=\ldots=\omega(m')=2. \end{array}\right.$$

CHAPITRE II

LES CLASSES CARACTÉRISTIQUES DES STRUCTURES FIBRÉES SPHÉRIQUES

§ 1. Les structures fibrées sphériques.

Nous supposons connue la théorie générale des espaces fibrés et nous nous contentons d'expliquer quelques notations.

Soit E un espace fibré dont la base est B, la fibre type F, et le groupe structural G. Nous dirons alors qu'une *structure fibrée,* ou plus précisément une (F, G)-*structure,* a été définie sur la *base* B dans l'*espace fibré* E. Nous dirons aussi que E est l'espace fibré de cette structure. Nous écrirons $\mathfrak{F}_1 \cong \mathfrak{F}_2$ pour exprimer que les deux (F, G)-structures $\mathfrak{F}_i$ définies sur la même base sont *isomorphes*. Une application f d'un espace B′ dans la base B d'une (F, G)-structure $\mathfrak{F}$ *induit* une (F, G)-structure sur la base B′ que nous désignerons par $f^*\mathfrak{F}$. On aura $f^*\mathfrak{F} \cong g^*\mathfrak{F}$ si $f \simeq g$, c'est-à-dire f homotope à g, g étant une autre application de B′ dans B. Par conséquent la classe d'isomorphisme de $f^*\mathfrak{F}$ ne dépend que de la classe d'homotopie de f. La (F, G)-structure $\mathfrak{F}$ sur B est *p-universelle* si les classes d'isomorphisme des structures induites sur un complexe B′ quelconque de dimension $\leqslant p$ sont en correspondance biunivoque avec les classes d'homotopie des applications de B′ dans B. Soit G un sous-groupe de G′, où G′ est aussi un groupe d'automorphismes de F, à une (F, G)-structure $\mathfrak{F}$ est associée canoniquement une certaine (F, G′)-structure $\mathfrak{F}'$. $\mathfrak{F}$ est appelée une *structure subordonnée* de $\mathfrak{F}'$ et nous écrirons $\mathfrak{F} \prec \mathfrak{F}'$.

Dans le présent travail nous ne considérons que les structures dont la fibre type F est une sphère S_{m-1} de dimension $m-1$, considérée comme la sphère unité de l'espace enclidien R^m de dimension m. La structure sera appelée alors une *structure fibrée sphérique*. Nous supposons que le groupe structural est l'un des groupes suivants :

(*a*) Le groupe orthogonal O_m de S_{m-1} :

(*b*) Le groupe des rotations $\hat{O}_m$ de S_{m-1}, c'est-à-dire la composante connexe de l'unité dans O_m ;

(*c*) Le groupe unitaire O'_m de S_{m-1}, dans le cas $m = 2m'$, R^m étant identifié avec $C^{m'}$;

d) Le groupe quaternionien O''_m de S_{m-1}, dans le cas $m = 4m''$, R^m étant identifié avec $Q^{m''}$.

Nous appellerons une telle structure (*a*) *une* O_m*-structure,* (*b*) *une* $\hat{O}_m$*-structure,* (*c*) *une* O'_m*-structure* et (*d*) *une* O''_m*-structure* dans les cas correspondants.

Puisque $\hat{O}_m$ est un sous-groupe de O_m, chaque $\hat{O}_m$-structure $\mathfrak{F}$ est une structure subordonnée d'une O_m-structure $\mathfrak{F}'$. Nous écrirons $\mathfrak{F}' = \varphi\mathfrak{F}$. De même chaque O'_m-structure (resp. O''_m-structure) $\mathfrak{F}$ est une structure subordonnée d'une $\hat{O}_m$-structure (resp. O'_m-structure) que nous désignerons par $\varphi'\mathfrak{F}$, (resp. $\varphi''\mathfrak{F}$), en supposant que $m = 2m'$ (resp. $m = 4m''$). Notre problème est alors le suivant :

Étant donnée une O_m*-structure, une* $\hat{O}_m$*-structure, ou une* O'_m*-structure* $\mathfrak{F}'$, *existe-t-il respectivement une* $\hat{O}_m$*-structure, une* O'_m*-structure ou une* O''_m*-structure* $\mathfrak{F}$ *tel que*

$$\mathfrak{F} \prec \mathfrak{F}',$$

c'est-à-dire $\mathfrak{F}' \cong \varphi\mathfrak{F}$, $\mathfrak{F}' \cong \varphi'\mathfrak{F}$ ou $\mathfrak{F}' \cong \varphi''\mathfrak{F}$?

Nous trouverons des conditions nécessaires pour qu'une telle structure subordonnée existe, et dans quelques cas particuliers des conditions nécessaires et suffisantes. Toutes les conditions ainsi obtenues sont exprimées en termes de *classes caractéristiques* d'une structure fibrée sphérique que nous allons définir dans la section suivante.

§ 2. Les classes caractéristiques.

Étant donnée la variété $\mathbf{R}_{n,m}$, l'espace des couples (x, X), où $X \in \mathbf{R}_{n,m}$ et x élément de la sphère unité dans X, est un espace fibré de base $\mathbf{R}_{n,m}$ dont la fibre sur X est la sphère unité dans X. Sa structure fibrée est une O_m-structure que nous désignerons par $\mathfrak{R}_{n,m}$. De même nous désignerons par $\hat{\mathfrak{R}}_{n,m}$, $\mathfrak{C}_{n,m}$ et $\mathfrak{Q}_{n,m}$ la

$\mathrm{O}_m^{\wedge}$-structure, la O_m'-structure et la O_m''-structure définies d'une façon analogue sur les variétés grassmanniennes $\hat{\mathbf{R}}_{n,m}$, $\mathbf{C}_{n,m}$ et $\mathbf{Q}_{n,m}$. L'importance de ces structures particulières résulte du théorème fondamental suivant :

Théorème I (*théorème de Steenrod-Whitney-Pontrjagin-Chern*). — *La structure* $\mathfrak{R}_{n,m}$ (*resp.* $\hat{\mathfrak{R}}_{n,m}$, $\mathfrak{C}_{n,m}$ *ou* $\mathfrak{Q}_{n,m}$) *est une* O_m-*structure* (*resp.* $\mathrm{O}_m^{\wedge}$-*structure*, O_m'-*structure ou* O_m''-*structure*) *p-universelle pourvu que* $n>p$.

D'une façon plus précise, supposons que B est un complexe de dimension $p<n$. Chaque O_m-structure $\mathfrak{F}$ définie sur B est induite par une application f : $\mathrm{B}\to\mathbf{R}_{n,m}$, c'est-à-dire $\mathfrak{F}\cong f^*\mathfrak{R}_{n,m}$. Deux O_m-structures $\mathfrak{F}_i\cong f_i^*\mathfrak{R}_{n,m}(i=1,2)$ sont isomorphes si et seulement si $f_1\simeq f_2$. Il en est de même dans les autres cas. Dans la suite nous ne considérons que des structures fibrées ayant pour une base un complexe.

Il résulte de ce théorème qu'une O_m-structure $\mathfrak{F}$ sur un complexe B de dimension p induite par l'application f de B dans $\mathbf{R}_{n,m}$, $n>p$, admet comme *invariants* les images réciproques des classes decohomologie de $\mathbf{R}_{n,m}$.

Ces classes de cohomologie dans la base B seront appelées les *classes caractéristiques* de la O_m-structure considérée. Les *classes caractéristiques* se définissent de la même façon dans les autres cas.

Considérons une O_m-structure $\mathfrak{F}$ sur un complexe B de dimension p et supposons que $\mathfrak{F}\cong f^*\mathfrak{R}_{n,m}$ $(n>p)$. A chaque fonction $\omega\in\Omega(n, m)$ ou $\Omega_1^*(n, m)$ correspond une classe $\{\omega\}_2$ ou $\{\omega\}_0$ dans $\mathbf{R}_{n,m}$ et ainsi une classe caractéristique $f^*\{\omega\}_2$ ou $f^*\{\omega_0\}$ que nous désignerons par $\{\omega\}_2(\mathfrak{F})$ ou $\{\omega\}_0(\mathfrak{F})$, appelée la *classe caractéristique* mod 2 ou entière *du type* ω de la structure $\mathfrak{F}$. Puisque K est de dimension p, il ne faut considérer que des fonctions ω pour lesquelles $d(\omega)\leqslant p<n$. D'après Prop. 3, § 3, Chap. I, les classes caractéristiques correspondantes sont alors bien définies. De plus, nous démontrerons que *pour* $\omega\in\Omega(n, m)$, *où* $d(\omega)\leqslant p$, *la classe caractéristique du type* ω *est indépendante de la valeur* $n>p$.

En effet, soient n, n' deux nombres quelconques tels que

$$n>n'>p.$$

Considérons l'espace numérique R^{n+m} de dimension $n+m$ et le système de coordonnées $(x)=(x_1, \ldots, x_{n+m})$, Soit $\mathrm{R}^{n'+m}$ le sous-espace de dimension $n'+m$ défini par les équations :

$$x_{n'+m+1}=\cdots=x_{n+m}=0.$$

Prenons $(x)'=(x_1, \ldots, x_{n'+m})$ comme système de coordonnées dans $R^{n'+m}$ et définissons les variétés $\mathbf{R}_{n',m}$ et $\mathbf{R}_{n,m}$ dans $R^{n'+m}$ et R^{n+m} avec subdivisions cellulaires canoniques $K'_{(x)'}$ et $K_{(x)}$ définies par rapport aux systèmes $(x)'$ et (x) respectivement. Nous distinguons les classes, etc. dans $\mathbf{R}_{n',m}$ de celles dans $\mathbf{R}_{n,m}$ en ajoutant un prime. La variété $\mathbf{R}_{n'm}$ est évidemment une sous-variété de $\mathbf{R}_{n,m}$. Soit θ l'application identique de $\mathbf{R}_{n',m}$ dans $\mathbf{R}_{n,m}$. On voit facilement que θ est une application cellulaire de $K_{(x)'}$ dans $K_{(x)}$ telle qu'on ait algébriquement,

$$\theta U'_{\omega}=U_{\omega}, \qquad \omega\in\Omega(n', m),$$

d'où ($i=0$ ou 2)

$$(1) \qquad \theta^*\{\omega\}_i=\begin{cases}\{\omega\}'_i, & \omega\in\Omega(n', m);\\ 0, & \omega\notin\Omega(n', m).\end{cases}$$

Soit maintenant $\mathfrak{F}$ une structure sur B induite par f' :

$$B\to\mathbf{R}_{n',m}\ (n'>p)$$

et soit $f=\theta f'$. Alors

$$\mathfrak{F}\cong f^*\mathfrak{R}_{n,m}\cong f'^*\mathfrak{R}_{n',m},$$

d'où

$$f^*\{\omega\}_i=f'^*\theta^*\{\omega\}_i=f^*\{\omega\}'_i,$$

où $\omega\in\Omega(n, m)$, $d(\omega)\leqslant p$, et $i=0$ ou 2. Cette équation montre l'indépendance des classes caractéristiques de la valeur de $n>p$.

Remarque I. — Il peut arriver que $\mathfrak{F}$ soit induite par une application f: $B\to\mathbf{R}_{n',m}$ où n' est $\leqslant p$. Soit $n>p$. La démonstration ci-dessus montre que (cf. (1)) :

$$(1)' \quad \{\omega\}_i(\mathfrak{F})=0 \quad \text{pour} \quad \omega\in\Omega(n, m) \quad \text{mais} \quad \omega\notin\Omega(n', m).$$

Remarque II. — En faisant la convention que la classe $\{\omega\}_i$ dans $\mathbf{R}_{n,m}$ est nulle pour $\omega\notin\Omega(n, m)$, on peut encore définir les classes caractéristiques du type ω pour $\mathfrak{F}\cong f^*\mathfrak{R}_{n,m}$ par les équations :

$$\{\omega\}_2(\mathfrak{F})=f^*\{\omega\}_2,$$
$$\{\omega\}_0(\mathfrak{F})=f^*\{\omega\}_0, \qquad \omega=\omega^m_{2k,2k} \quad \text{ou} \quad \overline{\omega}^m_{2k,2k},$$

même dans le cas $n\leqslant p$.

La considération précédente s'applique aussi bien pour les $O_m^{\wedge}$-structures.

De même, pour une O'_m-structure (resp. O''_m-structure)

$$\mathfrak{F} \cong f^*\mathfrak{C}_{n,m},$$

où $n=2n'$, $m=2m'$ (resp. $\mathfrak{F} \cong f^*\mathfrak{D}_{n,m}$, $n=4n''$, $m=4m''$) on associe à chaque fonction $\omega \in \Omega(n', m')$ (resp. $\omega \in \Omega(n'', m'')$), une *classe caractéristique* $\{\omega\}_i^c(\mathfrak{F})$ (resp. $\{\omega\}_i^q(\mathfrak{F})$), $i=0$ ou 2, du type ω dans la base B de dimension p définie par

$$(2)\quad \begin{cases} \{\omega\}_i^c(\mathfrak{F}) = f^*\{\omega\}_i^c, & \{\omega\}_i^c \text{ classe de } \mathbf{C}_{n,m}, \\ (\text{resp.} \{\omega\}_i^q(\mathfrak{F}) = f^*\{\omega\}_i^q, & \{\omega\}_i^q \text{ classe de } \mathbf{Q}_{n,m}). \end{cases}$$

On remarque que n n'est pas forcément $>p$ dans cette définition si l'on fait la convention que la classe $\{\omega\}_i^c$ dans $\mathbf{C}_{n,m}$ ou $\{\omega\}_i^q$ dans $\mathbf{Q}_{n,m}$ est nulle pour $\omega \notin \Omega((n', m')$ ou $\omega \notin \Omega(n'', m'')$. Les classes caractéristiques définies dans (2) sont aussi indépendantes de n. Il en est de même pour les $O_m^{\wedge}$-structures et les O_m-structures.

Soit K une subdivision cellulaire canonique et K* la subdivision duale canonique de $\mathbf{R}_{n,m}$. Soit f une application cellulaire de B dans K*. Alors

$$(3)\quad <\{\omega\}_i(f^*\mathfrak{R}_{n,m}), \sigma> = \mathrm{I}_i([\omega]_i, f(\sigma)), \qquad i=0 \text{ ou } 2,$$

où I_i est l'indice d'intersection dans la variété $\mathbf{R}_{n,m}$ orientée à partir du système de coordonnées (x), en supposant $n+m\equiv 0 \bmod 2$. La formule (3) donne une définition équivalente des classes caractéristiques. De même pour les autres structures.

Les classes caractéristiques correspondant aux fonctions définies par les équations (2) et (3) de § 1 chap. 1 sont particulièrement importantes. Soient $\mathfrak{R}$, $\hat{\mathfrak{R}}$, $\mathfrak{C}$ et $\mathfrak{D}$ respectivement une O_m-structure, etc. Nous poserons simplement:

$$(4)\quad \mathbf{X}_0^m(\hat{\mathfrak{R}}) = \{\omega_m^m\}_0^{\wedge}(\hat{\mathfrak{R}}).$$

$$(5)\quad \mathbf{W}_2^k(\mathfrak{R}) = \{\omega_k^m\}_2(\mathfrak{R}), \qquad \overline{\mathbf{W}}_2^k(\mathfrak{R}) = \{\overline{\omega}_k^m\}_2(\mathfrak{R}).$$

$$(6)\quad \mathbf{P}_0^{4k}(\mathfrak{R}) = \{\omega_{2k,2k}^m\}_0(\mathfrak{R}), \qquad \overline{\mathbf{P}}_0^{4k}(\mathfrak{R}) = \{\overline{\omega}_{2k,2k}^m\}_0(\mathfrak{R}).$$

$$(5)^{\wedge}\quad \mathbf{W}_2^k(\hat{\mathfrak{R}}) = \{\omega_k^m\}_0^{\wedge}(\hat{\mathfrak{R}}), \qquad \overline{\mathbf{W}}_2^k(\hat{\mathfrak{R}}) = \{\overline{\omega}_k^m\}_2^{\wedge}(\hat{\mathfrak{R}}).$$

$$(6)^{\wedge}\quad \mathbf{P}_0^{4k}(\hat{\mathfrak{R}}) = \{\omega_{2k,2k}^m\}_0^{\wedge}(\hat{\mathfrak{R}}), \qquad \overline{\mathbf{P}}_0^{4k}(\hat{\mathfrak{R}}) = \{\overline{\omega}_{2k,2k}^m\}_0^{\wedge}(\hat{\mathfrak{R}}).$$

$$(7)\quad \mathbf{C}_0^{2k}(\mathfrak{C}) = \{\omega_k^{m'}\}_0^c(\mathfrak{C}), \qquad \overline{\mathbf{C}}_0^2(\mathfrak{C}) = \{\overline{\omega}_k^{m'}\}_0^c(\mathfrak{C}), \qquad m=2m'.$$

$$(8)\quad \mathbf{Q}_0^{4k}(\mathfrak{D}) = \{\omega_k^{m''}\}_0^q(\mathfrak{D}), \qquad \overline{\mathbf{Q}}_0^{4k}(\mathfrak{D}) = \{\overline{\omega}_k^{m''}\}_0^q(\mathfrak{D}), \qquad m=4m''.$$

Introduisons aussi une indéterminée t et posons :

$$(5)' \quad \mathbf{W}_2(\mathfrak{S}, t) = \sum_{k \geqslant 0} \mathbf{W}_2^k(\mathfrak{S}) t^k,$$

$$(6)' \quad \mathbf{P}_0(\mathfrak{S}, t) = \sum_{k \geqslant 0} (-1)^k \mathbf{P}_0^{4k}(\mathfrak{S}) t^{4k},$$

$$\overline{\mathbf{W}}_2(\mathfrak{S}, t) = \sum_{k \geqslant 0} \overline{\mathbf{W}}_2^k(\mathfrak{S}) t^k.$$

$$\mathfrak{S} = \mathfrak{R} \text{ ou } \hat{\mathfrak{R}}. \qquad \overline{\mathbf{P}}_0(\mathfrak{S}, t) = \sum_{k \geqslant 0} \overline{\mathbf{P}}_0^{4k}(\mathfrak{S}) t^{k4}.$$

$$(7)' \quad \mathbf{C}_0(\mathfrak{C}, t) = \sum_{k \geqslant 0} \mathbf{C}_0^{2k}(\mathfrak{C}) t^{2k}, \qquad \overline{\mathbf{C}}_0(\mathfrak{C}, t) = \sum_{k \geqslant 0} \overline{\mathbf{C}}_0^{2k}(\mathfrak{C}) t^{2k}.$$

$$(8)' \quad \mathbf{Q}_0(\mathfrak{Q}, t) = \sum_{k \geqslant 0} \mathbf{Q}_0^{4k}(\mathfrak{Q}) t^{4k}, \qquad \overline{\mathbf{Q}}_0(\mathfrak{Q}, t) = \sum_{k \geqslant 0} \overline{\mathbf{Q}}_0^{4k}(\mathfrak{Q}) t^{4k}.$$

Nous appellerons alors :

$\mathbf{W}_2^k(\mathfrak{S})$ *les classes de Stiefel-Whitney,*

$\overline{\mathbf{W}}_2^k(\mathfrak{S})$ *les classes duales de Stiefel-Whitney,*

$\mathbf{P}_0^{4k}(\mathfrak{S})$ ou $\overline{\mathbf{P}}_0^{4k}(\mathfrak{S})$ *les classes ou les classes duales de Pontrjagin ;*

$\mathbf{C}_0^{2k}(\mathfrak{C})$ ou $\overline{\mathbf{C}}_0^{2k}(\mathfrak{C})$ *les classes ou les classes duales de Chern ;*

$\mathbf{W}_2(\mathfrak{S}, t)$ ou $\overline{\mathbf{W}}_2(\mathfrak{S}, t)$ *le polynome ou le polynome dual de Whitney ;*

$\mathbf{P}_0(\mathfrak{S}, t)$ ou $\overline{\mathbf{P}}_0(\mathfrak{S}, t)$ *le polynome ou le polynome dual de Pontrjagin ;*

$\mathbf{C}_0(\mathfrak{C}, t)$ ou $\overline{\mathbf{C}}_0(\mathfrak{C}, t)$ *le polynome ou le polynome dual de Chern ;*

$\mathbf{X}_0^m(\hat{\mathfrak{R}})$ *la classe d'Euler-Poincaré.*

En particulier, pour une structure *simple,* c'est-à-dire une structure qui correspond à la classe d'homotopie d'une application constante dans les variétés grassmanniennes correspondantes, les classes caractéristiques de dimension non nulle sont toutes nulles et par conséquent on a respectivement :

$$\mathbf{W}_2(\mathfrak{S}, t) = \overline{\mathbf{W}}_2(\mathfrak{S}, t) = 1 ;$$
$$\mathbf{P}_0(\mathfrak{S}, t) = \overline{\mathbf{P}}_0(\mathfrak{S}, t) = 1.$$
$$\mathbf{C}_0(\mathfrak{C}, t) = \overline{\mathbf{C}}_0(\mathfrak{C}, t) = 1 ;$$
$$\mathbf{X}_0^m(\hat{\mathfrak{R}}) = 0.$$

Si g est une application d'un complexe K′ dans un autre sur lequel est définie une G-structure $\mathfrak{S}$ induite par une application f de K dans les variétés grassmanniennes $G_{n,m}$ correspondantes, la structure $g^*\mathfrak{S}$ est isomorphe à $(fg)^*\mathfrak{G}_{n,m}$ et par conséquent on a

$$\mathbf{W}_2(g^*\mathfrak{S}, t) = g^*\mathbf{W}_2(\mathfrak{S}, t), \text{ etc.}$$
$$(G = O,\ O^\wedge,\ O',\ O''; \qquad \mathfrak{G} = \mathfrak{R},\ \hat{\mathfrak{R}},\ \mathfrak{C},\ \mathfrak{Q}).$$

Soit maintenant ρ l'application de la variété $\hat{\mathbf{R}}_{n,m}$ définie dans l'espace numérique R^{n+m} sur elle-même telle que pour chaque élément $X\in\hat{\mathbf{R}}_{n,m}$, $\rho(X)$ soit le même élément, muni de l'orientation opposée. A chaque $O_m^{\wedge}$-structure $\mathfrak{S}$ définie sur une base B induite par une application f: $B\to\hat{\mathbf{R}}_{n,m}$, c'est-à-dire $\mathfrak{S}\cong f^*\hat{\mathfrak{R}}_{n,m}$, on peut associer une autre $O_m^{\wedge}$-structure sur la même base B, à savoir $(\rho f)^*\hat{\mathfrak{R}}_{n,m}$. Cette structure est en effet canoniquement liée à la structure donnée $\mathfrak{S}$, c'est-à-dire elle est définie à un isomorphisme près et est indépendante de la valeur de n suffisamment grande. Nous la désignerons par $-\mathfrak{S}$. On a évidemment $-(-\mathfrak{S})\cong\mathfrak{S}$. Pour déterminer les relations entre les classes caractéristiques de ces deux structures, prenons un système de coordonnées (x) dans R^{n+m} par rapport auquel nous définissons la subdivision canonique de la variété $\hat{\mathbf{R}}_{n,m}$. On voit alors que ρ est une application cellulaire telle que, algébriquement, on ait

$$\rho^*\overset{+}{U}_\omega=\overline{U}_\omega,\qquad \rho^*\overline{U}_\omega=\overset{+}{U}_\omega,$$

d'où, d'après (34) de § 3 chap. I,

$$\rho^*\{\omega\}_0^{\wedge}=(-1)^{\omega(i_s)+i_s+m}\{\omega\}_0^{\wedge},\qquad \omega\in\Omega_0^*(n,m),$$
$$\rho^*\{\omega\}_2^{\wedge}=\{\omega\}_2^{\wedge},\qquad \omega\in\Omega(n,m).$$

Il en résulte le théorème suivant :

THÉORÈME 2 (*Pontrjagin*) — *Pour deux* $O_m^{\wedge}$*-structure* $\mathfrak{S}$ *et* $-\mathfrak{S}$ *définies sur la base* B *de dimension* p *on a*

$$\{\omega\}_0^{\wedge}(\mathfrak{S})=(-1)^{\omega(i_s)+i_s+m}\{\omega\}_0^{\wedge}(-\mathfrak{S}),$$

où $\qquad \omega\in\Omega_0^*(n,m),\qquad s=s(\omega),\qquad i_s=i_s(\omega),\qquad n>p;$

$$\{\omega\}_2^{\wedge}(\mathfrak{S})=\{\omega\}_2^{\wedge}(-\mathfrak{S}),\qquad \omega\in\Omega'(n,m).$$

En particulier, on a pour les classes de Pontrjagin et la classe d'Euler-Poincaré,

$$\mathbf{P}_0^{4k}(\mathfrak{S})=\mathbf{P}_0^{4k}(-\mathfrak{S}),\qquad \overline{\mathbf{P}}_0^{4k}(\mathfrak{S})=\overline{\mathbf{P}}_0^{4k}(-\mathfrak{S})$$

et $$\mathbf{X}_0^m(\mathfrak{S})=-\mathbf{X}_0^m(-\mathfrak{S}).$$

De la même façon on peut associer canoniquement à chaque O'_m-structure $\mathfrak{S}$ une autre O'_m-structure sur la même base que nous désignerons par $\mathfrak{S}$ de la manière suivante : soit $\mathbf{C}_{n,m}$ la variété définie dans l'espace unitaire $C^{n'+m'}$ de dimension complexe

$$n'+m'(n=2n',\ m=2m').$$

Prenons un système de coordonnées unitaires (z) quelconque dans l'espace $C^{n'+m'}$. Un élément Z de la variété $\mathbf{C}_{n,m}$ est alors défini par un système d'équations linéaires, soit : $\sum_{j=1}^{n+m} \xi_{ij}z_j=0,\ i=1,\ \ldots,\ s.$ Le système des équations $\sum_{j=1}^{n+m} \bar{\xi}_{ij}z_j=0,\ i=1,\ \ldots,\ s$ ($\bar{\xi}_{ij}$ conjugués complexes de ξ_{ij}) définit alors un élément de $\mathbf{C}_{n,m}$ que nous désignerons par $\gamma(Z)$. Si la structure $\mathfrak{S}$ sur la base B est induite par l'application f: $B\to\mathbf{C}_{n,m}$, la structure $\gamma\mathfrak{S}$ est alors celle qui est induite par l'application γf: $B\to\mathbf{C}_{n,m}$. On voit que $\gamma\mathfrak{S}$ ne dépend que de la structure $\mathfrak{S}$ à un isomorphisme près.

Définissons la subdivision cellulaire canonique de la variété $\mathbf{C}_{n,m}$ par rapport au système de coordonnées (z) ; on voit que γ est une application cellulaire. En effet, un élément Z dans le voisinage W_ω d'équations

$$\begin{cases} z_j^-=\sum_i \xi_{ji}z_i^-, \\ \xi_{ji}=0 \qquad \text{pour} \qquad j>\omega(i), \end{cases}$$

est appliquée par l'application γ sur l'élément $\gamma(Z)$ d'équations

$$\begin{cases} z_j^-=\sum_i \bar{\xi}_{ji}z_i^-, \\ \bar{\xi}_{ji}=0 \qquad \text{pour} \qquad j>\omega(i). \end{cases}$$

L'ensemble $\gamma(W_\omega)$ coïncide donc avec W_ω et algébriquement on aura

$$\gamma^*W_\omega=(-1)^{d(\omega)}W_\omega.$$

On en déduit ainsi le théorème suivant :

Théorème 2'. — *Pour deux O'_m-structures $\mathfrak{S}$ et $\gamma\mathfrak{S}$ sur la base de dimension p on a $\{\omega\}_0^c(\mathfrak{S})=(-1)^{d(\omega)}\{\omega\}_0^c(\gamma\mathfrak{S})$, $\omega\in\Omega(n',\ m')$. En particulier on a pour les classes de Chern :*

$$\mathbf{C}_0^{2k}(\mathfrak{S})=(-1)^k\bar{\mathbf{C}}_0^{2k}(\gamma\mathfrak{S}), \qquad \bar{\mathbf{C}}_0^{2k}(\mathfrak{S})=(-1)^k\mathbf{C}_0^{2k}(\gamma\mathfrak{S}).$$

Soient $\hat{\mathbf{R}}_{n,m}$ et $\hat{\mathbf{R}}_{m,n}$ les deux variétés grassmanniennes définies dans le même espace numérique R^{n+m} de dimension $n+m$, et $\mathfrak{d}$ l'application étudiée dans § 6 chap. I, en prenant une orientation fixe de l'espace R^{n+m}. Pour une $\hat{O}_m$-structure $\mathfrak{S}$ sur B induite par f:

$B \to \hat{\mathbf{R}}_{n,m}$, on a une $O^{\wedge}_m$-structure $\overline{\mathfrak{S}}$ sur B induite par $\mathfrak{d}f$: $B \to \hat{\mathbf{R}}_{m,n}$. Deux structures qui se correspondent de cette manière seront appelées *duales* l'une de l'autre. De la même façon on définit les O-structures *duales* pour $O = O_m$, O'_m ou O''_m. D'après § 6, chap. I, on a :

Théorème 3 (*théorème de dualité*). — *Pour une G-structure* $\mathfrak{S}$ *et une G-structure* $\overline{\mathfrak{S}}$($G = O$, $O^{\wedge}$, O' *ou* O'') *duales l'une de l'autre on a*

$$\left.\begin{array}{ll} \mathbf{W}_2(\mathfrak{S}, t) = \overline{\mathbf{W}}_2(\overline{\mathfrak{S}}, t), & \overline{\mathbf{W}}_2(\mathfrak{S}, t) = \mathbf{W}_2(\overline{\mathfrak{S}}, t), \\ \mathbf{P}_0(\mathfrak{S}, t) = \overline{\mathbf{P}}_0(\overline{\mathfrak{S}}, t), & \overline{\mathbf{P}}_0(\mathfrak{S}, t) = \mathbf{P}_0(\overline{\mathfrak{S}}, t), \end{array}\right\} G = O \text{ ou } O^{\wedge};$$

$$\mathbf{C}_0(\mathfrak{S}, t) = \overline{\mathbf{C}}_0(\overline{\mathfrak{S}}, t), \quad \overline{\mathbf{C}}_0(\mathfrak{S}, t) = \mathbf{C}_0(\overline{\mathfrak{S}}, t), \quad G = O'.$$

$$\mathbf{Q}_0(\mathfrak{S}, t) = \overline{\mathbf{Q}}_0(\overline{\mathfrak{S}}, t), \quad \overline{\mathbf{Q}}_0(\mathfrak{S}, t) = \mathbf{Q}_0(\overline{\mathfrak{S}}, t), \quad G = O''.$$

§ 3. Les classes caractéristiques des structures subordonnées.

L'espace numérique R^{n+m} s'identifie canoniquement à $C^{n'+m'}$ dans le cas $n = 2n'$, $m = 2m'$, et à $Q^{n''+m''}$ dans le cas $n = 4n''$, $m = 4m''$. Les variétés $\mathbf{R}_{n,m}$, $\hat{\mathbf{R}}_{n,m}$, $\mathbf{C}_{n,m}$ et $\mathbf{Q}_{n,m}$ sont définies respectivement dans R^{n+m}, $C^{n'+m'}$ et $Q^{n''+m''}$.

Étant donné l'élément $X \in \mathbf{R}_{n,m}$, soit φX le même élément considéré sans orientation. On obtient ainsi une application canonique (la projection) φ : $\hat{\mathbf{R}}_{n,m} \to \mathbf{R}_{n,m}$. Considérons un élément de $\mathbf{C}_{n,m}$, muni de son orientation naturelle, comme un élément de $\hat{\mathbf{R}}_{n,m}$ en négligeant sa structure unitaire. On a ainsi une application canonique

$$\varphi' : \mathbf{C}_{n,m} \to \hat{\mathbf{R}}_{n,m}.$$

De la même façon on définit une application canonique

$$\varphi'' : \mathbf{Q}_{n,m} \to \mathbf{C}_{n,m}.$$

Le problème énoncé dans § I revient à l'étude des applications φ, φ' et φ'' à cause du théorème suivant, qui est une conséquence immédiate du théorème de Steenrod-Whitney-Pontrjagin-Chern :

Théorème 4. — *Pour qu'une G-structure* ($G = O_m$, $O^{\wedge}_m$ ou O'_m) *sur B induite par f* : $B \to \mathbf{G}_{n,m}$ ($\mathbf{G} = \mathbf{R}$, $\hat{\mathbf{R}}$ *ou* $\mathbf{C}$) *admette une G'-structure subordonnée* ($G' = O^{\wedge}_m$, O'_m ou O''_m), *il faut et il suffit qu'il existe une application* f' : $B \to \hat{G}'_{n,m}$, $G' = \hat{R}$, C *ou* Q *telle que*

(1) $\psi f' \simeq f \qquad (\psi = \varphi,\ \varphi' \text{ ou } \varphi'')$.

Dans le cas $G = O_m$ on peut énoncer le théorème précédent sous une forme plus précise en remplaçant la condition (1) par la condition suivante :

(2) $\varphi f' = f$.

En effet, $\hat{R}_{n,m}$ est un revêtement à deux feuillets sur $R_{n,m}$ dont la projection est φ. L'existence d'une $\hat{O}_m$-structure subordonnée exige celle d'une application f'' : $B \to \hat{R}_{n.m}$ telle que $\varphi f'' \simeq f$. D'après un théorème fondamental de déformation, f'' est homotope à une application f' vérifiant (2).

On a $\pi_1(\hat{R}_{n,m}) = 0$, $\pi_1(R_{n,m}) \approx Z_2(nm > 1)$, où Z_2 est le groupe des entiers mod 2. Un générateur de $\pi_1(R_{n,m})$ est représenté par un cycle de la classe $[\omega_1^m]_2$ duale à la classe $\{\omega_1^m\}_2$. Une courbe fermée dans $R_{n,m}$ est homotope à zéro si et seulement si le cycle mod 2 qu'elle représente est homotope à zéro. On voit facilement que la condition (2) est équivalente à la condition suivante :

(3) $f\pi_1(B) = 0$.

Pour une courbe fermée quelconque dans B représentant un cycle mod 2, b, la condition (3) est équivalente à $f(b) \simeq 0$, d'où

(4) $\{\omega_1^m\}_2(\mathfrak{F}) = 0$.

On a donc :

THÉORÈME 5. — *Pour qu'une* O^m*-structure* $\mathfrak{F}$ *admette une* $\hat{O}_m$*-structure subordonnée, il faut et il suffit que la condition* (4) *soit vérifiée.*

THÉORÈME 6. — *Soit* $\mathfrak{F}'$ *une* $\hat{O}_m$*-structure subordonnée à la* O_m*-structure* $\mathfrak{F}$, *on a*

(5) $\{\omega\}_i^{\wedge}(\mathfrak{F}') = \{\omega\}_i(\mathfrak{F}), \qquad i = 0 \text{ ou } 2, \qquad \omega \in \Omega(p, m)$

où p *est la dimension de la base* B. *En particulier,*

(6) $\mathbf{W}_2(\mathfrak{F}', t) = \mathbf{W}_2(\mathfrak{F}, t), \qquad \overline{\mathbf{W}}_2(\mathfrak{F}', t) = \overline{\mathbf{W}}_2(\mathfrak{F}, t)$;

(7) $\mathbf{P}_0(\mathfrak{F}', t) = \mathbf{P}_0(\mathfrak{F}, t), \qquad \overline{\mathbf{P}}_0(\mathfrak{F}', t) = \overline{\mathbf{P}}_0(\mathfrak{F}, t)$.

Démonstration. — Soient $\hat{K}$ et K les subdivisions cellulaires canoniques des variétés $\hat{\mathbf{R}}_{n,m}$ et $\mathbf{R}_{n,m}$ définies dans le même espace numérique R^{n+m} par rapport au même système de coordonnées (x). La projection φ est une application cellulaire de $\hat{K}$ sur K telle qu'on ait algébriquement,

$$\varphi\overset{+}{U}_\omega = \varphi\overline{U}_\omega = U_\omega.$$

D'après (4)*, (5)* § I, (34), (34') § 3 et (4) § 4 de chap. I, on en déduit

$$\begin{aligned}\varphi^*\{\omega\}_0 &= (-1)^{\lambda(\omega)}\varphi^* U_\omega = (-1)^{\lambda(\omega)}[\overset{+}{U}_\omega + \overline{U}_\omega] \\ &= (-1)^{\mu(\omega)}[\overset{+}{U}_\omega + (-1)^{\omega(i_s)+i_s+m}\overline{U}_\omega] \\ &= \{\omega\}_0^{\wedge},\end{aligned}$$

où $\omega \in \Omega_1^*(n, m)$, $n > p$. D'où

$$\varphi^*\{\omega\}_0 = \{\omega\}_0^{\wedge}, \qquad \omega \in \Omega_1^*(n, m).$$

De même,

$$\varphi^*\{\omega\}_2 = \{\omega\}_2^{\wedge}, \qquad \omega \in \Omega(n, m).$$

Supposons que $\mathfrak{F}' \cong f'^*\hat{\mathfrak{R}}_{n,m}$. Alors $\mathfrak{F} \cong f^*\mathfrak{R}_{n,m}$ où $f = \varphi f'$. Donc

$$\begin{aligned}\{\omega\}_i(\mathfrak{F}) &= f^*\{\omega\}_i = f'^*\varphi^*\{\omega\}_i \\ &= f'^*\{\omega\}_i^{\wedge} = \{\omega\}_i^{\wedge}(\mathfrak{F}'), \qquad i = 0, 2.\end{aligned}$$

C. q. f. d.

Théorème 7. — *Si la O'_m-structure $\mathfrak{F}'$ $(m = 2m')$ est subordonnée à la $\hat{O}_m$-structure $\mathfrak{F}$, on a*

$$(8)_1 \qquad \mathbf{W}_2(\mathfrak{F}, t) = \mathbf{C}_2(\mathfrak{F}', t),$$

$$(8)_2 \qquad \overline{\mathbf{W}}_2(\mathfrak{F}, t) = \overline{\mathbf{C}}_2(\mathfrak{F}', t).$$

Démonstration. — Soient $\hat{\mathbf{R}}_{n,m}$ et $\mathbf{C}_{n,m}$ $(n = 2n', m = 2m')$ les variétés grassmanniennes définies respectivement dans l'espace numérique R^{n+m} et dans l'espace unitaire $C^{n'+m'}$ associé à R^{n+m}. Soit $\varphi' : \mathbf{C}_{n,m} \to \hat{\mathbf{R}}_{n,m}$ l'application canonique définie au début de cette section. Puisque $\overline{\omega}\{{}^m_{2k+1}\}_2^{\wedge}$ et $\{\omega^m_{2k+1}\}_2^{\wedge}$ sont de dimension impaire, il est évident que

$$(9) \qquad \varphi'^*\{\overline{\omega}^m_{2k+1}\}_2^{\wedge} = 0, \qquad \varphi'^*\{\omega^m_{2k+1}\}_2^{\wedge} = 0.$$

Prenons maintenant dans R^{n+m} un sous-espace R^{n-2k+1} de dimension $n-2k+1$ tel que la somme de R^{n-2k+1} et de son conjugué complexe $\overline{R}^{n-2k+1}$ soit un espace complexe T de dimension complexe $n'-k+1$. L'ensemble des espaces vectoriels orientés X de dimension m tel que

$$(10) \qquad \dim.(X \cap R^{n-2k+1}) \geqslant 1$$

définit un cycle $[\overline{\omega}_{2k}^{m*}]_2^{\wedge} \in [\overline{\omega}_{2k}^{m*}]_2^{\wedge}$. De même, l'ensemble des espaces complexes Z de dimension complexe m' tel que

$$(11) \qquad \dim.(Z \cap T) \geqslant 2$$

définit un cycle $[\overline{\omega}_k^{m'*}]_2^c \in [\overline{\omega}_k^{m'*}]_2^c$. Pour un $X=\varphi'(Z)$ les conditions (11) et (10) sont équivalentes grâce à notre choix des espaces R^{n-2k+1} et T. Il en résulte que l'intersection dans $\hat{\mathbf{R}}_{n,m}$ du cycle $[\overline{\omega}_{2k}^{m*}]_2^{\wedge}$ avec la sous-variété $\varphi'\mathbf{C}_{n,m}$ est le cycle $\varphi'[\overline{\omega}_k^{m'*}]_2^c$ dans $\varphi'\mathbf{C}_{n,m}$. D'où

$$(12) \qquad \varphi'^*\{\overline{\omega}_{2k}^m\}_2^{\wedge} = \{\overline{\omega}_k^{m'}\}_2^c.$$

Puisque $\mathfrak{F}'$ est subordonnée à $\mathfrak{F}$, on a $\mathfrak{F}'=f'^*\mathfrak{C}_{n,m}$ et

$$\mathfrak{F}=f^*\hat{\mathfrak{R}}_{n,m}$$

où $f: B \to \hat{\mathbf{R}}_{n,m}$, $f': B \to \mathbf{C}_{n,m}$ et $f=\varphi' f'$, B étant la base de $\mathfrak{F}$ ainsi que de $\mathfrak{F}'$. On déduit alors de (9) et (12) :

$$\overline{\mathbf{W}}_2^{2k+1}(\mathfrak{F})=0, \qquad \overline{\mathbf{W}}_2^{2k}(\mathfrak{F})=\overline{\mathbf{C}}_2^{2k}(\mathfrak{F}').$$

En les combinant dans une seule formule, on obtient $(8)_2$.

Pour démontrer $(8)_1$, prenons dans R^{n+m} un sous-espace R^{n+2k-1} de dimension $n+2k-1$ qui rencontre son conjugué complexe $\overline{R}^{n+2k-1}$ dans un sous-espace complexe T′ de dimension complexe $n'+k-1$. Les éléments $X \in \hat{\mathbf{R}}_{n,m}$ tel que

$$(13) \qquad \dim.(X \cap R^{n+2k-1}) \geqslant 2k,$$

définit un cycle $[\omega_{2k}^{m*}]_2^{\wedge} \in [\omega_{2k}^{m*}]_2^{\wedge}$. De même, les éléments $Z \in \mathbf{C}_{n,m}$ tel que

$$(14) \qquad \dim.(Z \cap T') \geqslant 2k,$$

définit un cycle $[\omega_k^{m'*}]_2^c \in [\omega_k^{m'*}]_2^c$. Il est évident que pour $X=\varphi'(Z)$ les deux conditions (13) et (14) sont équivalentes. On en déduit

$$\varphi'^*\{\omega_{2k}^m\}_2^{\wedge} = \{\omega_k^{m'}\}_2^c,$$

et par conséquent

$$\mathbf{W}_2^{2k}(\mathfrak{F}) = \mathbf{C}_2^{2k}(\mathfrak{F}'). \tag{15}$$

La formule $(8)_1$, est une conséquence de (9) et (15).

C. q. f. d.

Le théorème implique quelques conditions nécessaires pour qu'une $\hat{O}_m$-structure $\mathfrak{F}$ admette une O'_m-structure subordonnée. Par exemple il est nécessaire que

$$\mathbf{W}_2^{2k+1}(\mathfrak{F}) = \overline{\mathbf{W}}_2^{2k+1}(\mathfrak{F}) = 0.$$

Nous donnerons plus loin un exemple qui montre que ces conditions ne sont pas triviales, même pour les structures associées aux variétés différentiables orientables. Pour obtenir des conditions plus fortes il faut considérer le type d'homologie à *coefficients entiers* de l'application φ' que nous déterminerons dans la section suivante. Bien que ce type d'homologie soit un peu difficile à déterminer pour φ', on peut le déterminer complètement pour φ''. On démontre en effet :

Théorème 8. — *Si la O''_m-structure $\mathfrak{F}'$ sur la base* B *est subordonnée à la O'_m-structure $\mathfrak{F}$, on a :*

$$\mathbf{C}_0(\mathfrak{F}, t) = \mathbf{Q}_0(\mathfrak{F}', t),$$
$$\overline{\mathbf{C}}_0(\mathfrak{F}, t) = \overline{\mathbf{Q}}_0(\mathfrak{F}', t).$$

§ 4. — Étude de l'application canonique $\varphi' : \mathbf{C}_{n,m} \to \hat{\mathbf{R}}_{n,m}$ $(n = 2n', \quad m = 2m')$.

Pour déterminer le type d'homologie à coefficients entiers de l'application canonique $\varphi' : \mathbf{C}_{n,m} \to \hat{\mathbf{R}}_{n,m}$ il suffit en général de déterminer $\varphi'^*\{\omega^m_{2k,2k}\}^\wedge_0$ ou $\varphi'^*\{\overline{\omega}^m_{2k,2k}\}^\wedge$ et $\varphi'^*\{\omega^m_m\}^\wedge_0$. Puisque l'ensemble des cycles $[\omega']^c_0$, $d(\omega') = 2k$, forme une base d'homologie de dimension $4k$ dans $\mathbf{C}_{n,m}$, il suffit pour cela de déterminer les indices d'intersection :

$$\mathbf{I}_0([\overline{\omega}^{m}_{2k,2k}{}^*]^\wedge_0, \ \varphi'[\omega']^c_0), \qquad d(\omega') = 2k, \qquad \omega' \in \Omega(n', m');$$

et

$$\mathbf{I}_0([\omega^{m*}_m]^\wedge_0, \ \varphi'[\omega']^c_0), \qquad d(\omega') = m', \qquad \omega' \in \Omega(n', m').$$

Nous définissons les cycles $[\omega']^c_0$ par rapport à un système de coordonnées unitaires $(z) = (z_1, \ldots z_{n'+m'})$ choisi dans $C^{n'+m'}$ une fois pour toutes. Pourtant pour définir les cycles $[\overline{\omega}_{2k,\,2k}^{m\;\;*}]_0^\wedge$ et $[\omega_m^{m*}]_0^\wedge$ nous choisirons dans R^{n+m} des systèmes de coordonnées $(x)=(x_1, \ldots, x_{n+m})$ appropriés permettant la détermination des indices d'intersection et que nous préciserons chaque fois par la donnée des relations explicites entre les z_i et les x_i. Nous désignerons les bases des vecteurs dans $C^{n'+m'}$ et R^{n+m} correspondant aux systèmes de coordonnées choisis respectivement par (g_i) et (e_i). Remarquons que les cycles seront représentés par les pseudo-variétés définies par (2) § 3 ou (1) § 5 de chap. 1.

Lemme. $$\varphi'^*\{\omega_m^m\}_0^\wedge=(-1)^{m'}\{\omega_{m'}^{m'}\}_0^c.$$

Démonstration. Choisissons les coordonnées (x_i) tel que

$$(1)\quad\begin{cases} z_1=x_{n-1}+\mathrm{i}x_{n+m}, & \\ z_j=x_{n+2j-4}+\mathrm{i}x_{n+2j-3}, & j=2, \ldots, m'+1, \\ z_j=x_{2j-m-3}+\mathrm{i}x_{2j-m-2}, & j=m'+2, \ldots, n'+m'. \end{cases}$$

Pour une fonction $\omega'\in\Omega(n', m')$ avec $d(\omega')=m'$ on a ou bien $\omega'(1)=0$ ou bien $\omega'(i)=1$, $i=1, \ldots, m'$. Dans le premier cas chaque élément $Z\in[\omega']_0^c$ contient le vecteur g_1 et donc e_{n-1} et e_{n+m} à cause de la première équation de (1). Puisque tous les éléments de $[\omega_m^{m*}]_0^\wedge$ sont contenus dans l'espace R^{n+m-1} qui ne contient pas le vecteur e_{n+m}, on voit que $[\omega_m^{m*}]_0^\wedge$ et $\varphi'([\omega']_0)$ n'ont aucun élément en commun, donc

$$(2)\qquad I_0([\omega_m^{m*}]_0^\wedge, \varphi'[\omega']_0^c)=0 \qquad \text{pour} \qquad \omega'(1)=0.$$

Dans le deuxième cas $\omega'(i)=1$, $i=1, \ldots, m'$, $[\omega_{m'}^{m'}]_0^c$ est l'ensemble des espaces complexes de dimension complexe m' contenus dans

$$C^{m'+1}\ :\ z_{m'+2}=\ldots=z_{n'+m'}=0.$$

On voit que le seul élément commun aux ensembles $\varphi'([\omega_{m'}^{m'}]_0^c)$ et $[\omega_m^{m*}]_0^\wedge$ est, d'après (1), l'espace complexe déterminé par les vecteurs $g_2, \ldots, g_{m'+1}$, ou l'espace orienté déterminé par la suite de vecteurs $\{e_n, \ldots, e_{n+m-1}\}$, c'est-à-dire l'élément central $\overset{+}{X}_\omega$ du voisinage $\overset{+}{U}=\overset{+}{U}_\omega$, ainsi que du voisinage $W=W_{\omega'}$, où $\omega=\omega_m^{m*}$, $\omega'=\omega_{m'}^{m'}$. Nous rappelons que les éléments du voisinage $\overset{+}{N}=\overset{+}{N}_\omega$ sont représentés par les équations :

$$x_{\tilde{j}}=\sum\xi_{ji}x_{\bar{i}},$$
$$\{\bar{i}\}=\{n, n+1, \ldots, n+m-1\},$$
$$\{\tilde{j}\}=\{1, \ldots, n-1, n+m\}.$$

Considérons les coordonnées normales (ξ_{ji}) de $\overset{+}{\mathrm{N}}$ comme un système de coordonnées dans un espace numérique ; soit (u_{ji}) la base de vecteurs correspondante. Le voisinage $\overset{+}{\mathrm{N}}$ est alors orienté par la séquence :

$$A=\{u_{11},\ldots,u_{1m};\quad u_{21},\ldots,u_{2m};\quad \ldots u_{n1},\ldots,u_{nm}\}.$$

Le voisinage $\overset{+}{\mathrm{U}}$ est une variété linéaire dans $\overset{+}{\mathrm{N}}$ représentée par

$$\xi_{n1}=\ldots=\xi_{nm}=0$$

dont l'orientation est déterminée par la suite des vecteurs suivants :

$$B=\{u_{11},\ldots,u_{1m};\quad \ldots,u_{n-1,1},\ldots,u_{n-1,m}\}.$$

Les éléments Z de W sont représentées par les équations :

$$\begin{cases} z_1=\xi_{11}z_2+\ldots+\xi_{1m'}z_{m'+1}, \\ z_{m'+2}=\ldots=z_{n'+m'}=0. \end{cases}$$

En posant $\xi_{ji}=\xi'_{ji}+\mathrm{i}\xi''_{ji}$, ξ'_{ji} et ξ''_{ji} réelles, $\varphi'(Z)$ est défini par les équations :

$$\begin{cases} x_1=\ldots=x_{n-2}=0, \\ x_{n-1}=\xi'_{11}x_n-\xi''_{11}x_{n+1}+\ldots+\xi'_{1m'}x_{n+m-2}-\xi''_{1m'}x_{n+m-1}, \\ x_{n+m}=\xi''_{11}x_n+\xi'_{11}x_{n+1}+\ldots+\xi''_{1m'}x_{n+m-2}+\xi'_{1m'}x_{n+m-1}. \end{cases}$$

L'ensemble $\varphi'(W)$ est donc aussi une variété linéaire dont l'orientation *naturelle* est déterminée par la suite des vecteurs suivante :

$$C=\{u_{n-1,1}+u_{n,2},\ u_{n,1}-u_{n-1,2},\ldots,u_{n-1,m-1}+u_{n,m},\ u_{n,m-1}-u_{n-1,m}\}.$$

En comparant avec les systèmes A et B, on trouve

$$\overset{+}{\mathrm{I}}(\overset{+}{\mathrm{U}}\quad,\ \varphi'W\quad)=(-1)^{m'},\quad \text{ou}$$
$$\overset{+}{\mathrm{I}}([\omega_m^{m*}]_0^{\vee},\ \varphi'[\omega_{m'}^{m'}]_0^c)=(-1)^{m'},$$

où $\overset{+}{\mathrm{I}}$ est l'indice d'intersection calculé dans $\overset{+}{\mathrm{N}}$. D'après proposition 1 § 3 chap. 1, $\overset{+}{\mathrm{I}}$ est le même que l'indice d'intersection I_0 calculé dans la variété $\hat{\mathbf{R}}_{n,m}$ orientée par rapport au système de coordonnées (x), puisque m est pair. Il en résulte

$$\mathrm{I}_0([\omega_m^{m*}]_0^{\wedge},\ \varphi'[\omega_{m'}^{m'}]_0^c)=(-1)^{m'}. \tag{3}$$

Notre lemme est évidemment une conséquence de (2) et (3),

C. q. f. d.

Déterminons maintenant $\varphi'^*\{\bar{\omega}^m_{2k,2k}\}^{\wedge}_0$. Remarquons d'abord qu'on a

$$(4)\qquad \varphi'^*\{\bar{\omega}^m_{2k,2k}\}^{\wedge}_0 = \bar{\varphi}^*\{\bar{\omega}^m_{2k,2k}\}_0,$$

où $\bar{\varphi} = \varphi\varphi' : \mathbf{C}_{n,m} \to \mathbf{R}_{n,m}$. Puisque l'ensemble des classes $\{\omega\}^c_0$ avec $d(\omega) = 2k$, $\omega \in \Omega(n'\,m')$, forme une base d'homologie de $\mathbf{C}_{n,m}$ pour la dimension $4k$, on a

$$(5)\qquad \bar{\varphi}^*\{\bar{\omega}^m_{2k,2k}\}_0 = \sum_{h=0}^{k} \varepsilon_{h,k}\{\bar{\omega}'_{h,2k-h}\}^c_0 + \sum_{\omega'} \varepsilon_{\omega'}\{\omega'\}^c_0,$$

où

$$(6)\qquad \begin{cases} \bar{\omega}'_{h,2k-h}(1) = \dots = \bar{\omega}'_{h,2k-h}(m'-2) = 0, \\ \qquad \bar{\omega}'_{h,2k-h}(m'-1) = h, \qquad \bar{\omega}'_{h,2k-h}(m') = 2k-h, \\ \varepsilon_{h,k} = I_0([\bar{\omega}^{m\,*}_{2k,2k}]_0,\quad \bar{\varphi}[\bar{\omega}'_{h,2k-h}]^c_0); \end{cases}$$

$$(7)\qquad \begin{cases} \omega'(m'-2) > 0, \quad d(\omega') = 2k, \\ \varepsilon_{\omega'} = I_0([\bar{\omega}^{m\,*}_{2k,2k}]_0,\quad \bar{\varphi}[\omega']^c_0). \end{cases}$$

Démontrons d'abord que

$$(8)\qquad \varepsilon_{\omega'} = 0.$$

En effet, pour que la fonction ω' existe, il faut que $m > 4$. Dans ce cas on a

$$\omega'(m'-2) > 0, \qquad d(\omega') = 2k, \qquad \omega'(m'-1) \leqslant \omega'(m'),$$

d'où les inégalités

$$\omega'(m'-1) + \omega'(m') \leqslant 2k-1, \qquad \omega'(m'-1) \leqslant k-1.$$

Il est donc toujours possible de choisir le système de coordonnées $(x) = (x_1, \dots, x_{n+m})$ et $z = (z_1, \dots, z_{n'+m'})$ tels que, les espaces $\mathbf{R}^s$ et $\mathbf{C}^s$ étant définis comme dans § 3 et § 5 de chap. I on ait :

(a) $\mathbf{R}^{h-2k+2}$ et $\mathbf{C}^{\omega'(m'-1)+m'-1}$ sont disjoints ;

(b) l'intersection de $\mathbf{R}^{n-2k+2}$ et $\mathbf{C}^{\omega'(m')+m'}$, soit Y, est de dimension $2\omega'(m') - 2k + 2$;

(c) Y ne contient aucune droite complexe et le sous-espace complexe engendré par Y n'a aucun vecteur en commun avec

$$\mathbf{C}^{\omega'(m'-1)+m'-1}.$$

Le cycle $[\bar{\omega}^{m\,*}_{2k,2k}]_0$ défini dans $\mathbf{R}_{n,m}$ par rapport au système (x) est représenté géométriquement par la pseudo-variété des éléments $X \in \mathbf{R}_{n,m}$ satisfaisant à la condition

$$\dim.\quad (X \cap \mathbf{R}^{n-2k+2}) \geqslant 2.$$

De même, le cycle $[\omega']^c_0$ défini dans $\mathbf{C}_{n,m}$ par rapport au système

(z) est représenté géométriquement par la pseudo-variété des éléments $Z \in \mathbf{C}_{n,m}$ satisfaisant aux conditions suivantes :

$$\begin{cases} \dim. \quad (Z \cap C^{\omega'(m'-1)+m'-1}) \geqslant m-2, \\ Z \subset C^{\omega'(m')+m'}, \text{ etc.} \end{cases}$$

Il en résulte que, en tenant compte de (a), pour un élément $\bar{\varphi}(Z) = X$ commun à $[\overline{\omega}^{m}_{2k,2k}{}^{*}]_0$ et $\bar{\varphi}[\omega']_0$, X a une intersection avec $C^{\omega'(m'-1)+m'-1}$ d'une dimension égale à $m-2$ et une intersection avec R^{n-2k+2} d'une dimension égale à 2. X étant complexe, sa dimension, d'après (b) et (c), est alors nécessairement égale à $(m-2)+2+2=m+2$, ce qui est absurde. Par conséquent les deux cycles ne peuvent avoir aucun élément en commun et la formule (8) est ainsi démontrée.

Il en résulte que l'équation (5) se réduit à

$$(8) \qquad \bar{\varphi}^{*}\{\overline{\omega}^{m}_{2k,2k}\}_0 = \sum_{h=0}^{k} \varepsilon_{h,k}\{\overline{\omega}'_{h,2k-h}\}^{c}_{0};$$

où

$$(9) \qquad \varepsilon_{h,k} = I_0([\overline{\omega}^{m}_{2k,2k}{}^{*}]_0, \ \bar{\varphi}[\overline{\omega}'_{h,2k-h}]^{c}_{0}).$$

Pour déterminer $\varepsilon_{h,k}$, prenons le système de coordonnées (x) défini par :

$$(10)_1 \qquad z_j = x_{n+2j+3} + \mathrm{i}x_{n+2j+4}, \qquad j = 1, \ldots, m'-2;$$

$$(10)_2 \qquad z_j = x_{n-m+2j-2h+5} + \mathrm{i}x_{n-m+2j-2h+6}, \quad j = m'-1, \ldots, m'+h-2;$$

$$(10)_3 \qquad z_j = x_{n-m'+j+h-4k+1} + \mathrm{i}x_{n-m'+j-2k-h+3}, \quad j = m'+h, \ldots, m'+2k-h-1;$$

$$(10)_4 \qquad z_j = x_{2j-m-4k+2h-1} + \mathrm{i}x_{2j-m-4k+2h}, \quad j = m'+2k-h+1, \ldots, n'+m';$$

$$(10)_5 \qquad z_{m'+h-1} = x_{n-2k+2} + \frac{\mathrm{i}}{\sqrt{2}}(x_{n+4} + x_{n-2k+1});$$

$$(10)_6 \qquad z_{m'+2k-h} = x_{n-2k+1} + \frac{\mathrm{i}}{\sqrt{2}}(-x_{n+3} + x_{n-2k+2}).$$

Pour $h=0$, on supprime le système $(10)_2$, et pour $h=k$, on supprime $(10)_3$.

Nous avons ainsi choisi les systèmes de coordonnées (z) et (x) de telle façon que, comme il est facile à vérifier, le seul élément commun à $[\overline{\omega}^{m}_{2k,2k}{}^{*}]_0$ et $\bar{\varphi}[\overline{\omega}'_{h,2k-h}]^{c}_{0}$ soit l'élément central du voisinage $N_{\bar{\omega}} = N$ ou $U_{\bar{\omega}} = U$, où $\bar{\omega} = \overline{\omega}^{m}_{2k,2k}{}^{*}$, qui est aussi l'élément central du voisinage $W_{\omega'} = W$, où $\omega' = \bar{\omega}_{h, 2k-h}$. Dans le voisinage N les éléments sont de la forme :

$$\left\{\begin{array}{l} x_j = \xi_{j1} x_{n-2k+1} + \xi_{j2} x_{n-2k+2} + \xi_{j3} x_{n+3} + \dots + \xi_{jm} x_{n+m}, \\ \qquad\qquad j = 1, \dots, n-2k; \\ x_{j+2} = \xi_{j1} x_{n-2k+1} + \xi_{j2} x_{n-2k+2} + \xi_{j3} x_{n+3} + \dots + \xi_{jm} x_{n+m}, \\ \qquad\qquad j = n-2k+1, \dots, n. \end{array}\right.$$

La variété linéaire U dans N est représentée par :

$$(11) \qquad \xi_{j1} = \xi_{j2} = 0, \quad j = n-2k+1, \dots, n.$$

Dans l'espace vectoriel de coordonnées (ξ_{ji}) soit (u_{ji}) la base de vecteurs correspondante, Les orientations de N et U sont alors déterminées respectivement par les suites des vecteurs suivantes :

$$A = \{u_{11}, \dots u_{1m}; \quad \dots u_{n1}, \dots, u_{nm}\};$$

$$B = \{u_{11}, \dots u_{1m}; \quad \dots u_{n-2k,1}, \dots, u_{n-2k,m}; \quad u_{n-2k+1,3}, \dots, u_{n-2k+1,m}; \quad \dots, u_{n3}, \dots, u_{nm}\}.$$

Les éléments du voisinage W sont de la forme :

$$\left\{\begin{array}{ll} z_{j+m'-2} = \zeta_{j,m'-1} z_{m'+h-1} + \zeta_{j,m'} z_{m'+2k-h}, & j = 1, \dots, h; \\ z_{j+m'-1} = \zeta_{j,m'} z_{m'+2k-h}, & j = h+1, \dots, 2k-h; \\ z_j = 0, \quad j = m'+2k-h+1, \dots, n'+m', & \end{array}\right.$$

ou, d'après (10), en posant $\zeta_{ji} = \zeta'_{ji} + i\zeta''_{ji}$, ζ'_{ji} et ζ''_{ji} réelles,

$$x_1 = \dots = x_{n-4k+2h} = 0,$$

$$x_{n+h-4k+j} = \zeta'_{jm'} x_{n-2k+1} - \frac{1}{\sqrt{2}} \zeta''_{j,m'} x_{n-2k+2} + \frac{1}{\sqrt{2}} \zeta''_{j,m'} x_{n+3}, \quad j = h+1, \dots, 2k-h;$$

$$x_{n-2k-h+j+2} = \zeta''_{j,m'} x_{n-2k+1} + \frac{1}{\sqrt{2}} \zeta'_{j,m'} x_{n-2k+2} - \frac{1}{\sqrt{2}} \zeta'_{j,m'} x_{n+3}, \quad j = h+1, \dots, 2k-h;$$

$$x_{n-2h+2j+1} = \left(-\frac{1}{\sqrt{2}} \zeta''_{j,m'-1} + \zeta'_{j,m'}\right) x_{n-2k+1} + \left(-\frac{1}{\sqrt{2}} \zeta''_{j,m'} + \zeta'_{j,m'-1}\right) x_{n-2k+2} + \frac{1}{\sqrt{2}} \zeta''_{j,m'} x_{n+3} - \frac{1}{\sqrt{2}} \zeta''_{j,m'-1} x_{n+4}, \quad j = 1, \dots, h;$$

$$x_{n-2h+2j+2} = \left(\frac{1}{\sqrt{2}} \zeta'_{j,m'-1} + \zeta''_{j,m'}\right) x_{n-2k+1} + \left(\frac{1}{\sqrt{2}} \zeta'_{j,m'} + \zeta''_{j,m'-1}\right) x_{n-2k+2} - \frac{1}{\sqrt{2}} \zeta'_{j,m'} x_{n+3} + \frac{1}{\sqrt{2}} \zeta'_{j,m'-1} x_{n+4}, \quad j = 1, \dots, h.$$

Dans l'espace vectoriel complexe de coordonnées complexes (ζ_{ji}) soit (w_{ji}) la base de vecteurs correspondante. Le système de vecteurs contenus dans W :

$$\{w_{1,m'-1},\ \mathrm{i}w_{1,m'-1},\ \ldots\ w_{h,m'-1},\ \mathrm{i}w_{h,m'-1};\quad w_{1,m'},\ \mathrm{i}w_{1m'},\ \ldots\ w_{2k-h,m'},\ \mathrm{i}w_{2k-h,m'}\}$$

correspond à un système de vecteurs contenus dans $\overline{\varphi}$W, qui par son ordre détermine aussi l'orientation naturelle de $\overline{\varphi}$W. La projection de ce système sur la variété linéaire complètement orthogonale à (11) dans N est le système suivant :

$$\begin{aligned} C=\Big\{ & \frac{1}{\sqrt{2}}u_{n-2h+2,1}+u_{n-2h+1,2},\ -\frac{1}{\sqrt{2}}u_{n-2h+1,1}+u_{n-2h+2,2};\ \ldots \\ & \frac{1}{\sqrt{2}}u_{n,1}+u_{n-1,2};\ -\frac{1}{\sqrt{2}}u_{n-1,1}+u_{n,2}; \\ & u_{n-2h+1,1}+\frac{1}{\sqrt{2}}u_{n-2h+2,2},\ -\frac{1}{\sqrt{2}}u_{n-2k+1,2}+u_{n-2k+2,1};\ \ldots \\ & u_{n-1,1}+\frac{1}{\sqrt{2}}u_{n,2},\ -\frac{1}{\sqrt{2}}u_{n-1,2}+u_{n,1}; \\ & \frac{1}{\sqrt{2}}u_{n-2k+1,2},\ u_{n-2k+1,1};\ \ldots\ \frac{1}{\sqrt{2}}u_{n-2h,2},\ u_{n-2h,1}\Big\}. \end{aligned}$$

On peut vérifier que la suite composée $\{B, C\}$ détermine la même orientation que A ou l'orientation opposée selon que h est pair ou impair. Par conséquent (cf. Proposition 1, § 3, chap. 1).

$$I_0(U, \overline{\varphi}W)=I_{\overline{\omega},0}(U, \varphi W)=(-1)^h,$$

ou

$$\varepsilon_{h,k}=(-1)^h \qquad (\text{cf. } (9)).$$

L'équation (8) devient alors

$$(12)\qquad \overline{\varphi}^*\{\overline{\omega}^m_{2k,2k}\}_0=\sum_{h=0}^{k}(-1)^h\{\overline{\omega}'_{h,2k-h}\}^c_0.$$

D'après les formules de multiplication pour l'anneau de cohomologie dans $\mathbf{C}_{n,m}$ (cf. § 5, chap. 1), on a

$$(13)\qquad \{\overline{\omega}'_{h,2k-h}\}^c_0=\{\overline{\omega}^m_h\}^c_0\cup\{\overline{\omega}^{m'}_{2k-h}\}^c_0-\{\overline{\omega}^{m'}_{h-1}\}^c_0\cup\{\overline{\omega}^{m'}_{2k-h+1}\}^c_0.$$

On déduit de (12) et (13) par une simple réduction que

$$\overline{\varphi}^*\{\overline{\omega}^m_{2k,2k}\}_0=\sum_{h=0}^{2k}(-1)^h\{\overline{\omega}^m_h\}^c_0\cup\{\overline{\omega}^{m'}_{2k-h}\}^c_0,$$

ou, d'après (4),

$$(14)\qquad \varphi'^{*}\left\{\overline{\omega}^{m}_{2k,2k}\right\}^{\wedge}_{0} = \sum_{h=0}^{2k} (-1)^{h}\left\{\overline{\omega}^{h}_{m'}\right\}^{c}_{0} \cup \left\{\overline{\omega}^{m'}_{2k-h}\right\}^{c}_{0}.$$

Supposons maintenant que $\mathfrak{S}$ est une $O^{\wedge}_{m}$-structure sur B admettant une O'_{m}-structure subordonnée $\mathfrak{S}'$ induite par une application f: $B \to \mathbf{C}_{n,m}$. On déduit de (14) (cf. théorème 4 de § 3) :

$$\left\{\overline{\omega}^{m}_{2k,2k}\right\}^{\wedge}_{0}(\mathfrak{S}) = \sum_{h=0}^{2k} (-1)\left\{\overline{\omega}^{m'}_{h}\right\}_{0}(\mathfrak{S}') \cup \left\{\overline{\omega}^{m'}_{2k-h}\right\}_{0}(\mathfrak{S}'),$$

ou, d'après (6) et (7) de § 2,

$$(15)\qquad \overline{\mathbf{P}}^{4k}_{0}(\mathfrak{S}) = \sum_{h=0}^{2k} (-1)^{h}\overline{\mathbf{C}}^{2h}_{0}(\mathfrak{S}') \cup \overline{\mathbf{C}}^{4k-2h}_{0}(\mathfrak{S}').$$

En utilisant le polynome de Pontrjagin et le polynome de Chern définis par (6)' et (7)' de § 2, on peut réunir les formules (15) dans une seule formule, à savoir, la formule (17) du théorème suivant ;

THÉORÈME 9. — *Si une $O^{\wedge}_{m}$-structure $\mathfrak{S}$ admet une O'_{m}-structure subordonnée $\mathfrak{S}'$, on a*

$$(16)\qquad \mathbf{P}_{0}(\mathfrak{S}', t) = \mathbf{C}_{0}(\mathfrak{S}', t) \cup \mathbf{C}_{0}(\mathfrak{S}', \mathrm{i}t);$$

$$(17)\qquad \overline{\mathbf{P}}_{0}(\mathfrak{S}', t) = \overline{\mathbf{C}}_{0}(\mathfrak{S}', t) \cup \overline{\mathbf{C}}_{0}(\mathfrak{S}', \mathrm{i}t);$$

et

$$(18)\qquad \mathbf{X}^{m}_{0}(\mathfrak{S}) = (-1)^{m'}\mathbf{C}^{m}_{0}(\mathfrak{S}'), \qquad m = 2m'.$$

Évidemment la formule (18) est une conséquence immédiate du lemme. La formule (16) est équivalente au système des formules suivantes :

$$(19)\qquad (-1)^{k}\mathbf{P}^{4k}_{0}(\mathfrak{S}) = \sum_{h=0}^{2k} (-1)^{h}\mathbf{C}^{2h}_{0}(\mathfrak{S}') \cup \mathbf{C}^{4k-2h}_{0}(\mathfrak{S}').$$

Pour la démontrer, on peut partir de la formule (17) § 6 chap. I, et, en utilisant la méthode par laquelle nous avons démontré (17), obtenir une formule analogue à (14), et en déduire (19). Pourtant nous allons démontrer cette formule à partir de (15) à l'aide du théorème de dualité de § 2 (théorème 3).

Démonstration de (16).

Supposons que la O'_{m}-structure $\mathfrak{S}'$ est induite par l'application f' de la base B dans la variété $\mathbf{C}_{n,m}$ définie dans l'espace unitaire

$C^{n'+m'}$ $(n=2n',\ m=2m')$. En identifiant $C^{n'+m'}$ à l'espace numérique R^{n+m} de dimension $n+m$, on a les variétés $\mathbf{C}_{n,m}$, $\hat{\mathbf{R}}_{n,m}$ et $\hat{\mathbf{R}}_{m,n}$ définies dans $C^{n'+m'}$ ou R^{n+m}. Soient

$$\mathfrak{d}' : \mathbf{C}_{n,m} \to \mathbf{C}_{m,n},$$
$$\mathfrak{d} : \hat{\mathbf{R}}_{n,m} \to \hat{\mathbf{R}}_{m,n},$$
$$\varphi' : \mathbf{C}_{n,m} \to \hat{\mathbf{R}}_{n,m},$$

et

$$\varphi_1' : \mathbf{C}_{m,n} \to \hat{\mathbf{R}}_{m,n},$$

les applications canoniques introduites dans § 5 chap. I et § 3 où $\mathfrak{d}$ est définie par rapport à l'orientation de R^{n+m} correspondant à la structure complexe de $C^{n'+m'}$. On a

$$\varphi_1'\mathfrak{d}' = \mathfrak{d}\varphi'. \tag{20}$$

La formule (14) étant déjà démontrée, on obtient, en l'appliquant aux variétés $\mathbf{C}_{m,n}$, $\hat{\mathbf{R}}_{m,n}$ et à l'application φ_1', la formule suivante :

$$\varphi_1'^*\{\overline{\omega}^n_{2k,2k}\}_0^{\wedge} = \sum_{h=0}^{2k} (-1)^h \{\overline{\omega}^{n'}_h\}_0^c \cup \{\overline{\omega}^{n'}_{2k-h}\}_0^c. \tag{21}$$

D'après § 6 chap. I, on a

$$\begin{cases} \mathfrak{d}^*\{\overline{\omega}^n_{2k,2k}\}_0^{\wedge} = (-1)^k\{\omega^m_{2k,2k}\}_0, \\ \mathfrak{d}'^*\{\overline{\omega}^{n'}_i\}_0^c = \{\omega^{m'}_i\}_0^c. \end{cases} \tag{22}$$

En appliquant l'opération $\mathfrak{d}'^*$ aux deux membres de (21) et en utilisant (20), (22), on obtient

$$(-1)^k\varphi'^*\{\omega^m_{2k,2k}\}_0^{\wedge} = \sum_{h=0}^{2k} (-1)^h \{\omega^{m'}_h\}_0^c \cup \{\omega^{m'}_{2k-h}\}_0^c,$$

d'où les formules (19) ou, en les combinant dans une seule, la formule (16).

C. q. f. d.

CHAPITRE III

LES PROPRIÉTÉS D'HOMOTOPIE DES VARIÉTÉS GRASMANNIENNES

§ 1. Les groupes d'homotopie des variétés $\mathbf{R}_{n,m}$ et $\hat{\mathbf{R}}_{n,m}$.

Soit $V_{n+m,m}$ la variété de Stiefel définie dans l'espace numérique R^{n+m}, c'est-à-dire la variété des suites de m vecteurs orthonormés $(v_j)=(v_1, \ldots, v_m)$, $v_j \in R^{n+m}$ La variété $V_{n+m,m}$ a une fibration naturelle dont la base est la variété $\mathbf{R}_{n,m}$ définie dans R^{n+m}, la fibre est homéomorphe au groupe de rotation $O_m^{\wedge}$ de la sphère S_{m-1}, et la projection p applique $[v_1, \ldots, v_m]$ sur l'espace vectoriel orienté déterminé par les vecteurs $v_1, \ldots, v_m$ dans cet ordre. Soient $\overline{F}$ la fibre sur l'espace orienté $\overline{R}^m=p([\bar{e}_1, \ldots, \bar{e}_m])$ et supposons qu'il existe un élément $[\bar{e}'_j]=[\bar{e}'_1, \ldots, \bar{e}'_m]$ de $V_{n+m,m}$ tel que, pour chaque élément $[v_j] \in F$,

$$(1) \qquad h_t([v_j])=[\alpha_j(v_j \cos 1/2\,\pi t+\bar{e}'_j \sin 1/2\,\pi t)],$$
$$\alpha_j=(1+v_j \cdot \bar{e}'_j \cdot \sin \pi t)^{\frac{1}{2}},$$

soit un élément bien défini de $V_{n+m,m}$ pour $0 \leqslant t \leqslant 1$. Dans ce cas on a

$$h_0([v_j])=[v_j], \qquad h_1([v_j])=[\bar{e}'_j].$$

Il en résulte que h_t définit une homotopie dans $V_{n+m,m}$ de $\overline{F}$ sur un seul point $[\bar{e}'_j]$ de $V_{n+m,m}$, c'est-à-dire,

$$(2) \qquad \overline{F} \simeq 0 \quad \text{dans} \quad V_{n+m,m}.$$

Nous remarquons que ceci est toujours possible dans le cas $n \geqslant m$, en prenant par exemple

$$(1)' \qquad [\bar{e}_j]=[e_1, \ldots, e_m], \qquad [\bar{e}'_j]=[e_{n+1}, \ldots, e_{n+m}],$$

où $e_1, \ldots, e_{n+m}$ est une base de vecteurs quelconque de R^{n+m}.

Soit maintenant σ^k une cellule de dimension k bordée par la sphère unité s^{k-1} : $y_1^2+\cdots y_k^2=1$ dans un espace euclidien de dimension k de coordonnées $y_1, \ldots, y_k$. Le point de σ^k de coordonnées $y_1t, \ldots, y_kt$, $(0\leqslant t\leqslant 1)$, sera désigné par le couple (y, t). En particulier, $(y, 1)=y$ est un point de s^{k-1}. Étant donnée une application $f: s^{k-1}\to\overline{\mathrm{F}}$, soit

$$h_f: \sigma^k\to\hat{\mathbf{R}}_{n,m}$$

l'application définie par l'équation

$$h_f(y, t)=ph_{1-t}f(y), \qquad y\in s^{k-1}. \tag{3}$$

On a alors

$$h_f(y)=\overline{\mathrm{R}}^m, \qquad \text{et} \qquad h_f(y, 0)=p([\bar{e}'_j]).$$

Par conséquent on peut considérer h_f comme une application appartenant à un élément du groupe d'homotopie $\pi_k(\hat{\mathbf{R}}_{n,m})$ et il est clair qu'on a ainsi un homomorphisme pour $k>1$, soit :

$$\mathrm{H}: \pi_{k-1}(\overline{\mathrm{F}})\to\pi_k(\hat{\mathbf{R}}_{n,m}).$$

De même, la projection induit un homomorphisme

$$\mathrm{P}: \pi_k(\mathrm{V}_{n+m,m})\to\pi_k(\hat{\mathbf{R}}_{n,m}), \qquad k>0.$$

Supposons $n\geqslant m$ de façon que la condition (2) soit vérifiée. D'après un théorème d'Eckmann, H et P sont alors des isomorphismes et on a

$$\pi_k(\hat{\mathbf{R}}_{n,m})=\mathrm{P}\pi_k(\mathrm{V}_{n+m,m})+\mathrm{H}\pi_{k-1}(\overline{\mathrm{F}}), \qquad k>1, \qquad n\geqslant m.$$

En faisant correspondre à chaque élément $[v_j]$ de $\overline{\mathrm{F}}$ la rotation qui transforme la suite $\bar{e}_1, \ldots, \bar{e}_m$ dans la suite $v_1, \ldots, v_m$, ou la matrice correspondante, on identifie $\overline{\mathrm{F}}$ à $\mathrm{O}_m^\wedge$, ou l'ensemble des matrices orthogonales unimodulaires à m lignes. La dernière formule devient alors :

$$\pi_k(\hat{\mathbf{R}}_{n,m})=\mathrm{P}\pi_k(\mathrm{V}_{n+m,m})+\mathrm{H}\pi_{k-1}(\mathrm{O}_m^\wedge), \tag{4}$$
$$k>1, \quad n\geqslant m, \quad mn>1.$$

Nous remarquons que, dans le cas n assez grand, H est indépendant du choix de $[\bar{e}'_j]$ et que pour définir $\mathrm{H}([f])$, $[f]\in\pi_{k-1}(\mathrm{O}_m^\wedge)$, il suffit de supposer que h_f soit défini seulement pour $[v_j]\in f(s^{k-1})$.

D'après § 6, chap. 1, la variété $\hat{\mathbf{R}}_{n,m}$ et la variété $\hat{\mathbf{R}}_{m,n}$ définies dans le même espace R^{n+m} sont homéomorphes. On peut donc déterminer les groupes d'homotopie de $\hat{\mathbf{R}}_{n,m}$ dans le cas $n \leqslant m$ en utilisant les formules (4) pour $\hat{\mathbf{R}}_{m,n}$. De plus, la variété $\hat{\mathbf{R}}_{n,m}$ est un revêtement de la variété $\mathbf{R}_{n,m}$. On a ainsi la proposition suivante :

Proposition 5. —

$$\pi_1(\hat{\mathbf{R}}_{n,m}) = 0, \qquad \pi_1(\mathbf{R}_{n,m}) \approx Z_2, \qquad nm > 1;$$
$$\pi_k(\hat{\mathbf{R}}_{n,m}) \approx \pi_k(\mathbf{R}_{n,m}) \approx \pi_k(V_{n+m,m}) + \pi_{k-1}(O_m^\wedge), \qquad n \geqslant m, \qquad k > 1,$$
$$\pi_k(\hat{\mathbf{R}}_{n,m}) \approx \pi_k(\mathbf{R}_{n,m}) \approx \pi_k(V_{n+m,m}) + \pi_{k-1}(O_n^\wedge), \qquad n \leqslant m, \qquad k > 1.$$

Dans le cas $k < n$ la formule (4) devient :

$$(5) \qquad \pi_k(\hat{\mathbf{R}}_{n,m}) = H\pi_{k-1}(O_m^\wedge), \qquad n > k > 1, \qquad n \geqslant m.$$

Pour $m = 4$ on a :

$$(6) \qquad \pi_1(O_4^\wedge) \approx Z_2, \qquad \pi_2(O_4^\wedge) = 0, \qquad \pi_3(O_4^\wedge) \approx Z_0 + Z_0,$$

$$(6)' \qquad \left.\begin{cases} \pi_1(\hat{\mathbf{R}}_{n,4}) = 0, & \pi_2(\hat{\mathbf{R}}_{n,4}) \approx Z_2, \\ \pi_3(\hat{\mathbf{R}}_{n,4}) = 0, & \pi_4(\hat{\mathbf{R}}_{n,4}) \approx Z_0 + Z_0, \end{cases}\right\} n \geqslant 4,$$

où Z_0 est le groupe des entiers.

Pour $\pi_1(O_4^\wedge)$ et $\pi_3(O_4^\wedge)$ on peut prendre les générateurs

$$f: s^1 \rightarrow O_4^\wedge, \qquad \text{et} \qquad f_i: s^3 \rightarrow O_4^\wedge, \qquad (i = 1, 2)$$

définies par les équations suivantes :

$$f(y) = \left\{\begin{array}{cccc} y_1, & -y_2, & 0, & 0 \\ y_2, & y_1, & 0, & 0 \\ 0, & 0, & 1, & 0 \\ 0, & 0, & 0, & 1 \end{array}\right\} (y \in s^1),$$

$$f_1(y) = \left\{\begin{array}{cccc} y_4^2 - y_3^2 - y_2^2 + y_1^2, & 2(y_1y_2 - y_3y_4), & 2(y_1y_3 + y_2y_4, & 0 \\ 2(y_1y_2 + y_3y_4), & y_4^2 - y_3^2 + y_2^2 - y_1^2, & 2(y_2y_3 - y_1y_4), & 0 \\ 2(y_1y_3 - y_2y_4), & 2(y_1y_4 + y_2y_3), & y_4^2 + y_3^2 - y_2^2 - y_1^2, & 0 \\ 0 & 0 & 0 & 1 \end{array}\right\},$$

$(y \in s^3)$;

$$f_2(y) = \left\{\begin{array}{cccc} y_1, & -y_2, & -y_3, & -y_4 \\ y_2, & y_1, & -y_4, & y_3 \\ y_3, & y_4, & y_1, & -y_2 \\ y_4, & -y_3, & y_2, & y_1 \end{array}\right\}, \qquad (y \in s_3).$$

Aux générateurs f, $f_i(i=1, 2)$ nous ferons correspondre les générateurs

$$h_f: \sigma^2 \to \hat{\mathbf{R}}_{n,4}, \qquad \text{et} \qquad h_{f_i}: \sigma_4 \to \hat{\mathbf{R}}_{n,4}(i=1, 2),$$

de $\pi_2(\hat{\mathbf{R}}_{n,4})$ et $\pi_4(\hat{\mathbf{R}}_{n,4})$ en précisant chaque fois l'homotopie h_t ou les éléments $[\bar{e}, \ldots, \bar{e}_4]$ et $[\bar{e}'_1, \ldots, \bar{e}'_4]$ de $V_{n+4,4}$. Soit $(x)=(x_1, \ldots, x_{n+4})$ un système de coordonnées de l'espace R^{n+4} et soit $e_1, \ldots, e_{n+4}$ la base de vecteurs correspondante. Nous poserons respectivement :

(a) pour h_f: $[\bar{e}_j]=[e_1, e_{n+2}, e_{n+3}, e_{n+4}]$,
$[\bar{e}'_j]=[e_n, e_{n+1}, e_{n+3}, e_{n+4}]$;

(b) pour h_{f_1} : $[\bar{e}_j]=[e_{n+1}, e_{n+2}, e_3, e_{n+4}]$,
$[\bar{e}'_j]=[3/5\, e_{n-1}-4/5\, e_{n+2}, 4/5\, e_n-3/5\, e_{n+1}, e_{n+3}, e_{n+4}]$;

(c) pour h_{f_2} : $[\bar{e}_j]=[e_1, e_2, e_3, e_{n+4}]$, $[\bar{e}'_j]=[\bar{e}_n, e_{n+1}, e_{n+2}, e_{n+3}]$.

Les éléments $h_f(y, t)$, $y\in s^1$ et $h_{f_5}(y, t)$, $y\in s^3(i=1, 2)$ sont alors représentés respectivement par les équations suivantes :

(7) $h_f(y, t)$: $(y\in s^1)$,

$$\begin{cases} x_2=\cdots=x_{n-1}=0, \\ x_1\cos 1/2\,\pi t=x_n\cdot y_1\sin 1/2\,\pi t+x_{n+1}\cdot y_2\sin 1/2\,\pi t, \\ x_{n+2}\cos 1/2\,\pi t=-x_n\cdot y_2\sin 1/2\,\pi t+x_{n+1}\cdot y_1\sin 1/2\,\pi t; \end{cases}$$

$(7)_1$ $h_{f_1}(y, t)$: $(y\in s^3)$,

$$\begin{cases} x_1=x_2=x_4\cdots=x_{n-2}=0, \\ x_{n+1}\cos 1/2\,\pi t=5/3x_{n-1}\cdot(y_4^2-y_3^2-y_2^2-y_1^2)\sin 1/2\,\pi t \\ \qquad +5/4\,x_n\cdot[2(y_1y_2+y_3y_4)\sin 1/2\,\pi t-3/5\cos 1/2\,\pi t] \\ \qquad +x_{n+3}\cdot 2(y_1y_3-y_2y_4)\sin 1/2\,\pi t, \\ x_{n+2}\cos 1/2\,\pi t=5/3\,x_{n-1}\cdot[2(y_1y_2-y_3y_4)\sin 1/2\,\pi t-4/5\cos 1/2\,\pi t] \\ \qquad +5/4\,x_n\cdot(y_4^2-y_3^2+y_2^2-y_1^2)\sin 1/2\,\pi t \\ \qquad +x_{n+3}\cdot 2(y_1y_4+y_2y_3)\sin 1/2\,\pi t, \\ x_3\cos 1/2\,\pi t=5/3\,x_{n-1}\cdot 2(y_1y_3+y_2y_4)\sin 1/2\,\pi t \\ \qquad +5/4\,x_n\cdot 2(y_2y_3-y_1y_4)\sin 1/2\,\pi t \\ \qquad +x_{n+3}\cdot(y_4^2+y_3^2-y_2^2-y_1^2)\sin 1/2\,\pi t; \end{cases}$$

$(7)_2$ $h_{f_2}(y, t)$: $(y\in s^3)$,

$$\begin{cases} x_4=\cdots=x_{n-1}=0, \\ x_1\cos 1/2\,\pi t=(y_1x_n+y_2x_{n+1}+y_3x_{n+2}+y_4x_{n+3})\sin 1/2\,\pi t, \\ x_2\cos 1/2\,\pi t=(-y_2x_n+y_1x_{n+1}+y_4x_{n+2}-y_3x_{n+3})\sin 1/2\,\pi t, \\ x_3\cos 1/2\,\pi t=(-y_3x_n-y_4x_{n+1}+y_1x_{n+2}+y_2x_{n+3})\sin 1/2\,\pi t, \\ x_{n+4}\cos 1/2\,\pi t=(-y_4x_n+y_3x_{n+1}-y_2x_{n+2}+y_1x_{n+3})\sin 1/2\,\pi t \end{cases}$$

Les images $h_f(\sigma^2)$ et $h_{f_i}(\sigma^4)$, $i=1, 2$, représentent respectivement un cycle mod 2 et deux cycles entiers que nous désignerons par S^2 et $S_i^4(i=1, 2)$. Soient $\omega_2^{4*}=\omega$, $\omega_{2,2}^{4*}=\omega_1$, $\omega_4^{4*}=\omega_2$, les fonctions appartenant à $\Omega(n, 4)$ définies dans § 1 Chap. 1; on a alors:

$$(8) \quad h_f(y)=p([e_1, e_{n+2}, e_{n+3}, e_{n+4}])\bar{\in}\overline{U}=\overline{U}_\omega, \qquad y\in s^1;$$

$$(8)_1 \quad h_{f_1}(y)=p([e_{n+1}, e_{n+2}, e_3, e_{n+4}])\bar{\in}\overline{U}_1=\overline{U}_{\omega_1}, \qquad y\in s^3;$$

$$(8)_2 \quad h_{f_2}(y)=p([e_1, e_2, e_3, e_{n+4}])\bar{\in}\overline{U}_2=\overline{U}_{\omega_2}, \qquad y\in s^3;$$

$$(9) \quad S^2-\{h_f(s^1)\}\subset\overset{+}{N}=\overset{+}{N}_\omega;$$

$$(9)_1 \quad S_1^4-h_{f_1}(s^3)\subset\overset{+}{N}_1=\overset{+}{N}_{\omega_1};$$

$$(9)_2 \quad S_2^4-h_{f_2}(s^3)\subset\overset{+}{N}_2=\overset{+}{N}_{\omega_2}.$$

Posons maintenant :

$$(10) \quad \begin{cases}[\omega_2^{4*}]_2^\wedge=\mathfrak{x}, & [\omega_{2,2}^{4*}]_0^\wedge=\mathfrak{x}_1, & [\omega_4^{4*}]_0^\wedge=\mathfrak{x}_2;\\ I_2(\mathfrak{x}, S^2)=a, & I_0(\mathfrak{x}_i, S_j^4)=a_{ij}, & i, j=1, 2\end{cases}$$

Nous démontrerons les résultats suivants :

$$(11) \quad a\neq 0, \qquad a_{11}\neq 0, \qquad a_{21}=0, \qquad a_{22}\neq 0.$$

D'une façon plus précise, on a :

$$(11)' \quad a=1; \qquad a_{11}=-4, \qquad a_{21}=0, \qquad a_{22}=1.$$

Démonstration de (11)'.

1° $$a=1.$$

Les éléments du voisinage $\overset{+}{N}$ sont représentés par les équations :

$$\begin{cases}x_j=\xi_{j1}x_n+\xi_{j2}x_{n+1}+\xi_{j3}x_{n+3}+\xi_{j4}x_{n+4}, & j=1, \ldots, n-1,\\ x_{n+2}=\xi_{n1}x_n+\xi_{n2}x_{n+1}+\xi_{n3}x_{n+3}+\xi_{n4}x_{n+4},\end{cases}$$

L'ensemble $\overset{+}{U}$ est la variété linéaire dans $\overset{+}{N}$ représentée par les équations :

$$\xi_{n1}=\xi_{n2}=0,$$

et l'ensemble $S^2-\{h_f(s^1)\}$, d'après (7), est la variété linéaire représentée par :

$$\xi_{11}=\xi_{n2}(=y_1\mathrm{tg}\ 1/2\,\pi t), \qquad \xi_{12}=-\xi_{n1}(=y_2\mathrm{tg}\ 1/2\,\pi t),$$
$$\xi_{ji}=0 \text{ pour } (ji)\neq(1,1), (1,2), (n, 1) \text{ ou } (n, 2).$$

Il en résulte que le seul élément commun aux ensembles $\overset{+}{\mathrm{U}}$ et $S^2-\{h_f(s^1)\}$ est l'élément central $\overset{+}{X}=\overset{+}{X}_\omega(\xi_{ji}=0)$ de $\overset{+}{\mathrm{U}}$, qui est aussi le seul élément commun à la pseudo-variété $\overline{\mathrm{U}}$ et à S^2 [cf. (8), (9)]. L'indice d'intersection mod 2 de ces deux ensembles en cet élément commun est évidemment 1 ; on a ainsi $a=1$.

2° $a_{21}=0$.

D'après $(7)_1$ tout élément de S_1^4 contient le vecteur e_{n+4} tandis que tout élément de la pseudo-variété $\overline{\mathrm{U}}_2$ est contenu dans R^{n+3}, l'espace vectoriel déterminé par les vecteurs $e_1, \ldots, e_{n+3}$ (cf. § 2, chap. 1). Il en résulte que S_1^4 et $\overline{\mathrm{U}}_2$ n'ont aucun élément en commun et par conséquent $a_{21}=I_0(\mathfrak{r}_2, S_1^4)=0$.

3° $a_{22}=1$.

Les éléments de $\overset{+}{N}_2$ sont de la forme :

$$\begin{cases} x_j=\xi_{j1}x_n+\xi_{j2}x_{n+1}+\xi_{j3}x_{n+2}+\xi_{j4}x_{n+3}, & j=1,\ldots n-1\,; \\ x_{n+4}=\xi_{n1}x_n+\xi_{n2}x_{n+1}+\xi_{n3}x_{n+2}+\xi_{n4}x_{n+3}. \end{cases}$$

Considérons $\overset{+}{N}_2$ comme un espace euclidien de coordonnées ξ_{ji} et désignons la base de vecteurs correspondante par u_{ji}. L'orientation normale de $\overset{+}{N}_2$ est alors déterminée par la suite de vecteurs suivante :

$$A=\{u_{11},\ldots,u_{14},\quad u_{21},\ldots,u_{24},\ldots,u_{n1},\ldots,u_{n4}\}.$$

L'ensemble $\overset{+}{\mathrm{U}}_2$ est la variété linéaire représentée par

$$(12)\qquad \xi_{n1}=\xi_{n2}=\xi_{n3}=\xi_{n4}=0,$$

dont l'orientation est déterminée par la suite de vecteurs suivante :

$$B=\{u_{11},\ldots,u_{14},\quad u_{21},\ldots,u_{24},\ldots,u_{n-1,1},\ldots,u_{n-1,4}\}.$$

D'après $(7)_2$, et $(9)_2$ l'ensemble $S_2^4-\{h_{f_2}(s^3)\}$ est aussi une variété linéaire dans $\overset{+}{N}_2$ représentée par :

$$(13)\begin{cases} \xi_{11}=\xi_{22}=\xi_{33}=\xi_{n4}(=y_1\operatorname{tg}1/2\,\pi t), \\ \xi_{12}=-\xi_{21}=\xi_{34}=-\xi_{n3}(=y_2\operatorname{tg}1/2\,\pi t), \\ \xi_{13}=-\xi_{24}=-\xi_{31}=\xi_{n2}(=y_3\operatorname{tg}1/2\,\pi t), \\ \xi_{14}=\xi_{23}=-\xi_{32}=-\xi_{1n}(=y_4\operatorname{tg}1/2\,\pi t), \end{cases}$$

les autres $\xi_{ji}=0\,(0\leqslant t\leqslant 1,\ y_1^2+\ldots+y_4^2=1)$.

Cette variété contient évidemment le système de vecteurs :

$$C=\{u_{11}+u_{22}+u_{33}+u_{n4},\quad u_{12}-u_{21}+u_{34}-u_{n3},\quad u_{13}-u_{24}-u_{31}+u_{n2},\quad u_{14}+u_{23}-u_{32}-u_{n1}\},$$

qui, dans cet ordre, détermine aussi son orientation. Puisque la suite composée $\{B, C\}$ détermine évidemment la même orientation de $\overset{+}{N}_2$ que le système A, l'indice d'intersection de $\overset{+}{U}_2 = \overset{+}{U}_{\omega 2}$ et $S_2^4 - \{h_{f_2}(s^3)\}$, calculé dans $\overset{+}{N}_2$ pour leur seul point commun $\overset{+}{X}_2$, à savoir leur élément central, est égal à $+1$. D'après proposition 1, chap. 1, cet indice d'intersection reste le même en le considérant comme étant calculé dans $\hat{R}_{n,4}$. Donc

$$a_{22} = I_0(b_2, S_2^4) = I_0\left(\overset{+}{U}_2, S_2^4 - \{h_{f_2}(s^3)\}\right) = +1, \quad (\text{cf. } (8)_2 \text{ et } (9)_2).$$

4° $a_{11} = -4$.

Tout élément de $\overset{+}{N}_1$ est défini par les équations :

$$\begin{aligned} x_j &= \xi_{j1}x_{n-1} + \xi_{j2}x_n + \xi_{j3}x_{n+3} + \xi_{j4}x_{n+4}, \qquad j = 1, \dots n-2, \\ x_{n+1} &= \xi_{n-1,1}x_{n-1} + \xi_{n-1,2}x_n + \xi_{n-1,3}x_{n+3} + \xi_{n-1,4}x_{n+4}, \\ x_{n+2} &= \xi_{n1}x_{n-1} + \xi_{n2}x_n + \xi_{n3}x_{n+3} + \xi_{n4}x_{n+4}. \end{aligned}$$

Les ensembles $\overset{+}{U}_1 = \overset{+}{U}_{\omega_1}$ et $S_1^4 - \{h_{f_1}(s^3)\} = \mathfrak{V}_1$ sont des variétés dans $\overset{+}{N}_1$ représentées respectivement par les équations suivantes (cf. $(7)_1$) :

$$\overset{+}{U}_1 : \xi_{n-1,1} = \xi_{n-1,2} = \xi_{n1} = \xi_{n2} = 0 ;$$

$$\mathfrak{V}_1 : \left\{ \begin{aligned} &3/5 \quad \xi_{31} = 2(y_1'y_3' + y_2'y_4'), \\ &\qquad 4/5\xi_{32} = 2(y_2'y_3' - y_1'y_4'), \qquad \xi_{33} = y_4'^2 + y_3'^2 - y_2'^2 - y_1'^2, \\ &3/5\,\xi_{n-1,1} = y_4'^2 - y_3'^2 - y_2'^2 + y_1'^2, \\ &\qquad 4/5\,\xi_{n-1,2} = 2(y_1'y_2' + y_3'y_4') - 3/5,\ \xi_{n-1,3} = 2(y_1'y_3' - y_2'y_4'), \\ &3/5 \quad \xi_{n,1} = 2(y_1'y_2' - y_3'y_4') - 4/5, \\ &\qquad 4/5\,\xi_{n,2} = y_4'^2 - y_3'^2 + y_2'^2 - y_1'^2,\ \xi_{n3} = 2(y_1'y_4' + y_2'y_3'), \end{aligned} \right.$$

les autres $\xi_{ji} = 0$ où $0 \leqslant y_1'^2 + y_2'^2 + y_3'^2 + y_4'^2 \leqslant 1$,

(on a en effet posé $y_i' = y_i(\operatorname{tg} 1/2\,\pi t)^{\frac{1}{2}}$).

Par un simple calcul on trouve que les deux variétés se coupent suivant quatre points :

$$(y_1', y_2', y_3', y_4') = (\varepsilon_1 . \sqrt{7/10},\ \varepsilon_1 . \sqrt{7/10},\ \varepsilon_2 . \sqrt{1/10},\ -\varepsilon_2 . \sqrt{1/10}),$$
$$\varepsilon_1,\ \varepsilon_2 = +1/2 \text{ ou } -1/2,$$

où les indices d'intersection, calculés soit dans $\overset{+}{N}_1$ soit dans $\bar{R}_{n,4}$ (cf. Proposition 1, chap. 1), sont tous égaux à -1. D'où

$$a_{11} = -4.$$

§ 2. Les groupes d'homotopie des variétés $\mathbf{C}_{n,4}$ et $\mathbf{Q}_{n,4}$.

Soient $\mathbf{C}_{n,m}$ la variété grassmannienne définie dans l'espace $C^{n'+m'}$ munie d'une structure unitaire par la forme d'Hermite

$$z_1\bar{z}_1+\ldots+z_{n'+m'}\bar{z}_{n'+m'}$$

où (z) est le système de coordonnées canoniques. Soit $U_{n'+m',m'}$ la variété des suites de m' vecteurs orthonormés de $C^{n'+m'}$. La variété $U_{n'+m',m'}$ admet une fibration naturelle dont la base est $\mathbf{C}_{n,m}$ et dont la fibre est homéomorphe à $U_{m',n'}$ qu'on peut identifier avec le groupe unitaire O'_m. Dans le cas $n\geqslant m$, la fibre est homotope à zéro dans $U_{n'+m',m'}$ par une homotopie qui induit un isomorphisme H du groupe $\pi_{k-1}(U_{m',m'})$ dans $\pi_k(\mathbf{C}_{n,m})$, $k>1$. La projection p de la fibration induit aussi un isomorphisme P du groupe $\pi_k(U_{n'+m',m'})$ dans $\pi_k(\mathbf{C}_{n,m})$ et on a

$$\pi_k(\mathbf{C}_{n,m})=\mathrm{P}\pi_k(U_{n'+m',m'})+\mathrm{H}\pi_{k-1}(O'_m),\qquad n\geqslant m,\qquad k>1.$$

En particulier,

$$(1)\qquad \pi_h(\mathbf{C}_{n,m})=\mathrm{H}\pi_{k-1}(O'_m),\qquad n\geqslant m,\qquad n\geqslant k>1,$$

et évidemment $\pi_1(\mathbf{C}_{n,m})=0$.

Dans le cas $m=4$, O'_4 est homéomorphe à $s^3\times s^1$. Donc :

$$(2)\qquad \pi_1(O'_4)\approx Z_0,\qquad \pi_2(O'_4)=0,\qquad \pi_3(O'_4)\approx Z_0,$$

dont les générateurs sont déterminés respectivement par les applications suivantes :

$$f_1(y)=\begin{Bmatrix} y_1+iy_2 & 0 \\ 0 & 1 \end{Bmatrix},\quad \text{où}\quad y=(y_1,y_2)\in s^1: y_1^2+y_2^2=1;$$

$$f_3(y)=\begin{Bmatrix} y_1+iy_2 & y_3+iy_4 \\ -y_3+iy_4 & y_1-iy_2 \end{Bmatrix},\quad \text{où}\quad y=(y_1,\ldots y_4)\in s^3: y_1^2+\ldots+y_4^2=1.$$

Soient maintenant $g_1,\ldots,g_{n'+2}$ la base canonique de vecteurs de $C^{n'+2}$ et σ^2, σ^4 les cellules bordées respectivement par s^1 et s^3, dont les points sont désignés par les couples (y,t), où $(y,1)=y\in s^1$ ou s^3, et $0\leqslant t\leqslant 1$. D'après (1) et (2), on a

$$(3)\qquad \begin{cases} \pi_1(\mathbf{C}_{n,4})=\pi_3(\mathbf{C}_{n,4})=0; \\ \pi_k(\mathbf{C}_{n,4})=\mathrm{H}\pi_{k-1}(O'_4)\approx Z_0, \qquad k=2,4. \end{cases}$$

Aux applications f_1 et f_3 nous ferons correspondre les applications $h_{f_1}: \sigma^2 \to \mathbf{C}_{n,4}$ et $h_{f_3}: \sigma^4 \to \mathbf{C}_{n,4}$ représentant les générateurs de $\pi_2(\mathbf{C}_{n,4})$ et $\pi_4(\mathbf{C}_{n,4})$définies par les équations suivantes :

$$(4)\quad h_{f_1}(y, t) = p([g_{n'+1}(y_1 + iy_2)\sin 1/2\,\pi t + g_{n'}\cos 1/2\,\pi t,\ g_{n'+2}]);$$

ou

$$(4)'\quad h_{f_1}(y, t): \begin{cases} z_1 = \dots = z_{n'-1} = 0, \\ z_{n'+1}\cos 1/2\,\pi t = z_{n'}, \quad (y_1 + iy_2)\sin 1/2\,\pi t. \end{cases}$$

$$\begin{aligned}(5)\quad h_{f_3}(y, t) = p([&g_{n'}(y_1 + iy_2)\sin 1/2\,\pi t + g_{n'+1}(y_3 + iy_4)\sin 1/2\,\pi t \\ &+ g_{n'-1}\cos 1/2\,\pi t, \\ &g_{n'}(-y_3 + iy_4)\sin 1/2\,\pi t + g_{n'+1}(y_1 - iy_2)\sin 1/2\,\pi t \\ &+ g_{n'+2}\cos 1/2\,\pi t]).\end{aligned}$$

ou,

$$(5)'\quad h_{f_3}(y, t): \begin{cases} z_1 = \dots = z_{n'-2} = 0, \\ z_{n'}\cos 1/2\,\pi t = z_{n'-1}(y_1 + iy_2)\sin 1/2\,\pi t \\ \qquad + z_{n'+2}(-y_3 + iy_4)\sin 1/2\,\pi t, \\ z_{n'+1}\cos 1/2\,\pi t = z_{n'-1}(-y_3 + iy_4)\sin 1/2\,\pi t \\ \qquad + z_{n'+2}(y_1 - iy_2)\sin 1/2\,\pi t. \end{cases}$$

Les images $h_{f_1}(\sigma^2)$ et $h_{f_3}(\sigma^4)$ représentent des cycles entiers que nous désignerons respectivement par S_0^2 et S_0^4. Définissons les cycles $[\omega]_0^c$, $\omega \in \Omega(n', m')$ par rapport au système des coordonnées (z) ; on aura :

$$(6)\qquad I_0([\bar{\omega}_1^{2*}]_0^c,\ S_0^2) = 1,$$
$$(7)\qquad I_0([\bar{\omega}_2^{2*}]_0^c,\ S_0^4) = 1.$$

Démontrons par exemple l'équation (7). En supposant $\omega = \bar{\omega}_2^{2*}$, soit $N_\omega = N$ l'ensemble des éléments $Z \in \mathbf{C}_{n,m}$ représentés par un système d'équations de la forme :

$$\begin{cases} z_j = \zeta_{j1} z_{n'-1} + \zeta_{j2} z_{n'+2}, \quad j = 1, \dots, n' - 2, \\ z_{n'} = \zeta_{n'-1,1} z_{n'-1} + \zeta_{n'-1,2} z_{n'+2}, \\ z_{n'+1} = \zeta_{n',1} z_{n'-1} + \zeta_{n',2} z_{n'+2}. \end{cases}$$

Les ensembles $W_\omega = W(\subset N)$ et $S_0^4 \cap N$ sont alors des variétés linéaires dans N représentées respectivement par les équations suivantes :

$$W: \zeta_{n'-1,1} = \zeta_{n',1} = 0;$$

$$S_4^0 \cap N: \begin{cases} \zeta_{ji} = \xi_{j2} = 0, \quad j = 1, \dots n' - 2, \\ \zeta_{n'-1,1} \quad = -\bar{\zeta}_{n',2} (= (y_1 + iy_2)\,\mathrm{tg}\, 1/2\,\pi t), \\ -\bar{\zeta}_{n-1,2} \quad = \zeta_{n',1} (= (y_3 + iy_4)\,\mathrm{tg}\, 1/2\,\pi t), \end{cases}$$

où ζ_{ji} et $\bar{\zeta}_{ji}$ seront des nombres complexes conjugués.

Le seul élément commun aux ensembles W et $S_0^4 \cap N$ est l'élément central Z de N : $z_j = 0$, $j = 1, \ldots, n' - 2, n' + 1$, où l'indice d'intersection calculé soit dans N, soit dans $\mathbf{C}_{n,4}$ est égal à $+1$. Puisque l'adhérence de W est une pseudo-variété représentant géométriquement le cycle $[\overline{\omega}_2^{2*}]_0^c$, qui n'a aucun élément en commun avec S_0^4 n'appartenant pas à N (cf. (5)), on obtient (7).

Les considérations précédentes se généralisent naturellement au cas d'une variété grassmannienne $\mathbf{Q}_{n,4}$. En effet, on a : $(n \geqslant 4)$.

$$(8) \qquad \pi_1(\mathbf{Q}_{n,4}) = \pi_2(\mathbf{Q}_{n,4}) = \pi_3(\mathbf{Q}_{n,4}) = 0, \qquad \pi_4(\mathbf{Q}_{n,4}) \approx Z_0.$$

Supposons $\mathbf{Q}_{n,4}$ définie dans l'espace quaternionien $Q^{n''+1}$ $(n = 4n'')$ de dimension quaternionienne $n'' + 1$ et les cycles $[\omega]_0^q$ $(\omega \in \Omega(n'', 1))$ définis par rapport à un système de coordonnées quaternioniennes $(q) = (q_1, \ldots q_{n''+1})$. Prenons une sphère s^3 et la cellule σ^4 bordée par s^3. Représentons les points de s^3 par les quaternions y de norme 1 et les points de σ^4 par (y, t) où $0 \leqslant t \leqslant 1$ et $(y, t) = y \in s^3$. Un générateur de $\pi^4(\mathbf{Q}_{n,4})$ est alors déterminé par l'application f: $\sigma^4 \to \mathbf{Q}_{n,4}$ telle que $f(y, t)$ soit la droite quaternionienne représentée par les équations suivantes :

$$q_1 = \ldots = q_{n''-2} = 0, \quad q_{n''+1} \cos 1/2\, \pi t = q_{n''} . y \sin 1/2\, \pi t.$$

Désignons par S_q^4 le cycle entier porté par l'image $f(\sigma^4)$. On peut démontrer que :

$$(9) \qquad I_0([\omega_1^{1*}]_0^q . S_q^4) = 1.$$

Identifions maintenant $C^{n'+3}$ à l'espace R^{n+6} $(n = 2n' \geqslant 6)$. Soient $\hat{\mathbf{R}}_{n,6}$ et $\mathbf{C}_{n,6}$ les variétés grassmanniennes définies respectivement dans R^{n+6} et $C^{n'+3}$. L'application canonique φ' de $\mathbf{C}_{n,6}$ dans $\hat{\mathbf{R}}_{n,6}$ induit l'homomorphisme des groupes d'homotopie $\pi_k(\mathbf{C}_{n,6})$ dans $\pi_k(\hat{\mathbf{R}}_{n,6})$, $k > 0$, qui sera désigné par Φ_k. Nous démontrerons :

Proposition 6. — *Pour $4 \leqslant k \leqslant 6$, Φ_k est un isomorphisme sur ; pour $k = 2$, Φ_2 est un homomorphisme sur, en supposant $n \geqslant 6$.*

Démonstration.

Soit $\tilde{\varphi}$: $U_{n'+3,3} \to V_{n+6,6}$ l'application définie par

$$\varphi([w_1, w_2, w_3]) = [w_1, iw_1, w_2, iw_2, w_3, iw_3].$$

Prenons maintenant un élément fixe $Z \in \mathbf{C}_{n,6}$ et désignons par $\overline{U}_{3,3}$ la fibre sur Z dans la fibrationde $U_{n'+3,3}$ et par $\overline{V}_{6,5}$ la fibre sur $\varphi'(Z) \in \hat{\mathbf{R}}_{n,6}$

dans la fibration de $V_{n+6,6}$. La restriction de $\tilde{\varphi}$ à $\overline{U}_{3,3}$ définit alors une application $\overline{\varphi} : \overline{U}_{3,3} \to \overline{V}_{6,5}$.

Puisque $n \geqslant 6$, on a $\overline{U}_{3,3} \simeq 0$ dans $U_{n'+3,3}$ et $\overline{V}_{6,5} \simeq 0$ dans $V_{n+6,6}$. Il est clair qu'on peut choisir la déformation (h'_t) de $\overline{U}_{3,3}$ en un point et (h_t) de $\overline{V}_{6,5}$ en un point de telle façon qu'on ait $\tilde{\varphi}h'_t = h_t\tilde{\varphi}$. On a aussi $\varphi' p' = p\tilde{\varphi}$ où $p : V_{n+6,6} \to \hat{\mathbf{R}}_{n,6}$ et $p' : U_{n'+3,3} \to \mathbf{C}_{n,6}$ sont les projections dans les fibrations correspondantes. Il en résulte :

$$\varphi' p' h'_t = p h_t \tilde{\varphi}. \tag{10}$$

Les applications $\overline{\varphi}$, φ' et les homotopies (h_t), (h'_t) définissent respectivement les homomorphismes suivants :

$$\begin{aligned}
\overline{\Phi}_k &: \pi_{k-1}(\overline{U}_{3,3}) \to \pi_{k-1}(\overline{V}_{6,5}), \quad k > 1, \\
\Phi_k &: \pi_k \quad (\mathbf{C}_{n,6}) \to \pi_k(\hat{\mathbf{R}}_{n,6}), \\
H_k &: \pi_{k-1}(\overline{V}_{6,5}) \to \pi_k(\hat{\mathbf{R}}_{n,6}), \quad k > 1, \\
H'_k &: \pi_{k-1}(\overline{U}_{3,3}) \to \pi_k(\mathbf{C}_{n,6}), \quad k > 1.
\end{aligned}$$

De (10) on déduit :

$$H_k\overline{\Phi}_k = \Phi_k H'_k, \qquad k > 1. \tag{11}$$

On peut considérer $\overline{U}_{3,3}$ et $\overline{V}_{6,5}$ respectivement comme un groupe unitaire et un groupe de rotations. En considérant $\overline{U}_{3,3}$ comme un sous-groupe de $\overline{V}_{6,5}$, on sait que l'espace homogène $\overline{V}_{6,5}/\overline{U}_{3,3}$ est homéomorphe à l'espace projectif complexe K_3 de dimension complexe 3. Puisque $\pi_k(K_3) = 0$, pour $k = 1, 3, \ldots 6$, et que l'application identique du groupe $\overline{U}_{3,3}$ dans $\overline{V}_{6,5}$ est autre que l'application $\overline{\varphi}$, on en déduit :

$\overline{\Phi}_2$ est un homomorphisme sur ;

$\overline{\Phi}_k$ est un isomorphisme sur pour $k = 4, \ldots 6$.

Dans le cas $k \leqslant 6 \leqslant n$, H_k et H'_k sont aussi des isomorphismes surs. En tenant compte de (11), il en résulte que Φ_k est un homomorphisme sur pour $k = 2$ et est un isomorphismes sur pour $k = 4, 5, 6$.

C. q. f. d.

Remarquons qu'on a en effet $\pi_1(\overline{U}_{3,3}) \approx Z_0$, $\pi_2(\overline{U}_{3,3}) = 0$. D'où

$$\pi_2(\mathbf{C}_{n,6}) \approx Z_0, \quad \pi_3(\mathbf{C}_{n,6}) = 0, \quad n \geqslant 6. \tag{12}$$

On peut représenter un générateur de $\pi_1(\overline{U}_{3,3})$ par l'application suivante :

$$f: y \to \begin{Bmatrix} y_1 + iy_2, & 0 & 0 \\ 0 & 1 & 0 \\ 0 & 0 & 1 \end{Bmatrix}, \qquad y \in s^1 : y_1^2 + y_2^2 = 1.$$

Soit σ^2 la cellule bordée par s^1 dont les points sont représentés par (y, t), où $y = (y, 1) \in s^1$, $0 \leqslant t \leqslant 1$. A f correspond une application $h_f: \sigma^2 \to \mathbf{C}_{n,6}$ telle que, $(z) = (z_1, \ldots z_{n'+3})$ étant un système de coordonnées dans $C^{n'+3}$, $h_f(y, t)$ est l'élément $Z \in \mathbf{C}_{n,6}$ représenté par les équations $(4)'$. Soit S_c^2 le cycle entier de $\mathbf{C}_{n,6}$ représenté par l'image sphérique de h_f ; on aura alors (cf. (6)) :

$$(13) \qquad I_0([\omega_1^{3*}]_0^c, S_c^2) = 1.$$

De même, on a $\pi_1(\overline{V}_{6,5}) \approx \pi_2(\hat{\mathbf{R}}_{n,6}) \approx Z_2$, et

$$(14) \qquad \pi_2(\overline{V}_{6,5}) = \pi_3(\hat{\mathbf{R}}_{n,6}) = 0.$$

Un générateur de $\pi_1(\overline{V}_{6,5})$ est représenté par l'application

$$\bar{\varphi}f: y \to \begin{Bmatrix} y_1 & y_2 & 0, \\ -y_2 & y_1 & 0 \\ 0 & 0 & E_4 \end{Bmatrix}$$

où $y \in s^1$, et E_4 est la matrice unité à 4 lignes. Le générateur correspondant de $\pi_2(\hat{\mathbf{R}}_{n,6})$ définit un cycle mod 2 de dimension 2 dans $\hat{\mathbf{R}}_{n,6}$, soit S_R^2. On vérifie facilement :

$$(15) \qquad I_2([\omega_2^{6*}]_2^{\wedge}, S_R^2) = 1.$$

§ 3. La classification des applications d'un complexe de dimension 4 dans les variétés grassmanniennes $\mathbf{C}_{n,4}$.

Soit K^4 un complexe de dimension 4. Nous allons démontrer que les classes d'homotopie des applications de K^4 dans $\mathbf{C}_{n,4}$ $(n = 2n' \geqslant 4)$ sont en correspondance biunivoque avec les couples de deux classes entières de cohomologie $\mathbf{C}^2$, $\mathbf{C}^4$ dans K^4. D'une façon plus précise, on a :

Proposition 7. — *a) A chaque couple de classes entières de coho-*

mologie $\mathbf{C}^2$, $\mathbf{C}^4$ *dans* K^4 *correspond une application* $g : K^4 \to \mathbf{C}_{n,4}$ *telle que :*

$$(1) \qquad g^*\{\overline{\omega}_1^2\}_0^c = \mathbf{C}^2, \qquad g^*\{\overline{\omega}_2^2\}_0^c = \mathbf{C}^4,$$

où $\overline{\omega}_1^2$, $\overline{\omega}_2^2 \in \Omega(n', 2)$.

b) Deux applications $g_i : K^4 \to \mathbf{C}_{n,4}$ $(i = 1, 2)$ *sont homotopes si et seulement si*

$$(2) \qquad \begin{cases} g_1^*\{\overline{\omega}_1^2\}_0^c = g_2^*\{\overline{\omega}_1^2\}_0^c, \\ g_1^*\{\overline{\omega}_2^2\}_0^c = g_2^*\{\overline{\omega}_2^2\}_0^e. \end{cases}$$

Démonstration de a). — Prenons deux subdivisions cellulaires duales $L_{(z)}$ et $L_{(z^*)}$ de $\mathbf{C}_{n,4}$ et définissons les cycles $[\overline{\omega}_1^{2*}]_0^c$, $[\overline{\omega}_2^{2*}]_0^c$ dans $L_{(z)}$, les cocycles $\{\overline{\omega}_1^2\}_0^c$, $\{\overline{\omega}_2^2\}_0^c$ dans $L_{(z^*)}$ (cf. chap. 1). Dans ce qui suit toutes les applications dans $\mathbf{C}_{n,4}$ seront, en prenant, si nécessaire, des subdivisions plus fines du complexe considéré, des applications cellulaires dans $L_{(z^*)}$.

Soit K^i le squelette de K de dimension i. Définissons $g'(K^1) =$ un sommet de $L_{(z^*)}$. Choisissons un cocycle $C^2 \in \mathbf{C}^2$ et étendons g' au squelette K^2 de façon que, en considérant $g'(\sigma^2)$, $\sigma^2 \in K^2$, comme un cycle, on ait $g'(\sigma^2) \sim C^2(\sigma^2).S_0^2$, où S_0^2 est le cycle sphérique défini dans § 2. D'après (6) § 2, on a alors

$$I_0([\overline{\omega}_1^{2*}]_0^c, g'(\sigma^2)) = C^2(\sigma^2) \cdot I_0([\overline{\omega}_1^{2*}]_0^c, S_0^2) = C^2(\sigma^2),$$

ou

$$(3) \qquad g'^*\{\overline{\omega}_1^2\}_0^c = C^2.$$

De plus, on a, si $\partial\sigma^3 = \sum \sigma_i^2$,

$$g'(\partial\sigma^3) \simeq g'(\sum\sigma_i^2) \simeq \sum g'(\sigma_i^2) \simeq \sum C^2(\sigma_i^2) \cdot S_0^2 = \delta C^2(\sigma^3) \cdot S_0^2 = 0.$$

Il en résulte qu'on peut étendre g'/K^2 à l'intérieur de chaque $\sigma^3 \in K^3$ et puis à K^4 puisque $\pi_3(\mathbf{C}_{n,4}) = 0$.

Prenons maintenant un cocycle $C^4 \in \mathbf{C}^4$ et définissons une application $g : K^4 \to \mathbf{C}_{n,4}$ telle que :

$$(4) \qquad g/K^3 = g'/K^3,$$

(5) pour $\sigma^4 \in K^4$, $g(\sigma^4)$ et $g'(\sigma^4)$ forment une sphère

$$\simeq [C^4(\sigma^4) - I_0([\omega_2^{2*}]_0^c, g'(\sigma^4)] \cdot S_0^4,$$

où S_0^4 est le cycle sphérique défini dans § 2.

De (7) § 2 on déduit

$$I_0([\overline{\omega}^{2*}]_0^c,\ g(\sigma^4)) - I_0([\overline{\omega}_2^{2*}]_0^c,\ g'(\sigma^4)) = C^4(\sigma^4) - I_0([\overline{\omega}_2^{2*}]_0^c,\ g'(\sigma^4))$$

d'où

$$C^4(\sigma^4) = I_0(\{\overline{\omega}_2^2\}_0^c,\ g(\sigma^4)) = g^*\{\overline{\omega}_2^2\}_0^c(\sigma^4)$$

pour chaque $\sigma^4 \in K^4$, ou

(6) $$g^*\{\omega_2^2\}_0^c = C^4.$$

D'après (3), (4) et (6), g est une application vérifiant (1).

Démonstration de b). — Soit J le segment $1 \leqslant t \leqslant 2$. Puisque $\mathfrak{C}_{n,4}$ est connexe et simplement connexe, on peut définir une application

$$f:\ K^4 \times \partial J + K^1 \times J \to \mathfrak{C}_{n,4}$$

telle que

(7) $$f/K^4 \times (j) = g_j/K^4, \qquad j = 1,\ 2.$$

D'après (2), il existe une cochaîne entière D^1 dans K^4 telle que

(8) $$g_1^*\{\overline{\omega}_1^2\}_0^c - g_2^*\{\overline{\omega}_1^2\}_0^c = \delta D^1.$$

Remplaçons maintenant l'application f par une application

$$f'/K^4 \times J + K^1 \times J$$

tels que

(α) $$f'/K^4 \times \partial J + K^0 \times J = f,$$

(β) pour $\sigma^1 \in K^1$, $f'/\sigma^1 \times J$ et $f/\sigma^1 \times J$ forment une sphère $\simeq [D^1(\sigma^1) - I_0([\overline{\omega}_1^{2*}]_0^c,\ f(\sigma^1 \times J))] \cdot S_0^2$.

On en déduit (cf. (6) § 2) :

$$I_0([\overline{\omega}_1^{2*}]_0^c,\ f'\sigma' \times J)) = D^1(\sigma^1).$$

D'où, en tenant compte de (8), pour $\sigma^2 \in K^2$,

$$I_0([\overline{\omega}_1^{2*}]_0^c, f'(\partial\sigma^2 \times J)) = D^1(\partial\sigma^2) = \delta D^1(\sigma^2) = g_1^*\{\overline{\omega}_1^2\}_0^c(\sigma^2) - g_2^*\{\overline{\omega}_1^2\}_0^c(\sigma^2),$$

ou, d'après (7),

$$I_0([\overline{\omega}_1^{2*}]_0^c,\ f'(\partial(\sigma^2 \times J))) = 0.$$

Il en résulte que (cf. (3), (6), § 2),

$$f'(\partial(\sigma^2 \times J)) \simeq 0, \qquad \text{pour chaque} \qquad \sigma^2 \in K^2.$$

On peut donc étendre f' à $K^2 \times J$ et puis à $K^3 \times J$, puisque $\pi^3(\mathbf{C}_{n,4}) = 0$.

Le procédé précédent s'appuie sur la première équation de (2) et le fait que S_0^2 forme un générateur de $\pi_2(\mathbf{C}_{n,4})$ vérifiant l'équation (6) § 2. En tenant compte de la deuxième équation de (1) et du fait que S_0^4 forme un générateur de $\pi_4(\mathbf{C}_{n,4})$ vérifiant (7) § 2, on peut aussi remplacer f' par une application

$$f'' : K^4 \times J \to \mathbf{C}_{n,4}$$

telle que $f''/K^4 \times \partial J + K^2 \times J \equiv f'$. Cette application définit alors une homotopie de g_1 à g_2 (cf. (7)) et (b) est ainsi démontré.

D'après (8) et (9) de § 2, on a aussi le théorème suivant :

Proposition 7'. — *A chaque classe entière de cohomologie* $\mathbf{Q}^4$ *d'un complexe* K *de dimension 4 correspond une application* $g : K \to \mathbf{Q}_{n,4}$ $(n = 4n'' \geqslant 4)$ *tel que* $g^*\{\omega_1^1\}_0^q = \mathbf{Q}^4$. *Deux applications* $g_i : K \to \mathbf{Q}_{n,4}$ $(i = 1, 2)$ *sont homotopes si et seulement si* $g_1^*\{\omega_1^1\}_0^q = g_2^*\{\omega_1^1\}_0^q$.

En appliquant cette méthode à la classification des applications d'un complexe K^4 dans $\hat{\mathbf{R}}_{n,4}$ ou $\mathbf{R}_{n,4}$ $(n > 4)$, on ne trouve que des résultats partiels. Pourtant, à propos du problème qui nous intéresse dans ce travail, il suffit de démontrer le théorème suivant :

Proposition 7''. — *Supposons que le complexe* K^4 *n'admette aucune co-torsion de dimension 4. Alors deux applications*

$$f_i : K^4 \to \mathbf{R}_{n,4} (i = 1, 2)$$

sont homotopes si

(9) $$f_1^*\{\omega_2^4\}_0^{\wedge} = f_2^*\{\omega_2^4\}_2^{\wedge},$$

(10) $$f_1^*\{\omega_4^4\}_0^{\wedge} = f_2^*\{\omega_4^4\}_0^{\wedge}, \qquad f_1^*\{\omega_{2,2}^4\}_0^{\wedge} = f_2^*\{\omega_{2,2}^4\}_0^{\wedge}.$$

Démonstration. — Nous définirons les cycles $[\omega_2^{4*}]_2^{\wedge}$, etc. dans une subdivision cellulaire $\hat{K}_{(x)}$ de $\hat{\mathbf{R}}_{n,4}$ canonique par rapport à un certain système de coordonnées (x), les cocycles $\{\omega_2^4\}_2^{\wedge}$, etc., dans la subdivision duale $\hat{K}_{(x^*)}$ et nous supposons que f_i ainsi que toutes les applications considérées dans ce qui suit sont des applications cellulaires dans $\hat{K}_{(x^*)}$, en passant si nécessaire aux subdivisions plus fines du complexe considéré. D'après (6)', (10), (11)' de § 1 on peut démontrer qu'il existe une application

$$f : K^4 \times \partial J + K^3 \times J \to \hat{\mathbf{R}}_{n,4}$$

tel que

(11) $$f/K^4 \times (j) = f_j/K^4, \qquad j = 1, 2.$$

Soient A^3_i ($i=1, 2$) les cochaînes entières dans K^4 tel que

$$(12) \qquad f^*_1\mathfrak{y}_i - f^*_2\mathfrak{y}_i = \delta A^3_i, \qquad \text{(cf. (10))},$$

où on a posé (cf. § 1 (10)) :

$$\{\omega^4_{2,2}\}^{\wedge}_0 = \mathfrak{y}_1, \qquad \{\omega^4_4\}^{\wedge}_0 = \mathfrak{y}_2, \qquad [\omega^{4*}_{2,2}]^{\wedge}_0 = \mathfrak{x}_1, \qquad [\omega^4_{4*}]^{\wedge}_0 = \mathfrak{x}_2.$$

Supposons que la sphère $f(\partial(\sigma^4 \times J))$ est

$$\simeq B_1(\sigma^4)\cdot S^4_1 + B_2(\sigma^4)\cdot S^4_2 \qquad \text{(cf. § 1)},$$

où B_i peuvent être considérés comme des cochaînes entières de dimension 4. Définissons deux autres cochaînes entières C^3_i par

$$(13) \qquad C^3_i(\sigma^2) = I_0(b_i, f(\sigma^3 \times J)).$$

On déduit ainsi (cf. (10), (11) de § 1) :

$$\begin{aligned} a_{i_1}B_1(\sigma^4) + a_{i_2}B_2(\sigma^4) &= I_0(b_i, f(\partial(\sigma^4 \times J))) \\ &= I_0(\mathfrak{x}_i, f(\sigma^4 \times 1)) - I_0(\mathfrak{x}_i, f(\sigma^4 \times 2)) - I_0(\mathfrak{x}_i, f(\partial\sigma^4 \times J)) \\ &= I_0(\mathfrak{x}_i, f_1(\sigma^4)) - I_0(\mathfrak{x}_i, f_2(\sigma^4)) - I_0(\mathfrak{x}_i, f(\partial\sigma^4 \times J)) \\ &= \delta A^3_i(\sigma^4) - \delta C^3_i(\sigma^4), \end{aligned}$$

d'où (cf. 11)′ § 1), $b_i B_i \sim 0$, où b_i sont des entiers non nuls. Par hypothèse il n'existe pas de co-torsion de dimension 4 dans K. Il en résulte que $B_i \sim 0$. Par le procédé classique on peut alors remplacer l'application f par une autre

$$f' : K^4 \times \partial J + K^3 \times J \to \hat{\mathbf{R}}_{n,4}$$

telle que

$$(\alpha)' \qquad f'/K^4 \times \partial J + K^2 \times J \equiv f,$$

$$(\beta)' \qquad f'(\partial(\sigma^4 \times J)) \simeq 0 \qquad \text{pour chaque } \sigma^4 \in K^4.$$

Par conséquent cette application peut être étendue à $K^4 \times J$, ce qui réalise l'homotopie de f_1 et f_2. Notre théorème est ainsi démontré.

CHAPITRE IV

LA STRUCTURE TANGENTE A UNE VARIÉTÉ DIFFÉRENTIABLE ET SES STRUCTURES SUBORDONNÉES

§ 1. Les structures presque complexes ou presque quaternioniennes d'une variété différentiable.

A une variété différentiable M de dimension m, munie d'une structure riemannienne on associe d'une manière évidente une O_m-structure appelée la *structure tangente* de M, dont la base est M, les fibres étant les sphères unités dans les espaces tangents de M ; cette structure est indépendante de la structure riemannienne. Si M est orientable et $+M$ et $-M$ les deux variétés *orientées* déduites de M, la structure tangente de M admet alors deux $O_m^{\wedge}$-structures subordonnées correspondant à $+M$ et $-M$ respectivement. Les classes caractéristiques et les polynômes de Stiefel-Whitney et de Pontrjagin seront alors désignés respectivement par $\{\omega\}_i(M)$, $\{\omega\}_i^{\wedge}(+M)$, $\mathbf{W}_2(M)$, etc. Ce sont des invariants de la structure différentiable de la variété M. Le théorème 5 de § 3 chap. II est pour la structure tangente équivalent à :

Une variété différentiable M *de dimension m est orientable si et seulement si* $\mathbf{W}_2^1(M)=0$.

Si la variété *orientée* $+M$ admet une O'_m-structure $\mathfrak{S}$ subordonnée à sa $O_m^{\wedge}$-structure correspondante, nous dirons que $+M$ est *presque complexe* et que $\mathfrak{S}$ est une *structure presque complexe de* $+M$. Le théorème 7 de § 3 chap. II et le théorème 9 de § 4 chap. II donnent quelques conditions nécessaires pour l'existence d'une structure presque complexe. En particulier, si M est de dimension 4, ces conditions deviennent :

$$(1)\qquad \mathbf{X}_0^4(+M)=\mathbf{C}_0^4(\mathfrak{S}),$$
$$(2)\qquad \mathbf{W}_2^2(+M)=\mathbf{C}_2^2(\mathfrak{S}),$$
$$(3)\qquad \mathbf{P}_0^4(+M)=\mathbf{C}_0^2(\mathfrak{S})\cup\mathbf{C}_0^2(\mathfrak{S})-2\mathbf{C}_0^4(\mathfrak{S}).$$

Il résulte de (1) et (3) :

(4) $$\mathbf{P}_0^4(+\mathrm{M}) + 2\mathbf{X}_0^4(+\mathrm{M}) = \mathbf{C}_0^2(\mathfrak{S}) \cup \mathbf{C}_0^2(\mathfrak{S}).$$

Nous démontrerons que les conditions (2) et (4) sont non seulement nécessaires, mais aussi suffisantes. D'une façon plus précise, on a

Théorème 10. — (a) *Pour qu'une variété orientée* $+\mathrm{M}$ *admette une structure presque complexe* $\mathfrak{S}$, *il faut et il suffit qu'il existe une classe de cohomologie entière* $\mathbf{C}_0^2$ *de dimension 2 telle que*

(5) $$\mathbf{W}_2^2(+\mathrm{M}) = \mathbf{C}_2^2,$$

et

(6) $$\mathbf{P}_0^4(+\mathrm{M}) + 2\mathbf{X}_0^4(+\mathrm{M}) = \mathbf{C}_0^2 \cup \mathbf{C}_0^2,$$

où $\mathbf{C}_2^2$ *est la classe mod 2 déduite de* $\mathbf{C}_0^2$ *par réduction mod 2.*

(b) *Le système des structures presque complexes de* $+\mathrm{M}$ *est en correspondance biunivoque avec le système des classes* $\mathbf{C}_0^2$ *satisfaisant aux conditions* (5) *et* (6).

Démonstration. — Nos conditions étant évidemment nécessaires, démontrons qu'elles sont suffisantes. Soient $\hat{\mathbf{R}}_{n,4}$ ($n = 2n'$ assez grand) défini dans un espace vectoriel R^{n+4} de dimension $n+4$ et $\mathbf{C}_{n,4}$ défini dans le même espace muni d'une structure unitaire. La $\hat{\mathrm{O}}_4$-structure correspondant à la variété orientée $+\mathrm{M}$ est alors induite par une certaine application, soit f, de M dans $\hat{\mathbf{R}}_{n,4}$. D'après proposition 7, § 3 chap. III il existe une application

$$g : \mathrm{M} \to \mathbf{C}_{n,4}$$

telle que

(7) $$\begin{cases} g^*\{\overline{\omega}_1^2\}_0^c = \mathbf{C}_0^2, \\ g^*\{\overline{\omega}_2^2\}_0^c = \mathbf{P}_0^4(+\mathrm{M}) + \mathbf{X}_0^4(+\mathrm{M}). \end{cases}$$

Il en résulte, en désignant par φ' l'application canonique de $\mathbf{C}_{n,4}$ dans $\hat{\mathbf{R}}_{n,4}$ et en posant $\varphi' g = f$:

$$\begin{aligned} f^*\{\omega_4^4\}_0^{\wedge} &= g^*\varphi'^*\{\omega_4^4\}_0^{\wedge} = g^*\{\omega_2^2\}_0^c && \text{(lemme, § 4, chap. II)} \\ &= g^*\{\overline{\omega}_1^2\}_0^c \cup g^*\{\overline{\omega}_1^2\}_0^c - g^*\{\overline{\omega}_2^2\}_0^c && \text{(cf. § 4, (5), chap. I)} \\ &= \mathbf{C}_0^2 \cup \mathbf{C}_0^2 - \mathbf{P}_0^4(+\mathrm{M}) - \mathbf{X}_0^4(+\mathrm{M}) && \text{(cf. (7))} \\ &= \mathbf{X}_0^4(+\mathrm{M}), && \text{(cf. (6))} \end{aligned}$$

c'est-à-dire

(8) $$\bar{f}^*\{\omega_4^4\}_0^{\wedge} = f^*\{\omega_4^4\}_0^{\wedge}.$$

De même, on a :

(9) $$\bar{f}^*\{\omega^4_{2,2}\}^{\wedge}_0 = f^*\{\omega^4_{2,2}\}^{\wedge}_0,$$

et

(10) $$\bar{f}^*\{\omega^4_2\}^{\wedge}_2 = f^*\{\omega^4_2\}^{\wedge}_2.$$

D'après proposition 7″, § 3, chap. III, on déduit de (8), (9) et (10)

$$f \simeq \bar{f} = \varphi' g.$$

La structure $g^*\mathfrak{C}_{n,4}$ est donc subordonnée à la structure $f^*\hat{\mathfrak{R}}_{n,4}$, ou la $O^{\wedge}_4$-structure tangente correspondant à $+M$. Ceci démontre (*a*).

(*b*). La correspondance biunivoque entre les structures presque complexes et les classes $\mathbf{C}^2_0$ vérifiant (5) et (6) résulte du fait que $\mathbf{C}^4_0(g^*\mathfrak{C}_{n,4})$ est complètement déterminé par les classes $\mathbf{C}^2_0$ et $\mathbf{P}^4_0(+M)$ (cf. la proposition 7 (*b*), § 4, chap. III et (3)).

Nous dirons qu'une variété orientée $+M$ admet une *structure presque quaternionienne* (ou qu'elle est *presque quaternionienne*) si sa structure tangente en admet une. On peut démontrer alors le théorème suivant en partant de la proposition 7′, § 3, chap. III et théorème 8 de § 3, chap. II.

THÉORÈME 11. — *Pour qu'une variété orientée* $+M$ *de dimension 4 admette une structure presque quaternionienne, il faut et il suffit que :*

$$\mathbf{W}^2_2(+M) = 0, \qquad \mathbf{P}^4_0(+M) + 2\mathbf{X}^4_0(+M) = 0.$$

Il n'existe alors qu'une seule structure presque quaternionienne de $+M$.

Pour les variétés de dimension 6, on a

THÉORÈME 12. — *Pour qu'une variété orientée* $+M$ *de dimension 6 ait une structure presque complexe, il faut et il suffit qu'il existe une classe entière* $\mathbf{C}^2_0$ *de la variété* M *telle que*

(12) $$\mathbf{C}^2_2 = \mathbf{W}^2_2(+M).$$

Démonstration. — La nécessité de la condition (12) étant impliquée dans théorème 7 § 3, chap. II, nous démontrerons qu'elle est aussi suffisante. On suppose donc l'existence de $\mathbf{C}^2_0$ vérifiant (12).

Soient $\mathbf{C}_{n,6}$ $(n = 2n' > 6)$ et $\hat{\mathbf{R}}_{n,6}$ les variétés grassmanniennes définies dans $C^{n'+3}$ et son espace associé $\mathbf{R}^{n+6}$ respectivement, et φ' l'application canonique de $\mathbf{C}_{n,6}$ dans $\hat{\mathbf{R}}_{n,6}$. Soit f : $M \to \hat{\mathbf{R}}_{n,6}$ l'application qui induit la structure tangente de $+\mathrm{M}$. Désignons par M^k le squelette de M de dimension k. En utilisant (13) de § 2, chap. III, on peut définir une application $g: \mathrm{M}^3 \to \mathbf{C}_{n,6}$ tel que $g^*\{\omega_1^3\}_0^c = \mathbf{C}_0^2$. Il en résulte

$$f^*\{\omega_2^6\}_2^{\wedge} = (\varphi' g)^*\{\omega_2^6\}_2^{\wedge}, \qquad (= \mathbf{C}_2^2)$$

et par conséquent en utilisant (15) de § 2 chap. III (cf. la démonstration de proposition 7″, chap. III)

$$f/\mathrm{M}^2 \simeq \varphi' g/\mathrm{M}^2 \qquad \text{dans} \qquad \hat{\mathbf{R}}_{n,6}.$$

On peut donc déformer f dans une application $f_2: \mathrm{M} \to \hat{\mathbf{R}}_{n,6}$ telle que $f_2/\mathrm{M}^2 \equiv \varphi' g/\mathrm{M}^2$. Puisque $\pi^3(\hat{\mathbf{R}}_{n,6}) = 0$ (cf. (14), § 2, chap. III), on peut déformer donc f_2 dans $f_3: \mathrm{M} \to \hat{\mathbf{R}}_{n,6}$ tel que $f_3/\mathrm{M}^3 \equiv \varphi' g/\mathrm{M}^3$, d'où $f_3(\mathrm{M}^3) \subset \varphi'(\mathbf{C}_{n,6})$. Supposons maintenant que nous ayons déformé f dans $f_k: \mathrm{M} \to \hat{\mathbf{R}}_{n,6}$ tel que $f_k(\mathrm{M}^k) \subset \varphi'(\mathbf{C}_{n,6})$, où $3 \leqslant k < 6$. Pour une cellule $\sigma = \sigma^{k+1} \in \mathrm{M}^{k+1}$ quelconque l'application $f_k/\partial\sigma$ définit une application $g_k: \partial\sigma \to \mathbf{C}_{n,6}$ telle que $\varphi' g/\partial\sigma \equiv f_k/\partial\sigma$ soit homotope à zéro dans $\hat{\mathbf{R}}_{n,6}$. D'après proposition 6 ou (12) § 2, chap. III, on a donc $g_k \simeq 0$ dans $\mathbf{C}_{n,6}$ et par conséquent on peut l'étendre à une application $g_k: \sigma \to \mathbf{C}_{n,6}$. Les applications f_k/σ et $\varphi' g_k/\sigma$ définissent un certain élément α de $\pi_{k+1}(\hat{\mathbf{R}}_{n,6})$. D'après la proposition 6, il existe un élément α' de $\pi_{k+1}(\mathbf{C}_{n,6})$ tel que $\Phi_{k+1}\alpha' = \alpha$. Définissons maintenant une application $g_k': \sigma \to \mathbf{C}_{n,6}$ telle que $g_k'(\sigma)$ et $g_k(\sigma)$ forment une image sphérique appartenant à l'élément α'. L'élément de $\pi_{k+1}(\hat{\mathbf{R}}_{n,6})$ représenté par $f_k(\sigma)$ et $\varphi' g_k'(\sigma)$ est alors $\alpha - \Phi_k\alpha' = 0$. Il en résulte que $f_k/\sigma \simeq \varphi' g_k'/\sigma$ rel. $\partial\sigma$. On peut donc déformer f_k en une application $f_{k+1}: \mathrm{M} \to \hat{\mathbf{R}}_{n,6}$, telle que $f_{k+1}/\mathrm{M}^{k+1} \cong \varphi' g_k/\mathrm{M}^{k+1}$ et par conséquent $f_{k+1}(\mathrm{M}^{k+1}) \subset \varphi'(\mathbf{C}_{n,6})$.

Par récurrence on obtient enfin une application $g': \mathrm{M} \to \mathbf{C}_{n,6}$ telle que $f \simeq \varphi' g'$. La structure $g'^*\mathfrak{C}_{n,6}$ est alors une structure presque complexe de la variété $+\mathrm{M}$.

C. q. f. d.

§ 2. Quelques exemples.

Nous énonçons d'abord deux lemmes dont le premier est une simple conséquence de la définition des classes caractéristiques (cf.

(1) de § 2, chap. II) et dont le deuxième sera admis sans démonstration.

Lemme 1. — Si une variété orientée $+M$ de dimension m peut être plongée dans un espace euclidien de dimension $m+1$, on a

$$\{\omega\}_i^{\wedge}(+M)=0, \qquad i=0 \text{ ou } 2, \qquad \omega \neq \omega_m^m \in \Omega(m, m).$$

Lemme 2. — Pour une variété orientée $+M$ de dimension m la valeur de la classe $\mathbf{X}_0^m(+M)$ sur le cycle $+M$ est égal à $(-1)^m\gamma$, où γ est la caractéristique d'Euler-Poincaré de la variété M.

Exemples.

(*a*) Pour une sphère orientée S^{4k} de dimension $4k$ soit s la classe engendrant le groupe de cohomologie de dimension $4k$, qui prend la valeur $+1$ pour le cycle S^{4k}. On a alors, d'après les lemmes 1 et 2

$$\mathbf{X}_0^{4k}(S^{4k})=2s.$$

$$\{\omega\}_0^{\wedge}(S^{4k})=0, \qquad \text{pour} \qquad \omega \neq \omega_{4k}^{4k} \in \Omega(4k, 4k).$$

Il en résulte

$$\mathbf{P}_0(S^{4k}, t)=1.$$

Si la sphère S^{4k} admet une structure presque complexe $\mathfrak{S}$, on aura

$$\mathbf{C}_0^{4k}(\mathfrak{S})=\mathbf{X}_0^{4k}(S^{4k})=2s,$$

d'où

$$\mathbf{C}_0(\mathfrak{S}, t)=\mathbf{C}_0(\mathfrak{S}, \mathrm{i}t)=1+2s\cdot t^{4k}.$$

Mais alors on a

$$\mathbf{C}_0(\mathfrak{S}, t)\cup \mathbf{C}_0(\mathfrak{S}, \mathrm{i}t)=(1+2s\cdot t^{4k})^2=1+4s\cdot t^{4k}\neq \mathbf{P}_0(S^{4k}, t),$$

ce qui est contraire au théorème 9. Donc :

Une sphère de dimension 4k n'admet aucune structure presque complexe.

Un théorème général concernant les structures presque complexes des sphères contient notre théorème comme cas particulier (cf. A. Kirchhoff, Sur l'existence de certains champs tensoriels sur les sphères, *C. R. Paris,* 225 (1947), 1258-1260).

(*b*) Plus généralement, si une variété orientée M de dimension $4k$ est telle que

$$\mathbf{X}_0^{4k}(M)\neq 0,$$

et

$$\mathbf{P}_0^{4j}(M)=0, \qquad 0<j<k,$$

la variété $+M$ ainsi que $-M$ n'admet aucune structure presque complexe. Un exemple autre que S^{4k} est fourni par les variétés $H_p^{4k}(p > 1)$ de dimension $4k$ définies de la façon suivante :

Prenons une sphère S^{4k} avec $2p$ trous symétriques deux à deux par rapport au plan équatorial de la sphère S^{4k}. Identifions par symétrie les bords de chaque paire de trous. La variété orientable ainsi obtenue est H_p^{4k}. On a alors :

$$(\alpha) \qquad \mathbf{X}_0^{4k}(+H_p^{4k}) = 2(1-p)\cdot s,$$

(β) H_p^{4k} peut être plongé dans un espace euclidien de dimension $4k+1$, où s est la classe engendrant le groupe de cohomologie de dimension $4k$, qui prend la valeur $+1$ pour le cycle représenté par la variété orientée $+H_p^{4k}$.

(c) Soit K le plan projectif complexe de dimension réelle $4k$. Cette variété douée d'une orientation naturelle conformément à sa structure complexe $\mathfrak{S}$ donnée sera désignée par $+K$. Soient z_0^2 et z_0^4 les classes de cohomologie correspondant à la droite complexe et au plan complexe respectivement. On a alors

$$\mathbf{X}_0^4(+K) = 3z_0^4,$$
$$\mathbf{C}_0^2(\mathfrak{S}) = 3z_0^2, \qquad \mathbf{C}_0^4(\mathfrak{S}) = 3z_0^4,$$

d'où

$$\mathbf{W}_2^2(+K) = \mathbf{C}_2^2(\mathfrak{S}) = z_2^2,$$

et

$$\mathbf{P}_0^4(+K) = \mathbf{C}_0^2(\mathfrak{S}) \cup \mathbf{C}_0^2(\mathfrak{S}) - 2\mathbf{C}_0^4(\mathfrak{S}),$$
$$= 9z_0^2 \cup z_0^2 - 6z_0^4 = 3z_0^4.$$

Pour la variété $-K$ on a (cf. théorème 2) :

$$\mathbf{X}_0^4(-K) = -\mathbf{X}_0^4(+K) = -3z_0^4,$$
$$\mathbf{P}_0^4(-K) = \mathbf{P}_0^4(+K) = 3z_0^4.$$

Supposons que $-K$ admette aussi une structure presque complexe $\mathfrak{S}'$. Alors

$$\mathbf{C}_0^4(\mathfrak{S}') = \mathbf{X}_0^4(-K) = -3z_0^4,$$
$$\mathbf{C}_2^2(\mathfrak{S}') = \mathbf{W}_2^2(-K) = \mathbf{W}_2^2(+K) = z_2^2,$$

d'où

$$\mathbf{C}_0^2(\mathfrak{S}') = (2a+1)z_0^2,$$

où a est un entier. Puisque

$$\mathbf{P}_0^4(-K) = \mathbf{C}_0^2(\mathfrak{S}') \cup \mathbf{C}_0^2(\mathfrak{S}') - 2\mathbf{C}_0^4(\mathfrak{S}'),$$

on aura

$$3z_0^4 = (2a+1)^2 z_0^2 \cup z_0^2 + 6z_0^4,$$

ou

$$a^2 + a + 1 = 0,$$

ce qui est impossible. Donc :

Le plan projectif complexe K *n'admet aucune structure presque complexe pour l'orientation non conforme à sa structure complexe.*

De plus, si $\mathfrak{S}'$ est une structure presque complexe quelconque de la variété orientée $+K$, on peut démontrer comme précédemment que les classes $\mathbf{C}_0^2(\mathfrak{S}')$ et $\mathbf{C}_0^4(\mathfrak{S}')$ sont nécessairement égales à $+3z_0^2$ et $3z_0^4$ respectivement. Il en résulte que :

Il n'existe que deux structures presque complexes de $+K$ *dont l'une,* $\mathfrak{S}$, *correspond à sa structure complexe et l'autre est* $\gamma\mathfrak{S}$.

(*d*) D'après théorème 12, il existe deux structures presque complexes de la sphère S^6 correspondant aux deux orientations de S^6. *Ce sont les seules possibles.* Cela résulte de Proposition 6, § 2, chap. III : Φ_6 est un isomorphisme de $\pi_6(\mathbf{C}_{n,6})$ sur $\pi_6(\hat{\mathbf{R}}_{n,6})$. Si $\overset{+}{\alpha}$, $\bar{\alpha}\in\pi_6(\hat{\mathbf{R}}_{n,6})$ sont les deux classes d'applications de S^6 dans $\hat{\mathbf{R}}_{n,6}$ engendrant les deux structures tangentes de $+S^6$ et $-S^6$, les deux structures presque complexes de S^6 sont alors engendrées par les classes d'homotopie $\overset{-1}{\Phi}_6(\overset{+}{\alpha})$ et $\overset{-1}{\Phi}_6(\alpha)$ de $\pi_6(\mathbf{C}_{n,6})$.

Les résultats suivants sont démontrés à l'aide de quelques théorèmes concernant les produits de structures fibrées sphériques, démontrés au chap. V.

(*e*) Dans § 4 chap. V nous indiquerons une variété orientable de dimension $2n$, $n\geqslant 3$ quelconques, dont $\mathbf{W}_2^3(M)\neq 0$. D'après théorème 7, on a donc :

Pour tous les $n\geqslant 3$, *il existe des variétés orientables de dimension* $2n$ *qui n'admettent aucune structure presque complexe.*

(*f*) Une variété différentiable parallélisable de dimension 4 est nécessairement presque quaternionienne, mais la réciproque n'est pas vraie. Par exemple, pour une surface algébrique M d'ordre 4 sans singularité dans un espace projectif complexe de dimension complexe 3 on peut démontrer que, $\mathfrak{S}$ étant la structure presque complexe naturelle de M, $\mathbf{C}_0^2(\mathfrak{S})=0$. D'après théorèmes 7 et 9, on a donc

$$\mathbf{W}_2^2(M)=\mathbf{C}_2^2(\mathfrak{S})=0,$$

$$2\mathbf{X}_0^4(M)+\mathbf{P}_0^4(M)=\mathbf{C}_0^2(\mathfrak{S})\cup\mathbf{C}_0^2(\mathfrak{S})=0.$$

D'après théorème 12, M est donc presque quaternionienne. Pourtant on a $\mathbf{X}_0^4(M)\cdot M=24\neq 0$. Par conséquent M est non-parallélisable.

CHAPITRE V

LA COMPOSITION DES STRUCTURES FIBRÉES SPHÉRIQUES

§ 1. Le $\times$-produit de deux structures fibrées sphériques.

Soient $R_1^{n_1}$ et $R_2^{n_2}$ deux espaces numériques et $R^n (n = n_1 + n_2)$ leur somme directe. Prenons une base de vecteurs $(e_1^{(i)}, \ldots, e_{n_i}^{(i)})$ dans $R_i^{n_i}$ qui, dans cet ordre, détermine une certaine orientation de $R_i^{n_i}$. L'espace R^n muni de l'orientation définie par l'ordre de la base de vecteurs $e_1^{(1)}, \ldots, e_{n_1}^{(1)}, e_1^{(2)}, \ldots, e_{n_2}^{(2)}$ sera appelé la *somme orientée* de ces deux espaces orientés $R_1^{n_1}$ et $R_2^{n_2}$.

Soient $S_i (i = 1, 2)$ et S les sphères-unités respectivement dans les espaces $R_i^{n_i}$ et R^n. Nous dirons que S est le joint de S_1 et S_2. Si nous orientons S_i en concordance avec l'orientation de $R_i^{n_i}$ et puis S en concordance avec l'orientation de la somme orientée R^n des espaces orientés $R_1^{n_1}$ et $R_2^{n_2}$, la sphère orientée S sera appelée alors le *joint orienté* des deux sphères orientées S_1 et S_2.

Soient $\mathfrak{S}_i$, $i = 1, 2$, deux G-structures fibrées sphériques ($G = O$, $O^{\wedge}$, O', ou O'') définies respectivement sur les bases B_i. On peut alors définir canoniquement une G-structure $\mathfrak{S}$ sur le produit $B_1 \times B_2$ telle que la sphère fibre de $\mathfrak{S}$ sur un point $p = p_1 \times p_2$ de $B_1 \times B_2$ soit le *joint* (ou le joint orienté pour $G = O^{\wedge}$) des deux sphères fibres de $\mathfrak{S}_i$ sur les points p_i de B_i. Nous dirons que $\mathfrak{S}$ est le $\times$-*produit* de $\mathfrak{S}_1$ et $\mathfrak{S}_2$ et nous le noterons $\mathfrak{S} = \mathfrak{S}_1 \times \mathfrak{S}_2$.

Le problème que nous envisageons dans cette section est le suivant :

Déterminer les classes caractéristiques de $\mathfrak{S}$ en termes de celles de $\mathfrak{S}_i$:

Nous n'envisageons que les deux cas particuliers suivants :

1° Détermination des classes de Stiefel-Whitney ou des classes de Chern de la structure $\mathfrak{S}$ pour des structures $\mathfrak{S}_i$ quelconques ;

2° Détermination des classes caractéristiques quelconques de $\mathfrak{S}$ lorsque $\mathfrak{S}_1$ est une structure simple.

Considérons d'abord le problème 1° pour les O-structures.

Prenons pour cela deux espaces numériques $R_i^{n_i+m_i}$ dont la somme directe est R^{n+m} $(n=n_1+n_2,\ m=m_1+m_2)$. Soient $\mathbf{R}_{n,m}$, $\mathbf{R}_{n_i,m_i}$ les variétés grassmanniennes définies respectivement dans ces espaces ; les cycles et éléments analogues dans $\mathbf{R}_{n_i,m_i}$ seront distingués de ceux de $\mathbf{R}_{n,m}$ en ajoutant des superindices. Pour un élément X_1 de $\mathbf{R}_{n_1,m_1}$ et un élément X_2 de $\mathbf{R}_{n_2,m_2}$ soit X l'élément de $\mathbf{R}_{n,m}$ qui est la somme de ces deux éléments X_1 et X_2. On obtient ainsi une application canonique Ψ de la variété produit $\mathbf{R}_{n_1,m_1}\times\mathbf{R}_{n_2,m_2}$ dans la variété $\mathbf{R}_{n,m}$ en posant $\Psi(X_1\times X_2)=X$.

Supposons maintenant que $\mathfrak{S}_i(i=1,\ 2)$ sont des O-structures induites respectivement par des applications $f_i:\ B_i\to\mathbf{R}_{n_i,m_i}$. Soit

$$f':\ B_1\times B_2\to\mathbf{R}_{n_1,m_1}\times\mathbf{R}_{n_2,m_2}$$

l'application définie par

$$f'(p_1\times p_2)=f_1(p_1)\times f_2(p_2),\qquad p_i\in B_i.$$

Il est alors évident que le $\times$-produit $\mathfrak{S}=\mathfrak{S}_1\times\mathfrak{S}_2$ est induit par l'application

(1) $$f=\Psi f':\ B_1\times B_2\to\mathbf{R}_{n,m}.$$

Nous étudions donc le type d'homologie de l'application canonique Ψ. Dans le cas mod 2 ce type d'homologie est donné par les équations suivantes

(2) $$\Psi^*\{\bar{\omega}_k^m\}_2=\sum\{\bar{\omega}_{k_1}^{m_1}\}_2^{(1)}\otimes\{\bar{\omega}_{k_2}^{m_2}\}_2^{(2)},$$

où la sommation est étendue aux couples (k_1,k_2) tels que $k_1+k_2=k$, $k_i\geqslant 0$.

Démonstration. — La formule (2) est en effet équivalente aux formules suivantes :

(3) $$I_2=I_2(\Psi([\omega^{(1)}]_2^{(1)}\otimes[\omega^{(2)}]_2^{(2)}),\ [\bar{\omega}_k^{m*}]_2)$$
$$=\begin{cases}0 \text{ pour } \omega^{(1)}(m_1)+\omega^{(2)}(m_2)<k,\\ 1 \text{ pour } \omega^{(1)}(m_1)+\omega^{(2)}(m_2)=k,\end{cases}$$

où $\omega^{(i)}\in\Omega(n_i,\ m_i)$, $d(\omega^{(1)})+d(\omega^{(2)})=k$.

Pour démontrer (3), considérons d'abord le cas

(4) $$\omega^{(1)}(m_1)+\omega^{(2)}m_2)<k.$$

Prenons dans $R_i^{n_i+m_i}$ $(i=1, 2)$ un sous-espace vectoriel R_i de dimension $\omega^{(i)}(m_i)+m_i$ et dans R^{n+m} un sous-espace vectoriel R_0 de dimension $n-k+1$ tels que

$$(5) \qquad \dim.(R_0 \cap (R_1 \oplus R_2)) = 0,$$

ce qui est toujours possible à cause de (4). Considérons maintenant le cycle $[\bar{\omega}_k^{m*}]_2 \in [\bar{\omega}_k^{m*}]_2$ représenté géométriquement par la pseudo-variété de l'ensemble des $X \in \mathbf{R}_{n,m}$ tels que

$$(6) \qquad \dim.(X \cap R_0) \geqslant 1.$$

De même, nous prenons les cycles $[\omega^{(i)}]_2^{(i)} \in [\omega^{(i)}]_2^{(i)}$ représentés géométriquement par les pseudo-variétés ensembles des éléments $X_i \in \mathbf{R}_{n_i, m_i}$ satisfaisant respectivement aux conditions $X_i \subset R_i$, etc. Pour $X_i \in [\omega^{(i)}]_2^{(i)}$, on voit donc que $X = \Psi(X_1 \times X_2)$ est contenu dans $R_1 \oplus R_2$ et par conséquent ne satisfait pas (6), d'après (5). Il en résulte que $\Psi([\omega^{(1)}]_2^{(1)} \times [\omega^{(2)}]_2^{(2)})$ n'a aucun élément en commun avec $[\bar{\omega}_k^{m*}]_2$. Donc:

$$(7) \qquad I_2 = 0 \quad \text{pour} \quad \omega^{(1)}(m_1) + \omega^{(2)}(m_2) < k,$$

Supposons maintenant

$$\omega^{(1)}(m_1) + \omega^{(2)}(m_2) = k.$$

On a alors nécessairement

$$\omega^{(i)} = \bar{\omega}_{k_i}^{m_i}, \qquad k_1 + k_2 = k.$$

Dans $R_i^{n_i+m_i}$ prenons un système de coordonnées $(x^{(i)}) = (x_1^{(i)}, \ldots, x_{n_i+m_i}^{(i)})$ correspondant à la base de vecteurs $(e^i) = (e_1^{(i)}, \ldots, e_{n_i+m_i}^{(i)})$ et désignons par R_i^s le sous-espace de $R_i^{n_i+m_i}$ déterminé par les vecteurs $e_1^{(i)}, \ldots, e_s^{(i)}$.
Soit R^{n-k+1} le sous-espace de R^{n+m} déterminé par les vecteurs:

$$e_{m_1+k_1+1}^{(1)}, \ldots, e_{n_1+m_1}^{(1)}; \qquad e_{m_2+k_2+1}^{(2)}, \ldots, e_{n_2+m_2}^{(2)}; \qquad e_{m_1}^{(1)} + e_{m_2}^{(2)}.$$

Nous définirons les cycles $[\bar{\omega}_{k_i}^{m_i}]_2^{(i)}$ $(i=1, 2)$ et $[\bar{\omega}_k^{m*}]_2$ comme l'ensemble des éléments $X_i \in \mathbf{R}_{n_i, m_i}$ et $X \in \mathbf{R}_{n,m}$ satisfaisant respectivement aux conditions suivantes:

$$R_i^{m_i-1} \subset X_i \subset R_i^{m_i+k_i};$$
$$\dim.(X \cap R^{n-k+1}) \geqslant 1.$$

On voit facilement que le seul élément commun aux deux ensembles $[\bar{\omega}_k^{m*}]_2$ et $\Psi([\bar{\omega}_{k_1}^{m_1}]_2^{(1)} \times [\bar{\omega}_{k_2}^{m_2}]_2^{(2)})$ est l'élément $X_0 \in \mathbf{R}_{n,m}$ déterminé par les vecteurs $e_1^{(1)}, \ldots, e_{m_1}^{(1)}; e_1^{(2)}, \ldots, e_{m_2}^{(2)}$. On peut réaliser ces deux ensembles au voisinage de X_0 dans $\mathbf{R}_{n,m}$ par des variétés linéaires et par conséquent leur indice d'intersection mod 2 est égal à 1, c'est-à-dire,

$$(8) \qquad I_2 = 1 \qquad \text{pour} \qquad \omega^{(1)}(m_1) + \omega^{(2)}(m_2) = k.$$

De (7) et (8) on déduit la formule (2).

D'après (1), il en résulte que

$$\begin{aligned}\overline{\mathbf{W}}_2^k(\mathfrak{S}) &= f^*\{\overline{\omega}_k^m\}_2 = f'^*\Psi^*\{\overline{\omega}_k^m\}_2 \\ &= \sum f'^*(\{\overline{\omega}_{k_1}^{m_1}\}_2^{(1)} \otimes \{\overline{\omega}_{k_2}^{m_2}\}_2^{(2)}) \\ &= \sum f_1^*\{\overline{\omega}_{k_1}^{m_1}\}_2^{(1)} \otimes f_2^*\{\overline{\omega}_{k_2}^{m_2}\}_2^{(2)} \\ &= \sum \overline{\mathbf{W}}_2^{k_1}(\mathfrak{S}_1) \otimes \overline{\mathbf{W}}_2^{k_2}(\mathfrak{S}_2).\end{aligned}$$

D'où

$$\overline{\mathbf{W}}^2(\mathfrak{S}, t) = \overline{\mathbf{W}}^2(\mathfrak{S}_1, t) \otimes \overline{\mathbf{W}}^2(\mathfrak{S}_2, t).$$

En appliquant le théorème de dualité (Théorème 3, § 2, Chap. II) on en déduit :

$$\mathbf{W}_2(\mathfrak{S}, t) = \mathbf{W}_2(\mathfrak{S}_1, t) \otimes \mathbf{W}_2(\mathfrak{S}_2, t).$$

(Cf. la démonstration de la formule (16), Théorème 3, § 4, Chap. II.)

De la même façon on peut déduire les formules analogues pour les G-structures, où $G = O'$ ou O'' et pour les $O^\wedge$-structures à l'aide du théorème 5. On arrive ainsi au théorème suivant :

Théorème 13. — *Si la structure $\mathfrak{S}$ est le $\times$-produit de deux G-structures $\mathfrak{S}_1$ et $\mathfrak{S}_2$, on a*

$$\begin{aligned}&\mathbf{W}_2(\mathfrak{S}, t) = \mathbf{W}_2(\mathfrak{S}_1, t) \otimes \mathbf{W}_2(\mathfrak{S}_2, t), \\ &\qquad \overline{\mathbf{W}}_2(\mathfrak{S}, t) = \overline{\mathbf{W}}_2(\mathfrak{S}_1, t) \otimes \overline{\mathbf{W}}_2(\mathfrak{S}_2, t), \qquad \textit{pour} \qquad G = O \textit{ ou } O^\wedge; \\ &\mathbf{C}_0(\mathfrak{S}, t) = \mathbf{C}_0(\mathfrak{S}_1, t) \otimes \mathbf{C}_0(\mathfrak{S}_2, t), \\ &\qquad \overline{\mathbf{C}}_0(\mathfrak{S}, t) = \overline{\mathbf{C}}_0(\mathfrak{S}_1, t) \otimes \overline{\mathbf{C}}_0(\mathfrak{S}_2, t), \qquad \textit{pour} \qquad G = O'; \\ &\mathbf{Q}_0(\mathfrak{S}, t) = \mathbf{Q}_0(\mathfrak{S}_1, t) \otimes \mathbf{Q}_0(\mathfrak{S}_2, t), \\ &\qquad \overline{\mathbf{Q}}_0(\mathfrak{S}, t) = \overline{\mathbf{Q}}_0(\mathfrak{S}_1, t) \otimes \overline{\mathbf{Q}}_0(\mathfrak{S}_2, t), \qquad \textit{pour} \qquad G = O''.\end{aligned}$$

Considérons maintenant le problème 2° pour des $O^\wedge$-structures. Supposons que $\hat{\mathbf{R}}_{n_i, m_i}$ et $\hat{\mathbf{R}}_{n, m}$ sont les variétés grasmanniennes définies respectivement dans les espaces numériques $R_i^{n_i+m_i}$ et dans leur somme R^{n+m} $(n = n_1 + n_2,\ m = m_1 + m_2)$. Prenons les systèmes de coordonnées $(x^{(i)})$ et (x) dans $R_i^{n_i+m_i}$ et R^{n+m} correspondant aux bases de vecteurs $(e^{(i)})$ et (e) tels que

$$\begin{aligned} x_i &= x_i^{(1)}, & i &= 1, \dots, m_1; \\ x_i &= x_{i-m_1}^{(2)}, & i &= m_1+1, \dots, n_2+m; \\ x_i &= x_{i-n_2-m_2}^{(1)}, & i &= n_2+m+1, \dots, n+m. \end{aligned}$$

Nous définissons les subdivisions canoniques $\hat{K}^{(i)}$ et $\hat{K}$ de ces variétés grassmanniennes par rapport à ces systèmes de coordonnées. Pour X_2 élément de $\hat{\mathbf{R}}_{n_2, m_2}$ soit X l'élément de $\hat{\mathbf{R}}_{n, m}$ qui est la somme orientée de $R_1^{m_1}$ et X_2, où $R_1^{m_1}$ est le sous-espace orienté de $R_1^{n_1+m_1}$ déterminé par la suite de vecteurs $e_1^{(1)}, \dots, e_{m_1}^{(1)}$. Soit

$$\Psi' : \hat{\mathbf{R}}_{n_2, m_2} \to \hat{\mathbf{R}}_{n, m}$$

l'application définie par $\Psi' : X_2 \to X$. On voit facilement que Ψ' est une application cellulaire de $\hat{K}^{(2)}$ dans $\hat{K}$ telle que

$$\Psi' \overset{+}{U}{}^{(2)}_{\omega^{(2)}} = \overset{+}{U}_\omega, \qquad \Psi' \overline{U}{}^{(2)}_{\omega^{(2)}} = \overline{U}_\omega,$$

où $\omega^{(2)} \in \Omega(n_2, m_2)$ et $\omega \in \Omega(n, m)$ sont liés par les équations suivantes :

$$(9) \qquad \begin{cases} \omega(i) = 0, & i = 1, \dots, m_1; \\ \omega(i) = \omega^{(2)}(i - m_1), & i = m_1+1, \dots, m. \end{cases}$$

On voit donc que, d'après $(4)^*$ § 1, Chap. 1,

$$\omega \in \Omega_0^*(n, m), \qquad \text{si} \qquad \omega^{(2)} \in \Omega_0^*(n_2, m_2) \qquad \text{et} \qquad \omega^{(2)}(m_2) < n_2.$$

De plus, on a
$$s(\omega^{(2)}) = s(\omega) [= s],$$
$$\omega(i_s) + i_s + m = \omega^{(2)}(i_s^{(2)}) + i_s^{(2)} + m_2.$$

D'après $(34)_1'$ § 3, Chap. 1, les cocycles $\{\omega\}_0$ et $\{\omega^{(2)}\}_0^{(2)}$ définis respectivement dans $\hat{K}$ et $\hat{K}^{(2)}$ sont donnés par les équations suivantes :

$$\{\omega\}_0 = (-1)^{\mu(\omega)} \cdot [\overset{+}{U}_\omega + (-1)^{\omega(i_s)+i_s+m} \cdot \overline{U}_\omega],$$
$$\{\omega^{(2)}\}_0^{(2)} = (-1)^{\mu(\omega^{(2)})} \cdot [\overset{+}{U}{}^{(2)}_{\omega^{(2)}} + (-1)^{\omega^{(2)}(i_s^{(2)})+i_s^{(2)}+m_2} \cdot \overline{U}{}^{(2)}_{\omega^{(2)}}].$$

Il en résulte : $\Psi'^* \{\omega\}_0 = \pm \{\omega^{(2)}\}_0^{(2)}$, ou

$$(10) \qquad \Psi'^* \{\omega\}_0 = \{\omega^{(2)}\}_0^{(2)} \quad \text{pour} \quad \omega^{(2)} \in \Omega_0^*(n_2, m_2) \quad \text{et} \quad \omega^{(2)}(m_2) < n_2.$$

En outre, il est évident que

$$(11) \qquad \begin{cases} \Psi'^* \{\omega\}_2 = \{\omega^{(2)}\}_2^{(2)} & \text{pour} \quad \omega^{(2)} \in \Omega(n_2, m_2); \\ \Psi'^* \{\omega\}_i = 0, & \text{si } \omega(1), \dots, \omega(m_1) \text{ ne sont pas tous nuls} \end{cases}$$

$(i = 0$ ou $2)$.

Supposons maintenant que $\mathfrak{S}_i$ sont des $O_{m_i}^{\wedge}$-structures sur les bases B_i, $\mathfrak{S}_1$ étant simple. On peut supposer alors que $\mathfrak{S}_1$ est induite par une application $f_1 : B_1 \to \hat{R}_{n_1, m_1}$ telle que $f_1(p_1)$ soit constamment l'élément $R_1^{m_1} \in \hat{R}_{n_1, m_1}$. Si $f_2 : B_2 \to \hat{R}_{n_2, m_2}$ est l'application qui induit la structure $\mathfrak{S}_2$, le produit $\mathfrak{S} = \mathfrak{S}_1 \times \mathfrak{S}_2$ est alors induit par l'application

$$f' = \Psi' f_2 \pi : B_1 \times B_2 \to \hat{R}_{n, m},$$

où π est la projection canonique de $B_1 \times B_2$ sur B_2. De (9), (10) et (11) on peut déduire alors le théorème suivant :

Théorème 14. — *Si $\mathfrak{S}_i$ sont des $O^\wedge$-structures, $\mathfrak{S}$ le $\times$-produit $\mathfrak{S}_1 \times \mathfrak{S}_2$, $\mathfrak{S}_1$ étant simple, on a :*

(12) $$\mathbf{P}_0(\mathfrak{S}, t) = 1 \otimes \mathbf{P}_0(\mathfrak{S}_2, t),$$

(12)' $$\mathbf{W}_2(\mathfrak{S}, t) = 1 \otimes \mathbf{W}_2(\mathfrak{S}_2, t),$$

etc. De même pour les O-structures.

§ 2. Le théorème de Whitney.

Soient $\mathfrak{S}_i$ $(i = 1, 2)$ deux G-structures fibrées sphériques ($G = O, O^\wedge$, O', ou O'') sur un même complexe K. On peut construire alors une autre G-structure $\mathfrak{S}$ sur K dont la sphère fibre sur un point $x \in K$ est le joint (orienté dans le cas $G = O^\wedge$) des deux sphères fibres sur x de $\mathfrak{S}_i$. Cette structure $\mathfrak{S}$ sera appelée le $\cup$-produit des $\mathfrak{S}_i$ et sera désignée par $\mathfrak{S}_1 \cup \mathfrak{S}_2$.

Soit $\mathfrak{S}' = \mathfrak{S}_2 \times \mathfrak{S}_2$ le $\times$-produit des $\mathfrak{S}_i$ sur le complexe produit $K \times K$. Considérons l'application diagonale $d : K \to K \times K$ définie par $d : x \times x$, $x \in K$. Il est évident alors que

(1) $$\mathfrak{S} \cong d^* \mathfrak{S}'.$$

Pour deux classes de cohomologie quelconques X et Y dans K on aura

$$X \cup Y = d^*(X \otimes Y).$$

Par conséquent d'après (1) et théorème 13 on obtient :

Théorème 15 (*Whitney*). — *Si $\mathfrak{S}$ est le $\cup$-produit de deux G-structures $\mathfrak{S}_i$ ($G = O, O^\wedge$, O' ou O'') sur le même complexe, on a*

$$\mathbf{W}_2(\mathfrak{S}, t) = \mathbf{W}_2(\mathfrak{S}_1, t) \cup \mathbf{W}_2(\mathfrak{S}_2, t), \quad \textit{pour } G = O \textit{ ou } O^\wedge;$$
$$\mathbf{C}_0(\mathfrak{S}, t) = \mathbf{C}_0(\mathfrak{S}_1, t) \cup \mathbf{C}_0(\mathfrak{S}_2, t), \quad \textit{pour } G = O';$$
$$\mathbf{Q}_0(\mathfrak{S}, t) = \mathbf{Q}_0(\mathfrak{S}_1, t) \cup \mathbf{Q}_0(\mathfrak{S}_2, t), \quad \textit{pour } G = O''.$$
$$\mathbf{P}_0(\mathfrak{S}, t) = \mathbf{P}_0(\mathfrak{S}_2, t), \quad \textit{pour } G = O \textit{ ou } O^\wedge \textit{ et } \mathfrak{S}_1 \textit{ simple}.$$

§ 3. Les classes caractéristiques des variétés fibrées différentiables à structure fibrée sphérique.

Soit M une variété différentiable de dimension n dont la O_n-structure tangente est $\mathfrak{M}$. Soit $\mathfrak{S}$ une O_m-structure différentiable définie dans une variété $\widetilde{M}$ sur la base M, la projection étant f. $\widetilde{M}$ est alors une variété différentiable de dimension $n+m-1$. Nous désignerons par $\widetilde{\mathfrak{M}}$ la O-structure tangente de la variété $\widetilde{M}$.

Considérons la structure fibrée $\mathfrak{V}$ associée à $\mathfrak{S}$ définie sur M dont la fibre-type est un espace vectoriel de dimension m. On peut alors considérer la sphère $S(x)$ sur un point $x \in M$ dans $\mathfrak{S}$ comme étant la sphère unité de la fibre $V(x)$ sur x dans $\mathfrak{V}$. Soit $o(x)$ l'origine de l'espace $V(x)$. L'ensemble de $o(x)$ forme un espace évidemment homéomorphe à M ; on peut donc identifier $o(x)$ à x.

Considérons maintenant $S(x)$ comme une sous-variété différentiable de la variété $\widetilde{M}$. Pour un point $y \in S(x)$ soit $T(y)$ l'élément de contact tangent à $S(x)$ au point y. Il existe un champ transversal de la structure $\mathfrak{S}$; soit $N(y)$ l'élément de contact de ce champ au point y. Soit $L(y)$ la droite dans $V(x)$ joignant y et $o(x)$. On obtient alors les O-structures suivantes :

a) Une O_{m-1}-structure $\mathfrak{T}$ sur la base $\widetilde{M}$ dont la fibre sur $y \in S(x)$ est la sphère unité dans $T(y)$;

b) Une O_n -structure $\mathfrak{N}$ sur la base $\widetilde{M}$ dont la fibre sur $y \in S(x)$ est la sphère unité dans $N(y)$;

c) Une O_0 -structure $\mathfrak{L}$ sur la base $\widetilde{M}$ dont la fibre sur $y \in S(x)$ est une o-sphère dans la droite $L(y)$.

Le $\cup$-produit $\mathfrak{L} \cup \mathfrak{T}$ est une structure définie sur $\widetilde{M}$ dont la fibre sur $y \in S(x)$ est constituée de toutes les directions dans $V(x)$ issues de y. A chaque direction l dans $V(x)$ issue de y soit $g(l)$ le point où $S(x)$ rencontre la direction issue de $o(x)$ et parallèle à l. g est alors une application de l'espace fibré de la structure $\mathfrak{L} \cup \mathfrak{T}$ sur l'espace fibré $\widetilde{M}$ de la structure $\mathfrak{S}$. En désignant la projection de $\mathfrak{L} \cup \mathfrak{T}$ par p, on voit que $fg=fp$, où g applique les fibres sphères de $\mathfrak{L} \cup \mathfrak{S}$ homéomorphiquement et linéairement sur les fibres sphères correspondantes de la structure $\mathfrak{S}$. On en déduit :

$$\text{(1)} \qquad \mathfrak{L} \cup \mathfrak{T} \cong f^* \mathfrak{S}.$$

De même, l'application $f: \widetilde{M} \to M$ induit une application des directions dans $N(y)$ issues de $y \in S(y)$ sur des directions tangentes à M issues de x et donc une application de l'espace fibré de la structure $\mathfrak{N}$ sur l'espace fibré de la structure $\mathfrak{M}$. Il en résulte :

$$(2) \qquad \mathfrak{N} \cong f^* \mathfrak{M}.$$

D'autre part, il est évident que

$$(3) \qquad \mathfrak{T} \cup \mathfrak{N} \cong \widetilde{\mathfrak{M}}.$$

Des équations (1), (2) et (3) on déduit :

$$(4) \qquad \mathfrak{L} \cup \widetilde{\mathfrak{M}} \cong f^*(\mathfrak{S} \cup \mathfrak{M}).$$

La structure $\mathfrak{L}$ est évidemment simple. On a donc :

$$\mathbf{W}_2(\mathfrak{L}, t) = 1.$$

D'après théorème 15, on a

$$\mathbf{P}_0(\widetilde{\mathfrak{M}}, t) = \mathbf{P}_0(\mathfrak{L} \cup \widetilde{\mathfrak{M}}, t).$$

En utilisant théorème 15, on déduit de (4) le théorème suivant :

Théorème 16. — *Si* $\widetilde{\mathfrak{M}}$ *est la structure tangente de l'espace fibré d'une* O-*structure différentiable* $\mathfrak{S}$ *sur une variété différentiable* M *dont la structure tangente est* $\mathfrak{M}$, *on a*

$$\mathbf{W}_2(\widetilde{\mathfrak{M}}, t) = f^*\mathbf{W}_2(\mathfrak{S}, t) \cup f^*\mathbf{W}_2(\mathfrak{M}, t),$$
$$\mathbf{P}_0(\widetilde{\mathfrak{M}}, t) = f^*\mathbf{P}_0(\mathfrak{S} \cup \mathfrak{M}, t)$$

où f *est la projection de la structure* $\mathfrak{S}$.

§ 4. Quelques exemples.

Soit P_n l'espace projectif de dimension n dont la structure tangente est $\mathfrak{P}_{(n)}$. D'après Stiefel, on a alors :

$$\mathbf{W}_2^r(\mathfrak{T}_{(n)}) = \binom{n+1}{r} X^r, \qquad r = 1, 2, \dots n,$$

où X est la classe qui engendre le groupe de cohomologie $H_2^1(P_n)$ mod 2 de dimension 1 de P_n. Puisque $X^{n+1} = 0$, on a

$$\mathbf{W}_2(\mathfrak{P}_{(n)}, t) = (1 + Xt)^{n+1}.$$

Exemple 1. — Soient $P^{(i)}$ $(i=1,2)$ deux copies du plan projectif, dont les structures tangentes sont $\mathfrak{P}^{(i)}$ et les classes qui engendrent $H^1(P^{(i)})$ sont X_i. D'après le théorème 13, le polynome de Whitney de la structure tangente $\mathfrak{M}$ de la variété produit $M=P^{(1)}\times P^{(2)}$ est alors donné par

$$\begin{aligned}\mathbf{W}_2(\mathfrak{M}, t) &= \mathbf{W}_2(\mathfrak{P}^{(1)}, t)\otimes \mathbf{W}_2(\mathfrak{P}^{(2)}, t)\\ &= (1+X_1t)^3\otimes(1+X_2t)^3\\ &= 1+A_1t+A_2t^2+A_3't^3+A_4t^4.\end{aligned}$$

où

$$\begin{aligned}A_1 &= 1\otimes X_1+X_2\otimes 1\\ A_2 &= 1\otimes X_2^2+X_1\otimes X_2+X_2\otimes 1\\ A_3 &= X_1\otimes X_2^2+X_1^2\otimes X_2\\ A_4 &= X_1^2\otimes X_2^2.\end{aligned}$$

Construisons maintenant, ce qui est toujours possible, des O_1-structure $\mathfrak{S}_i(i=1,2)$ sur la base $M=P_1\times P_2$ telle que $\mathbf{W}_2^1(\mathfrak{S}_1)=0$, $\mathbf{W}_2^1(\mathfrak{S}_2)=A_1$. Pour $\mathfrak{S}=\mathfrak{S}_1\cup\mathfrak{S}_2$ on a alors

$$\mathbf{W}_2(\mathfrak{S}, t)=1+A_1t.$$

Soient $\widetilde{M}$ l'espace fibré de $\mathfrak{S}$, f la projection de $\mathfrak{S}$, et $\widetilde{\mathfrak{M}}$ la structure tangente de la variété $\widetilde{M}$. On a alors, d'après théorème 16,

$$(1)\qquad \begin{aligned}\mathbf{W}_2(\widetilde{\mathfrak{M}}, t) &= f^*\mathbf{W}_2(\mathfrak{M}, t)\cup f^*\mathbf{W}_2(\mathfrak{S}, t)\\ &= f^*[(1+A_1t+A_2t^2+A_3t^3+A_4t^4)\cup(1+A_1t)].\end{aligned}$$

Puisque $\mathbf{W}^1(\mathfrak{S}_1)=0$, il existe une section dans $\mathfrak{S}$. Il en résulte que f^* est un isomorphisme (dans) et on déduit de (1) :

$$\mathbf{W}_2^1(\widetilde{\mathfrak{M}})=f^*(2A_1)=0,\qquad \text{c'est-à-dire } \widetilde{M} \text{ est orientable;}$$

$$\mathbf{W}_2^3(\widetilde{\mathfrak{M}})=f^*(A_1\cup A_2+A_3)=f^*(X_1^2\times X_2+X_1\times X^2)\neq 0.$$

Donc :

Il existe des variétés différentiables orientables de dimension 5 dont la classe caractéristique de Whitney de dimension 5 n'est pas nulle.

D'après théorème 13, la classe de Stiefel-Whitney de dimension 3 du produit topologique $M\times S$, où M est la variété considérée dans Ex. 1 et où S est une sphère de dimension impaire, est aussi non nulle. Cette variété orientable de dimension $\geqslant 6$ n'admet donc aucune structure presque complexe, cf. Ex. de § 2 Chap. IV.

Rappelons que, d'après Whitney, la classe de Stiefel-Whitney de dimension 3 d'une variété différentiable orientable de dimension 4 est toujours nulle.

Exemple 2. — On peut construire des structures $\mathfrak{S}_i (i = 1, 2, 3)$ sur un espace projectif P_3 tels que

$$\mathbf{W}^1(\mathfrak{S}_1) = 0, \qquad \mathbf{W}_2^1(\mathfrak{S}_2) = X_2, \qquad \mathbf{W}^1(\mathfrak{S}_3) = X_2.$$

Soient $\mathfrak{S}$ le produit $\mathfrak{S}_1 \cup \mathfrak{S}_2 \cup \mathfrak{S}_3$, $\widetilde{M}$ l'espace fibré de $\mathfrak{S}$, $\widetilde{\mathfrak{M}}$ la structure tangente de $\widetilde{M}$ et f la projection de $\mathfrak{S}$. On a alors

$$\begin{aligned} \mathbf{W}_2(\mathfrak{S}, t) &= \mathbf{W}_2(\mathfrak{S}_1, t) \cup \mathbf{W}_2(\mathfrak{S}_2, t) \cup \mathbf{W}_2(\mathfrak{S}_3, t) \\ &= (1 + Xt)^2 \\ &= 1 + X^2 t^2. \end{aligned}$$

La nullité de $\mathbf{W}_2^1(\mathfrak{S}_1)$ montre que $\mathfrak{S}$ a une section et par conséquent f^* est un isomorphisme dans. D'après théorème 16, on a

$$\begin{aligned} \mathbf{W}_2(\widetilde{\mathfrak{M}}, t) &= f^*\mathbf{W}_2(\mathfrak{S}, t) \cup f^*\mathbf{W}_2(\mathfrak{P}_{(3)}, t) = l + f^*X^2t^2, \\ \mathbf{P}_0(\widetilde{\mathfrak{M}}, t) &= f^*\mathbf{P}_0(\mathfrak{S} \cup \mathfrak{P}_{(3)}, t), \end{aligned}$$

d'où

$$\begin{aligned} &\mathbf{W}_2^1(\widetilde{\mathfrak{M}}) = 0 \text{ ou } \widetilde{M} \text{ est orientable}, \\ &\mathbf{W}_2^2(\widetilde{\mathfrak{M}}) = f^*X^2 \neq 0. \end{aligned}$$

D'autre part, $\mathbf{P}_0(\mathfrak{S} \cup \mathfrak{P}_{(3)}, t) = 1$, c'est-à-dire $\mathbf{P}_0^{4k}(\mathfrak{S} \cup \mathfrak{P}_{(3)}) = 0$ pour $k > 0$, puisque la base P_3 de la structure $\mathfrak{S} \cup \mathfrak{P}_{(3)}$ est de dimension 3. Cela montre que :

Les classes caractéristiques de Stiefel-Whitney sont en général indépendantes des classes de Pontrjagin, même pour la structure tangente d'une variété différentiable orientable.

Rational Homotopy Type

——A Constructive Study via the Theory of the I^*-Measure

Preface

D. Sullivan has discovered the following remarkable fact: The differential graded algebra (abbreviated DGA) of differential forms on a differential manifold contains information not only on the infinite part of the cohomology ring of the manifold, but also on the infinite part of the homotopy ring under the Whitehead product. It was also D. Sullivan who extended the notion of DGA of differential forms to an arbitrary simplicial complex. Moreover, he introduced the notion of minimal model for such a DGA, and showed that the same relations to homology and homotopy hold as in the case of manifolds; these relations can easily be deduced from such a minimal model. Though the main ideas of the theory may be traced back, as shown by Sullivan himself, to many predecessors from E. Cartan onwards, it is Sullivan who is the uncontestable founder of this whole theory which immensely influences further developments of algebraic topology. The present book aims at presenting the theory in an elementary form under the name of I^*-measure which is a synonym of "rational homotopy type" or "minimal model" in current use. We adopt this name to give evidence of its measure-theoretical character, with particular emphasis on its calculability. In fact Sullivan has expressed the opinion that one of the advantages of this theory lies in offering "a new concreteness for calculation". We introduce here the notion of calculability of a certain measure with respect to a certain geometrical construction in a technical Sense. It is one of the aims of this book to show that the I^*-measure is calculable with respect to most of the important geometrical constructions usually encountered in algebraic topology, in contrast to the fact that even the simplest classical cohomology H^*-measure is not calculable, even with respect to the simplest geometrical constructions such as the addition (i.e., union) and multiplication (i.e. product-formation of spaces). Quite often explicit formulae exhibiting such calculability will be given, which put in evidence the concreteness of calculation for the measure in question.

The book is divided into seven chapters. Chapter I, which is introductory, introduces the basic notions of measure and its calculability. Chapter II, of a purely algebraic character, is concerned with the notion of differential graded algebras over a field $\boldsymbol{k}$ of characteristic 0, to be abbreviated as DGA/$\boldsymbol{k}$ or simply DGA, with the homology of a DGA, as well as the homotopy of DGA-morphisms; and, what is of utmost importance, with the notion of minimal model of a DGA A, denoted as min A, and various properties connected therewith. Chapter III introduces the notion of the deRham-Sullivan measure $A^*(K)$, the DGA of differential forms on a simplicial complex K, and the fundamental notion of I^*-measure $I^*(K)$ of K, defined simply as the minimal model of $A^*(K) : I^*(K) = \min A^*(K)$. Moreover, in Chapter III the homotopy invariance of $I^*(K)$ is proved as well as the generalized deRham theorem due to Sullivan, viz.

$$H(I^*(K)) = H(A^*(K)) = H^*_{\boldsymbol{k}}(K),$$

which shows that $I^*(K)$ contains complete information on the cohomology of K with coefficients in a field $\boldsymbol{k}$ of characteristic 0. Chapter IV shows that the I^*-measure $I^*(K)$ also contains complete information about the homotopy ring of K und the Whitehead product after tensoring with the basic field $\boldsymbol{Q}$ of rationals. Thus Chapters III and IV together give the fundamentals of the theory of I^*-measure in showing its connection with the classical homology and homotopy measures of a space. Chapter V gives a concrete example of actually calculating the I^*-measure in the important case of a homogeneous space. It begins with the work of E. Cartan and ends with an extension of a theorem of H. Cartan on real cohomology to the case of an I^*-measure. The known published proofs of this theorem are quite complicated; the proof given here follows closely the paper of Rashevskü which seems to be somewhat simpler. Chapter VI deals with the calculability of I^*-measure with respect to addition (or union) of two complexes, which is not so evident, in contrast to the multiplication (or product-formation) of two complexes which is entirely trivial. In this Chapter we give some explicit formulae for the determination of the I^*-measure of the resulting complex in terms of those of the component complexes, as well as the interrelated morphisms. As a consequence we show how to calculate, at least theoretically, the I^*-measure of a finite complex in an algorithmic manner, once the combinatorial structure of the complex is known. In this way we also establish an axiomatic system for the I^*-measure of finite complexes in a manner quite different from that of the well-known Eilenberg-Steenrod axiomatic system for H^*-measures. As applications of the method developed in this Chapter we prove a theorem about the explicit determination of the I^*-measure of the fiber space in terms of those of the base and the fiber, for a fibration $F \subset E \to B$; namely,

$$I^*(E) \approx \min(I^*(B) \underset{\tau}{\otimes} I^*(F)).$$

In taking homology of both sides, we then get

$$H_{\boldsymbol{k}}^*(E) \approx H(I^*(B) \underset{\tau}{\otimes} I^*(F)),$$

in which I^* cannot be replaced by the cohomology H^* unless very special conditions are imposed on the base or the fiber. This furnishes a concrete example of showing clearly the superiority of the I^*-measure over the classical H^*-measure in the case where the coefficient field $\boldsymbol{k}$ is of characteristic 0. In the formulae above $\underset{\tau}{\otimes}$ means that the differential in the tensor product is twisted. The way of arriving at those formulae also shows clearly how such twisted differentials occur. The twisted differential can be explicitly determined in many important cases described in this and the next chapter. In the final Chapter VII various spectral sequences connected with fibrations are studied; they lead to an explicit determination of the I^*-measure of a fibre-square-constructed space. As an application we show that for a fibration with a homogeneous-space fiber with the usual structure group, the I^*-measure of the fiber space will be completely determined by those of the base and the fiber, and by certain characteristic elements which, when passing to homology, are just characteristic classes of the fibration in the usual sense.

Mathematics should be constructive. Therefore, in the treatment chosen in this book we stick as much as possible to a constructive point of view. Thus we impose in Chapter I three requirements for a measure to be efficient which include, besides invariance and calculability some kind of finiteness. The spaces considered will be restricted accordingly, to those having the homotopy type of a countable connected simplicial complex in the weak topology, although all the concepts and results are valid for much more general spaces. In Chapter III the proof of the deRham-Sullivan theorem is based on the one given originally by Weil with appropriate modifications to remove all traces of non-constructive character, so that the final isomorphism in the theorem is explicit and constructive. For the same reason in Chapter IV we have used the Cartan-Serre tower of more or less constructive nature, instead of the Postnikov tower of mere existential character. Such constructiveness is quite evident in our treatment in Chapters V and VI, and even in part of Chapter VII.

A brief outline of the present book has appeared in The Chern

Symposium 1979. Essential part of it constituted the contents of a course on algebraic topology given at Berkeley in the spring semester of 1981. The author would like to express his gratitudes to many mathematicians of the United States, France and West-Germany for their invitation to visit their respective universities or institutes. They are too numerous to be all mentioned here but among them the author would like to mention in particular Prof. S.S. Chern of UC at Berkeley, Prof. A. Weil and Prof. J. Milnor of IAS, Prof. Kuiper of IHES, and Prof. Hirzebruch of MPI. The author has benefited greatly and in many respects from these relatively long periods of stay. For example, it was during his stay at IHES that he had the possibility to make personal contact with Prof. D. Sullivan and that he had paid a visit to the University of Lille, a center of development of Sullivan's theory; there the author was given a collection of Lille Publications, which was very helpful to his later research. It was also during his stay at MPI that he made acquaintance with Prof. H.J. Baues who was kind enough to give him access to his personal collection of published or unpublished literature on rational homotopy theory. Of particular importance to the author was the visit of Profs. W. Browder, J. Spencer and F. Peterson to China in the spring of 1973. They brought us a copy of the Tokyo Symposium on Manifolds, and after their return to the USA Prof. F. Peterson has sent us a xerox copy of the Italian lecture notes on Sullivan's theory by Friedlander, Griffiths and Morgan, at that time yet hardly known even to the western mathematical world. Thanks to these precious presents the author became aware of and attracted by this beautiful theory and started his own research in the field.

Most of the results in this book have appeared in some form in the works of D. Sullivan. However, they have been clarified, generalized, discovered and rediscovered, formulated and reformulated by many others in various different presentations. It is indeed difficult to ascertain who should be considered the real contributor of this or that result, so that we have left aside all such questions of priority. Furthermore, the theory is now well-developed and has many ramifications, extensions, and applications. The author is quite unable to touch on these. In fact, he had to limit himself to a presentation of the most fundamental part of the theory centered around his own studies from his own point of view. In particular, the author very much regrets not even being able to give a sketch of the important contributions of Prof. K. T. Chen who may be considered as a co-founder of the theory, in quite a different setting. The bibliography will also be restricted to those items which are strongly related to the present text. However, besides the Italian lecture notes cited above, the author would like to mention in particular the following works which have been of great help, both for his research and for his writing:

1. S. Halperin: Lectures on minimal models, Lille Publications (1978 and 1981).

2. D. Lehmann: Théorie homotopique des formes différentielles d'après Sullivan, Astérisque (1977).

3. P. Déligne, P. Griffiths, J. Morgan and D. Sullivan: The real homotopy theory of Kahler manifolds, Invent. math. 29(1975), 245–254.

4. D. Sullivan: Infinitesimal computations in topology, Publ. Math.47(1977), 269–331.

Finally, the author would like to express his gratitude to Mrs. Hermona Rosinger for her excellent typing. The author is also very grateful to the staff of Springer-Verlag in admitting this work to their publication list. Last but not least, the author expresses his gratitude to his wife, Chen Pi-ho; without her assistance in so many respects the writing of this book would have been impossible.

Chapter I Fundamental Concepts —— Measure and Calculability

I.1 The Notion of Measure

Definition 1: A **geometrical category** GEOM is just a collection of geometrical objects of a certain kind. A geometrical construction CONS, which permits to construct in a definite manner a new geometrical object O from a finite set of geometrical objects $O_1, \cdots, O_n$, is said to be **pertaining** to the geometrical category GEOM, if the new object O belongs to GEOM whenever $O_1, \cdots, O_n$ belong to GEOM.

In other words, CONS is pertaining to GEOM if GEOM is **closed** with respect to CONS.

Definition 2: An **algebraic category** ALG is just a collection of algebraic objects of a certain kind. An algebraic construction CONS, which permits to construct in a definite manner a new algebraic object O from a finite set of algebraic objects $O_1, \cdots, O_n$, is said to be **pertaining** to the algebraic category ALG if the new object O belongs to ALG whenever $O_1, \cdots, O_n$ all belong to ALG. In other words, CONS is pertaining to ALG if ALG is **closed** with respect to CONS.

Definition 3: Given a geometrical category GEOM and an algebraic category ALG a correspondence Meas which associates to any object O in GEOM a definite object in ALG will be said to be an **ALG-**

measure on GEOM or simply a **measure** on GEOM. In notation:

$$\text{Meas}: \ \text{GEOM} \ \rightarrow \ \text{ALG}.$$

For the usual algebraic categories we may mention the following trivial ones with the ordinary addition and multiplication as pertaining algebraic constructions:

$$\boldsymbol{Z} = \text{Collection of all integers},$$
$$\boldsymbol{R} = \text{Collection of all real numbers},$$
$$\boldsymbol{C} = \text{Collection of all complex numbers},$$
$$\boldsymbol{Q} = \text{Collection of all rational numbers}.$$

$A[t_1, \cdots, t_n]$ = Collection of all polynomials in indeterminates $t_1, \cdots, t_n$ with coefficients in A, a given commutative ring, etc.

In the examples below the algebraic category will not be specified.

Ex. 1:

GEOM=Collection of all polygons (connected or disconnected) in a euclidean plane.

CONS=Rigid motion, union, or intersection, etc.

Meas=Area of a polygon.

Similarly for collection of polyhedra in a 3-space as GEOM and volume as Meas.

Ex. 2:

GEOM=Collection of all bounded point sets in a plane.

CONS=Rigid motion, union, intersection, or formation of derived sets, etc.

Meas=Content or Lebesgue measure of a point set.

Ex. 3:

GEOM=Collection of all polygonal knots in a euclidean 3-space.

CONS=Certain allowable deformations, connected sum or amalgamation of two knots into one, etc.

Meas=Genus, signature, Alexander polynomial, or π_1 of the complement of a knot, etc.

Ex. 4:

GEOM=Collection of all finite linear graphs.

CONS=Formation of dual graph in the case of planar graphs, amalgamation of two graphs into one, etc.

Meas=Incidence matrix, chromatic polynomial, thickness, etc.

Ex. 5:

GEOM=Collections of various kinds of topological spaces, in particular complexes, manifolds, etc.

CONS=Formation of union and product of spaces, formation of universal covering space. shrinking of a subspace to a point, surgery in case of manifold, etc.

Meas=Dimension, Euler characteristic, betti numbers, etc. whenever they are well-defined.

Besides these numerical measures we encounter in algebraic topology various kinds of measures in the form of much more complicated algebraic structures like groups, rings, differential graded algebras, etc. Thus, we have:

Singular chain or cochain groups;

Homology or cohomology groups or rings over certain coefficient groups or rings;

Homotopy-group in various dimensions;

K-ring and various generalized cohomology rings, etc.

To put in evidence their measure character we shall adopt the following notations somewhat deviated from the usual ones (X = space in the given geometrical category, G = commutative group, A =

commutative ring):

$$H_n^G(X) \text{ instead of } H_n(X, G);$$
$$H_G^n(X) \text{ instead of } H^n(X, G);$$
$$H_\oplus^G(X) \text{ instead of } H_*(X, G) \text{ as a group;}$$
$$H_G^\oplus(X) \text{ instead of } H^*(X, G) \text{ as a group;}$$
$$H_A^*(X) \text{ instead of } H^*(X, A) \text{ as a ring;}$$

etc.

I.2 Examples in Measures with Applications

Ex. A. The Brouwer fixed-point theorem

Let D^n be the closed unit disc in the euclidean n-space and $f : D^n \to D^n$ any map of D^n into itself. The Brouwer fixed-point theorem asserts the existence of a fixed point $x \in D^n$, such that $f(x) = x$.

We shall prove it by means of certain appropriate measures on some appropriate geometrical categories as follows.

Suppose the contrary, that no such fixed point exists. Let the boundary sphere of D^n be $S = S^{n-1}$. For any point $x \in S$ and any real number $t \in [0, 1]$ the points t_x and $f(t_x)$ are then different, and their joining line in the direction from $f(t_x)$ to t_x will meet S in a unique point, say $g_t(x)$. For $0 \leqslant t \leqslant 1$ the maps

$$g_t : S \to S$$

give then a homotopy between the constant map g_0 and the identity map g_1.

Consider now a geometrical category GEOM of spaces containing $S = S^{n-1}$ as a particular one and a group-measure M on GEOM verifying the following properties, which may also be considered as axioms about the measure in question:

A1. Every map

$$h : X \to Y$$

of spaces X, Y in GEOM will induce a morphism

$$h_M : M(X) \to M(Y)$$

A2. As in A1 for maps homotopic to each other

$$h \simeq h' : X \to Y$$

the morphisms induced will be identical:

$$h_M = h'_M : M(X) \to M(Y).$$

A3. For the particular space S the measure $M(S) \neq 0$ (i.e. $M(S)$ is non-trivial in the corresponding algebraic category).

A4. For a particular constant map $h : S \to S$ the induced morphism is

$$h_M = 0 \text{ (i.e. } h_M(M(S)) \text{ is trivial, or } = 0).$$

A5. For the particular identity map $h : S \to S$ the induced morphism is

$$h_M = \text{Identity}.$$

It is clear, that there will result some contradiction from the properties $A_1 - A_5$, if we assume, that no fixed point of f exists. Consequently the Brouwer theorem is true, and the above reasoning furnishes a proof in assuming the existence of a measure M verifying the properties $A_1 - A_5$. For such measures we may take e.g. H^G_{n-1} or π_{n-1}. Even π_n or π_{n+1} may be used as such measures in case $n \geqslant 3$, since $\pi_n(S^{n-1}) \approx \boldsymbol{Z}$ or $\boldsymbol{Z}_2$ and $\pi_{n+1}(S^{n-1}) \approx \boldsymbol{Z}_2$ verify the required properties.

The measures above are **covariant** in character, in that the induced morphism

$$h_M : M(X) \to M(Y) \text{ of a map } h : x \to Y$$

is in the same direction as h from X to Y.We may also consider measures **contravariant** in character, with morphism induced by a map $h : X \to Y$ now in reverse direction as h, being from Y to X. It will then be denoted as

$$h^M : M(Y) \to M(X).$$

The same reasoning may be applied to prove the Brouwer fixed point theorem, in assuming the existence of such a contravariant measure, verifying properties analogous to $A_1 - A_5$ with, however, all directions of morphisms to be reversed. The usual cohomology-group H_G^{n-1} is then an example of such a measure.

We may even take the integer measure M with $M(S) = \boldsymbol{Z}$ and

$$h_M(\text{or } h^M) : M(S) \to M(S)$$

for $h : S \to S$ given by

$$h_M(m) \ (\text{or } h^M(m)) = d(h) \cdot m, \quad m \in \boldsymbol{Z}$$

where $d(h)$ is some integer, depending on the map h, to be called the **degree** of h. With the geometrical category GEOM consisting of a single space S and properties A1–A5 we get again a proof of the theorem, which is in essence the original one of Brouwer.

Ex. B. Fundamental Theorem of Algebra

Let C be the complex plane and

$$f : C \to C$$

the map given by $(z \in C)$

$$f(z) = z^n + a_1 z^{n-1} + \cdots + a_n$$

with $a_i \in C$. We shall prove, that $f(z) = 0$ for some $z \in C$ by means of certain appropriate measures on some appropriate geometrical category.

For this purpose let us set $a = \mathrm{Max}(|a_i|, 1)$ and take some $R > n_a$. Set

$$S = S(R) = \{z \in C / |z| = R\},$$
$$D = D(R) = \{z \in C / |z| \leqslant R\}.$$

There is then a radial projection

$$\pi = \pi(R) : C - (0) \to S.$$

Suppose that the theorem is not true, so that $f(z) \neq 0$ for all $z \in C$. Then

$$\pi f : D \to S$$

is well defined. For $0 \leqslant t \leqslant 1$ define a map

$$f_t : C \to C$$

by

$$f_t(z) = z^n + t(a_1 z^{n-1} + \cdots + a_n)$$

with

$$f_1 = f.$$

For $0 \leqslant t \leqslant 1$ and $z \in S$ we have

$$|f_t(z)| \geqslant |z^n| - t(|a_1| \, |z|^{n-1} + \cdots + |a_n|) \geqslant R^n - naR^{n-1}n > 0.$$

Hence

$$\pi f_t : S \to S$$

is well-defined for any $0 \leqslant t \leqslant 1$ and defines a homotopy

$$\pi f \simeq g : S \to S$$

where g is given by

$$g(z) = z^n/R^{n-1}.$$

On the other hand, the map

$$\pi f'_t : S \to S$$

given by

$$\pi f'_t(z) = \pi f(tz)$$

for $z \in S$ is also well-defined for any $0 \leqslant t \leqslant 1$ and defines a homotopy

$$\pi f \simeq g' : S \to S$$

where

$$\begin{aligned} g'(z) &= \pi f(0) \\ &= \text{a constant.} \end{aligned}$$

Suppose now, there is some geometrical category GEOM of spaces containing the circles S as particular ones, and a certain non-trivial group-measure M on GEOM, verifying properties B1–B5 below:

B1–B4. Same as A1–A4 in Ex. A

B5. For the particular map

$$g : S \to S$$

given by

$$g(z) = z^n/R^{n-1}$$

the induced morphism g_M is given by

$$g_m(m) = nm, \quad m \in M(S)$$

with $nm \neq 0$ for any $m \neq 0$ in $M(S)$.

It is clear, that a contradiction will result from the properties B1–B5. Consequently the fundamental theorem of algebra is proved in assuming the existence of a groupmeasure M, verifying the above properties. For such measure we may take e.g. the homology group H_1^G for any abelian group G or the fundamental group π_1. We may also use the cohomology group H_G^1 as some contravariant measure, verifying properties analogous to B1–B5, with directions of morphisms reversed. We may also use some degree measure, as indicated at the end of Ex. A.

Ex. C. Theorem: The n-sphere S^n cannot be imbedded in the euclidean n-space R^n.

To prove this, suppose that the theorem is not true, and

$$f : S^n \subset \mathbf{R}^n$$

is an imbedding. Then $f(x) \neq f(-x)$ for all $x \in S^n$ with $-x$ the antipodal point of x. Let S^{n-1} be the unit $(n-1)$-sphere in $\mathbf{R}^n$. It is easy to deform f to a map

$$\widetilde{g} : S^n \to S^{n-1},$$

which maps antipodal points of S^n to antipodal points of S^{n-1}. In this way we get a commutative diagram of maps

$$\begin{array}{ccc} S^n & \xrightarrow{\widetilde{g}} & S^{n-1} \\ {\scriptstyle p_n}\downarrow & & \downarrow{\scriptstyle p_{n-1}} \\ p^n & \xrightarrow{g} & p^{n-1} \end{array}$$

in which P^n, P^{n-1} denote projective spaces and p_n, p_{n-1} the corresponding covering maps.

Now, suppose that there exists a certain geometrical category GEOM of spaces, containing spheres and projective spaces as particular ones, as well as a contravariant measure M on GEOM in the algebraic category of algebras over $\boldsymbol{Z}_2$ verifying the following properties:

C1. Each map of spaces in GEOM

$$h : X \to Y$$

will induce a morphism of measures

$$h^M : M(Y) \to M(X).$$

C2. If $\widetilde{X}$ is a two-sheeted covering space of X and

$$p : \widetilde{X} \to X$$

is the corresponding covering map, then there is a certain **characteristic element** $c_p \in M(X)$.

C3. If there is a commutative diagram of maps

$$\begin{array}{ccc} \widetilde{X} & \xrightarrow{\tilde{h}} & \widetilde{Y} \\ {\scriptstyle p_X}\downarrow & & \downarrow{\scriptstyle p_Y} \\ X & \xrightarrow{h} & Y \end{array}$$

with $\widetilde{X}, \widetilde{Y}$ two-sheeted covering spaces over X, Y and p_X, p_Y the corresponding covering maps, then

$$h^M(c_{p_Y}) = c_{p_X}.$$

C4. For a projective space P^n of dimension n the measure $M(P^n)$ is generated by the characteristic element $c_p \neq 0$ of the covering $p : S^n \to P^n$ with

$$c_p^{n+1} = 0, \quad c_p^n \neq 0.$$

Clearly, a contradiction will follow from the properties C1–C4. Hence, the theorem is proved in assuming the existence of such a measure, which may be taken e.g. to be the cohomology-ring over $\boldsymbol{Z}_2$ of a space.

Ex. D. Planar imbedding of linear graphs

A celebrated theorem of Kuratowski states, that for a linear graph G to be imbeddable in the plane it is necessary and sufficient, that G contains no subgraphs of one of the following two types:

Type 1. A complete graph of 5 vertices.

Type 2. A graph with two triads of vertices and all edges joining a pair of vertices, one from each triad.

The theorem of Kuratowski is, however, qualitative in character and is inpractical at all. The same holds for the criteria given by other authors, like Whitney and Mac Lane. On the other hand, we shall introduce some measure which permits to turn the qualitative theorem of Kuratowski into a quantitative one, so that the planarity of a linear graph can be verified by easy calculations.

For this let us construct for any space X the spaces $\widetilde{X}_2$ and X_2, consisting of all ordered, respectively unordered pairs of distinct points of X. Take now the measure M on X to be the cohomology ring of X_2 over $\boldsymbol{Z}_2$:

$$M(X) = H^*_{\boldsymbol{Z}_2}(X_2).$$

Let $\phi'(X) \in H'_{\boldsymbol{Z}_2}(X_2)$ be the ordinary characteristic class on $\boldsymbol{Z}_2$ of the two sheeted covering map $p : \widetilde{X}_2 \to X_2$.

Set

$$\phi^m(x) = \underbrace{\phi'(x) \cup \cdots \cup \phi'(x)}_{m \text{ times}} \in H^m_{\boldsymbol{Z}^2}(X_2).$$

Call $\phi^2(x) \in M(x)$ the **characteristic element** c_p of the covering

$$p : \widetilde{X}_2 \in X_2.$$

Clearly, M and $c_p = \phi^2$ verify properties D1–D3, which are the same as C1–C3 in Ex. C with, however, continuous maps $\widetilde{h}, h$ to be replaced by **imbeddings**. Besides, it is easy to see, that they verify the properties D4–D5 below:

D4. For X=the plane R^2 we have

$$\phi^2(R^2) = 0.$$

D5. For X=any of the two Kuratowski graphs, we have

$$\phi^2(X) \neq 0.$$

It follows from these properties, that Kuratowski's theorem may be reformulated in the following way:

Theorem: *A* linear graph G is imbeddable in the plane if and only if

$$\phi^2(G) = 0.$$

The condition $\phi^2(G) = O$. may further be simplified by constructing a particular cocycle in $\phi^2(G)$ as follows. Let G be connected, and take a maximal tree T of G through all vertices of G with one of the free vertices of T, say 0 , to be designated as **root** of T. Distinguish the edges of G as internal or external ones, depending whether they belong to T or not. Now, imbed T arbitrarily in R^2, and then try to extend the whole of G to get an immersion f, so that no external edge can meet an internal one under f, except possibly at their extremities.

Now, consider any vertex v of G. To each pair of edges e_i, e_j of G incident with v, which are either internal or external but not lying on the path Ov in T from 0 to v, let us associate an unknown variable $x_{ij} = x_{ji}$. in $\boldsymbol{Z}_2$. For any free vertices a, b of G let the paths $a0$ and $b0$ in T from a and b to 0 respectively meet first at the vertex say v. If the edges incident with v on $a0$ and $b0$, but not on $v0$, be e_i. and e_j, then we put $x_{ab} = x_{ij}$. By convention we also set $x_{aa} = 0$. For any two external edges $e_\alpha = \widehat{aa}$, and $e_\beta = \widehat{bb}$, joining free vertices a, a' and b, b' respectively, we set

$$x_{\alpha\beta} = x_{ab} + x_{ab'} + x_{a'b} + x_{a'b'},$$

the addition being carried out in $\boldsymbol{Z}_2$. Similarly, we set

$$f_{\alpha\beta} = I_f(e_\alpha, e_\beta).$$

viz. the intersection number mod 2 of $f(e_\alpha)$ and $f(e_\beta)$ with possible common extremities disregarded.

It is clear, that

$$x_{ab} = x_{ba}, \quad x_{\alpha\beta} = x_{\beta\alpha}$$

and

$$f_{\alpha\beta} = f_{\beta\alpha}.$$

Now, form the system of linear equations with coefficients in $\boldsymbol{Z}_2$ and (α, β) running over all pairs of external edges of G:

$$(\mathrm{I})_f \quad x_{\alpha\beta} = f_{\alpha\beta}.$$

Then, the Kuratowski theorem can further be restated as follows:

Theorem: A (connected) linear graph G is imbeddable in R^2 if and only if the linear system of equations $(\mathrm{I})_f$ obtained from any immersion f as described above is solvable in $\boldsymbol{Z}_2$.

Note

The computation-complexity of solving $(\mathrm{I})_f$ is utmost of order $O(n^b)$, where n is the number of edges in G. Moreover, as pointed out by Liu, each equation in $(\mathrm{I})_f$ will consist only of two terms in x_{ij} by suitably choosing the maximal tree T, so that the order of computation-complexity will be droped to $O(n^2)$. Futhermore, in case $(\mathrm{I})_f$ is solvable in $\boldsymbol{Z}_2$, we can adjoin new equations (this time quadratic) to $(\mathrm{I})_f$ and then modify the immersion f to a true imbedding from any solution (which necessarily exists) of the enlarged system. In fact, the totality of non-isomorphic imbeddings can be obtained in this way. For details cf. Wu [2] and Liu [1].

I.3 Adequacy of Measures

The simple examples given in the preceeding section show, that the usefulness of a measure for applications relies much upon its nice properties in being easy to handle or easy to calculate. For this reason, we lay down for a given measure three general requirements, as some measuration of its usefulness or efficiency in applications, which will be expected to be observed.

Requirement 1: Invariance

The measure in question should be invariant in character to be meaningful. In algebraic topology, we are mostly interested in the topological and homotopic invariance for general topological spaces, the diffeomorphic in variance for differential manifolds, and the combinatorial invariance for complexes.

In this respect, the chain or cochain group- or ring-measures of complexes are not adequate, since they are not invariant with respect to any equivalence, meaningful in algebraic topology.

Requirement 2: Finiteness

The measure should be of a certain finite type, say possessing finite basis, in each degree, in case the measure in question is some graded algebraic structure.

In this respect, the singular chain or cochain-group or ring-measures of topological spaces are not adequate though they are topologically invariant by the very definition, so that Requirement 1 is fulfilled. The same holds for the graded-differentialalgebraic measure of differential forms for differential manifolds, which is a diffeomorphic invariant, thus also meeting Requirement 1.

Requirement 3: Calculability or Constructibility

In order to explain this notion, let us first remark that in algebraic topology in particular we have to incessantly construct new spaces from given ones, as shown in the examples of last section, and then determine the algebraic measure in question of the newly constructed space in terms of those of original spaces. For example, among the earliest achievements in the development of algebraic topology we may particularly mention the theorems of Künneth and Mayer-Vietoris, which are just outcomes of trying to determine the betti-numbers of the space, constructed by union or product formation, from the betti-numbers of the given spaces. In the current formulation these theorems are expressed now in terms of homology or cohomology group measures and in the form of exact sequences. They will only give partial information about the measure in question of the new space constructed, the complete information is in fact impossible to get in this way. This is connected with the concept of **calculability** or **constructibility** to be formulated as follows.

Definition: Let x_α be a set of spaces in a certain category GEOM and CONS a certain geometric construction pertaining to GEOM, which produces some space X in GEOM from x_α. Then we say, that a measure Meas on GEOM is **calculable** with respect to the construction CONC, if Meas(X) is completely determined by means of some algebraic construction from Meas(x_α), together with the inherent interrelations of the latter ones, arising from their mutual geometrical relations and the geometrical construction CONS.

Non-calculability in the above sense occurs quite often in topology. The following are a few examples.

Ex.1: The dimension-measure on the category of compact Hausdorff spaces is not calculabe with respect to the space-product construction. For, there are known examples, due to Pontrjagin, of such spaces X, Y of dimension, both equal to 2, while the product space $X \times Y$ has the dimension 3 instead of 4, which is usually the case. Thus, dim $(X \times Y)$ cannot be determined from the knowledge of dim X and dim Y alone or dim is not **calculable** in this case.

Ex.2: The Lebesgue measure (if defined) of point sets in a plane is calculable with respect to the union and intersection construction, but is non-calculable with respect to the derived-set construction.

Ex.3: The integer measure of a knot K in the ordinary 3-space R^3, defined by the genus $g(K)$ or the signature $\sigma(K)$ of K, is calculable with respect to the connected-sum construction, since for any two knots K_1, K_2, we have (# means connected sum)

$$
\begin{aligned}
g(K_1 \# K_2) &= g(K_1) + g(K_2) \text{ and} \\
\sigma(K_1 \# K_2) &= \sigma(K_1) + \sigma(K_2).
\end{aligned}
$$

Ex.4: For a pair of space X and a subspace Y consider the construction in removing Y from X to get the new space $X - Y$. Then the group-measure defined by the fundamental group π_1, is not calculable with respect to this removal construction, as it is seen from the following trivial example. For any knot K in $\boldsymbol{R}^3$, the morphism

$$
\pi_1(K) \to \pi_1(\boldsymbol{R}^3)
$$

relating the pair $(\boldsymbol{R}^3, K)$ is independent of K in $\boldsymbol{R}^3$, but $\pi_1(\boldsymbol{R}^3, -K)$ may be different for different K' s.

The usual cohomology-group or ring measures are non-calculable even over the simple category of finite CW-complexes, with respect to such simple space-union or spaceproduct constructions. In fact, we have the following table of calculability:

Meas / CONC	$H^{\oplus}_{\boldsymbol{R}}$	$H^{\oplus}_{\boldsymbol{Z}}$	$H^{\oplus}_{\boldsymbol{R}}$	$H^{\oplus}_{\boldsymbol{Z}}$
SPACE-PRODUCT	Yes	Yes	Yes	No
SPACE-UNION	Yes	No	No	No

The answer Yes is simply due to the Künneth or Mayer-Vietoris exact sequence, which splits in these cases. The answer No may be seen from some simple examples given in Wu [10] which we reproduce below.

Ex.5: Let K be the CW-complex consisting of a 0-cell e^0, two 2-cells e_1^2 and e_2^2 attached to e^0 to form two 2-spheres S_1^2 and S_2^2, a 3-cell e^3 with an attaching map $\dot{e}^3 \to S_2^2$ of degree 2, and a 4-cell e^4 with an attaching map $\dot{e}^4 \to S_1^2 \vee S_2^2$ which represents the Whitehead product. Let K' be the complex consisting of the same cells as K, with the only difference that e^4 will be attached to e^0 to from a 4-sphere S^4. Let L be a complex consisting of a 0-cell e_0^0, a 2-cell e_0^2 and a 3-cell e_0^3, such that $e_0^0 \vee e_0^2$ will be a 2-sphere S_0^2 and e_0^3 will be attached with a map $\dot{e}_0^3 \to S_0^2$ of degree 2.

Let e^3 also stand for the elementary cochain, taking value 1 on the cell e^3 and 0 on other cells. Similarly for the others. Then we see that

$$\begin{aligned}
&H_{\boldsymbol{Z}}^2(K) \approx H_{\boldsymbol{Z}}^2(K') \approx \boldsymbol{Z} \text{ with generator, } [e_1^2],\\
&H_{\boldsymbol{Z}}^3(K) \approx H_{\boldsymbol{Z}}^3(K') \approx \boldsymbol{Z}_2 \text{ with generator, } [e^3] \text{ of order 2},\\
&H_{\boldsymbol{Z}}^4(K) \approx H_{\boldsymbol{Z}}^4(K') \approx \boldsymbol{Z} \text{ with generator, } [e^4],\\
&H_{\boldsymbol{Z}}^3(L) \approx \boldsymbol{Z}_2 \qquad \text{ with generator, } [e_0^3] \text{ of order 2.}
\end{aligned}$$

All other groups $H_{\boldsymbol{Z}}^i (i > 0)$ are 0. From the Künneth formulae we have $H_{\boldsymbol{Z}}^{\oplus}(K \times L) \approx H_{\boldsymbol{Z}}^{\oplus}(K' \times L)$, as listed in the following table

	$H_{\boldsymbol{Z}}^k(K \times L) \approx H_{\boldsymbol{Z}}^k(K' \times L)$	Generators
$k = 2$	$\boldsymbol{Z}$	$[e_1^2 \times e_0^0]$
$k = 3$	$\boldsymbol{Z}_2 + \boldsymbol{Z}_2$	$[e^3 \times e_0^0]$, $[e^0 \times e_0^3]$
$k = 4$	$\boldsymbol{Z}$	$[e^4 \times e_0^0]$
$k = 5$	$\boldsymbol{Z}_2 + \boldsymbol{Z}_2$	$[e_1^2 \times e_0^3]$, $[e_2^2 \times e_0^3 + e^3 \times e_0^2]$
$k = 6$	$\boldsymbol{Z}_2$	$[e^3 \times e_0^3]$
$k = 7$	$\boldsymbol{Z}_2$	$[e^3 \times e_0^3]$

Now, for the ring measure $H_{\boldsymbol{Z}}^*$ we see that both $H_{\boldsymbol{Z}}^*(K)$ and $H_{\boldsymbol{Z}}^*(K')$ have the trivial multiplicative structure. However, on the cochain level we have

$$\begin{aligned}
&e_1^2 \cup e_2^2 = e^4 \text{ in } K, \text{ while}\\
&e_1^2 \cup e_2^2 = 0 \text{ in } K'.
\end{aligned}$$

Consequently, $[e_1^2 \times e_0^0] \cup [e_2^2 \times e_0^3 + e_2^3 \times e_0^2] = 0$ in $K' \times L$ and $= [e^4 \times e_0^3] \neq 0$ in $K \times L$, so that

$$H_{\boldsymbol{Z}}^*(K \times L) \neq H_{\boldsymbol{Z}}^*(K' \times L).$$

In conclusion, we have

Proposition 1: The $H_{\boldsymbol{Z}}^*$-measure is non calculable with respect to the space-product construction.

Ex.6: Let K be the CW-complex consisting of a 0-cell e^0, a 2-cell e^2, two 3-cells e_1^3 and e_2^3, and a 4-cell e^4, with e^0, e^2 forming a 2-sphere S^2, and attaching maps $\dot{e}_1^3 \to S^2$, $\dot{e}_2^3 \to S^2$ of degrees 2 and 1 respectively. For the complex $e^0 \vee e^2 \vee e_1^3 \vee e_2^3$ we have by the Hurewicz theorem $\pi_3 \approx H\dfrac{Z}{3} \approx \boldsymbol{Z}$ with a generator corresponding to the cycle $e_1^3 - 2e_2^3$. Hence, we can attach e^4 by a map $\dot{e}^4 \to e^0 \vee e^2 \vee e_1^3 \vee e_2^3$, such that $\partial e^4 = 2e_1^3 - 4e_2^3$. Let K' be the complex consisting of a 0-cell e^0, a 2-cell e^2, two 3-cells e_1^3 and e_2^3 as in K, a 4-cell e^4 with an attaching map, such that $\partial e^4 = e_1^3 + 2e_2^3$, and another 3-cell e_0^3 and 4-cell e_0^4, such that e_0^3 and e_0 form a 3-sphere S_0^3, while e_0^4 is attached with a map $\dot{e}_0^4 + S_0^3$ of degree 2. Let L be the subcomplex $e^0 \vee e^2 \vee e_1^3$ of K (and K'). Let C_L be the cone over L with a new vertex v and $\Delta = \Delta_L(K)$ (resp. $\Delta' = \Delta_L(K')$) be the union of K (resp. K') and C_L along the common subcomplex L. The Mayer-Vietoris sequence becomes now

$$0 \to \mathrm{Coker}^{K-1} i^H \to H_{\boldsymbol{Z}}^k(\Delta) \to \mathrm{Ker}^K i^H \to 0$$

in which

$$i^H : H_{\boldsymbol{Z}}^{\oplus}(K) \to H_{\boldsymbol{Z}}^{\oplus}(L)$$

is induced by the inclusion map $i : L \subset K$. Similarly for Δ'. Now, the only nontrivial homologies of K, K', L are:

$$H_{\boldsymbol{Z}}^4(K) \approx \boldsymbol{Z}_2 \text{ with generator } \left[e^4\right],$$
$$H_{\boldsymbol{Z}}^4(K') \approx \boldsymbol{Z}_2 \text{ with generator } \left[e_0^4\right],$$
$$H_{\boldsymbol{Z}}^3(L) \approx \boldsymbol{Z}_2 \text{ with generator } \left[e_1^3\right].$$

Hence, $H^k_{\boldsymbol{Z}}(\Delta) \approx H^k_{\boldsymbol{Z}}(\Delta')$ for $k \neq 4$, and the only case in doubt is for $k = 4$:

$$0 \to \boldsymbol{Z}_2 \to H^4_{\boldsymbol{Z}}(\Delta)(\text{resp. } H^4_{\boldsymbol{Z}}(\Delta')) \to \boldsymbol{Z}_2 \to 0.$$

It is easy to verify directly that

$H^4_{\boldsymbol{Z}}(\Delta) \approx \boldsymbol{Z}_4$ with generator $\left[e^4\right]$ of order 4

$H^4_{\boldsymbol{Z}}(\Delta') \approx \boldsymbol{Z}_2 \oplus \boldsymbol{Z}_2$ with generators $\left[e^4\right]$ and $[e^4_0]$ both of order 2.

Let us call the construction from (K, L) to Δ. the **cone-construction** over the subcomplex L. Then we have

Proposition 2: The $H^{\oplus}_{\boldsymbol{Z}}$-measure is non-calculable with respect to the space-union construction. In fact, it is already non-calculable with respect to the cone-construction over a subspace.

Ex.7: Let L be a3-sphere and K (resp. K') be the mapping cylinder of L to a 2-sphere with a Hopf map (resp. a constant map). Let C_L be the cone over L and $\Delta = \Delta_L(K)$ (resp. $\Delta' = \Delta_L(K)$). Now,

$$i^* : H^*_{\boldsymbol{R}}(K) \to H^*_{\boldsymbol{R}}(L)$$

and

$$i'^* : H^*_{\boldsymbol{R}}(K') \to H^*_{\boldsymbol{R}}(L)$$

are the same for the inclusion map $i : L \subset K$ (resp. $i' : L \subset K'$). However, $H^*_{\boldsymbol{R}}(\Delta)$ and $H^*_{\boldsymbol{R}}(\Delta')$ are non-isomorphic in that Δ is homotopically $\boldsymbol{CP}$, while Δ' is $S^2 \vee S^4$. This proves the following

Proposition 3: The $H^*_{\boldsymbol{R}}$-measure is non-calculable with respect to the space-union construction. In fact, it is already non-calculable with respect to the cone-construction over a subspace.

It follows that the important measures, which we usually encounter in algebraic topology and which are very fertile in applications, do not meet the requirements of calculability. This causes much difficulties in the applications, and in algebraic topology various methods, notably methods of exact sequences and spectral sequences have been developed to turn around these difficulties. The problem naturally arises in finding a measure which will englobe the usual ones in algebraic topology and meets non-the-less all the three requirements listed above. If we forsake the finite or the torsion part of the usual homology and homotopy measures occuring in algebraic topology, then such a measure calcuLable with respect to the most important geometrical constructions does exist and was introduced and developed by *D*. Sullivan in the past decade. We call this measure due to Sullivan, the I^*-measure, whose study is the main concern of the present book. Whether the I^*-measure of Sullivan can further be extended to englobe also the finite or torsion part of the usual homology and homotopy measures in algebraic topology seems to be a very difficult, yet very important problem to settle. We hope, that the treatment given in the present book may serve to provide some clue to the solution of the problem.

I.4 Geometrical Category of Homotopic-Simplicial Spaces

The purpose of the present book is a study of some measures originally due to *D*. Sullivan, from a constructive point of view, with an emphasis on its calculability with respect to various geometrical constructions which one encounters quite often in algebraic topology. In this respect the space-product and space-union formation are the simplest and also the most fundamental ones among the geometrical constructions to be studied. Thus, we have to choose the geometrical category of spaces to be one to which will pertain at least these space-product and space-union constructions. In view of this, the category of nilpotent spaces, on which is usually based the study of the measure due to Sullivan, is not adequate for our purposes, since it is not closed with respect to the cone-construction, a special case of the space-union construction. The category of CW-complexes is also not adequate, since it is not closed with respect to the space-product construction. As our fundamental category we shall choose instead the one of HCS-spaces defined below.

Definition: A space will be called a **homotopic-simplicial space** (abbr. HCS-space) if it is of the same homotopy type as the space of a countable connected simplicial complex in weak topology.

According to J.H.C. Whitehead, a countable connected CW-complex, and hence any space of the same homotopy type as such a complex, is a HCS-space. We add the remark, that in certain cases, such a CW-complex will not only be of the same homotopy type as, but will be itself a simplicial space after suitable simplicial subdivisions. For this, let us suppose that the CW-complex K verify the following inductive condition. For each attaching map f of a convex cell C^n to form an n-cell e^n of K, f will be a smooth map of the interior of each cellon the boundary of C^n to a certain cell on the boundary of e^n in the skeleton K^{n-1} with the highest rank, and e^n will then inherit the differential structure of C^n under f. Proceeding inductively on the dimension of the cells of K, we can then extend simplicial subdivisions, supposed already to exist on the $(n-1)$-skeleton of K and on the boundary of each C^n, with f simplicial to simplicial subdivisions of C^n and e^n to make f simplicial on the whole of C^n. In this way we get a simplicial subdivision of K so that the space of K itself is a simplical space. Cf. for this also the work of Cairns [1] about triangulation of regular locally polyhedral spaces, of which the above CW-complexes are a special case.

We further remark that for π a countable abelian group there are $K(\pi, n)$ spaces, which are realizable as countable CW-complexes possessing simplicial subdivisions. In fact, according to Milgram [1] and Steenrod [1], we can take $K(\pi, n)$ for each $n \geqslant 0$ to be a topological abelian group as well as a CW-complex with cellular multiplication. The attaching maps of successive cells, as exhibited in the work of Milgram and Steenrod, are seen to be differential ones, so that we can simplicially subdivide in succession to get a simplical complex in the manner described above. Moreover, we have locally trivial fibrations

$$K(\pi, n-1) \underset{i}{\subset} E(\pi, n) \underset{g}{\rightarrow} K(\pi, n)$$

in which all spaces are CW-complexes with fibre $K(\pi, n-1)$ a subcomplex of the contractible space $E(\pi, n)$ and g a skeletal map. Using simplicial subdivisions in $K(\pi, n-1)$ and $K(\pi, n)$ as above we can carry the simplicial subdivisions of $K(\pi, n)$ over to $E(\pi, n)$, so that $K(\pi, n-1)$ will become a simplicial subcomplex of $E(\pi, n)$ and the projection g a simplicial map.

Chapter II DGA and Minimal Model

II.1 The Notion of DGA and its Homology

Let $\boldsymbol{k}$ be a fixed field of characteristic 0, usually the field of rational numbers $\boldsymbol{Q}$. In this section, we gather the definitions of some well-known notions just for the sake of convenience. Recall first the definition of a DGA over $\boldsymbol{k}$ as a basic field for which $\boldsymbol{k}$ will often be understood when no misunderstanding can occur.

Definition: A **graded module** M over $\boldsymbol{k}$ (Abbr. GM/$\boldsymbol{k}$ or simply GM) is a module over $\boldsymbol{k}$ possessing a **gradation** verifying the following conditions:

M is the direct sum of linear spaces M_p over $\boldsymbol{k}$:

$$M = \sum_{p \geqslant 0} M_p.$$

The elements of M_p are said to be **homogeneous** of **degree** p, in notation:

$$\deg a = p, \text{ for a } \in M_p.$$

For our purposes we also add the following condition:

The field $\boldsymbol{k}$ itself is contained in M_0, so that all elements of $\boldsymbol{k}$ are of degree 0.

Definition: A graded algebra $\mathcal{G}$; over $\boldsymbol{k}$ (abbr. GA/$\boldsymbol{k}$ or simply GA) is an associative algebra and at the same time a graded module over $\boldsymbol{k}$, so that the multiplication in $\mathcal{G}$ verifies the following conditions:

For homogeneous elements a $\in \mathcal{G}_p$ and $b \in \mathcal{G}_q$, ab is also homogeneous and belongs to $\mathcal{G}_{p+q}$. In other words,

$$\deg\,(ab) = \deg a + \deg b, \text{ for a } \in \mathcal{G}_p, b \in \mathcal{G}_q.$$

Moreover, the multiplication is **anti-commutative**, or

$$ab = (-1)^{pq} \cdot ba, \text{ for a } \in \mathcal{G}_p, b \in \mathcal{G}_q.$$

Definition: A **differential graded algebra** A over $\boldsymbol{k}$ (abbr. DGA/$\boldsymbol{k}$ or simply DGA) is a graded algebra, besides the gradation and the algebraic operations for an algebra also possessing a **differentiation** verifying the following conditions:

There is a $\boldsymbol{k}$-linear operator d_A or simply d called the **differential** of A, such that for any homogeneous elements a and b, da,db are also homogeneous and

$$\begin{aligned} \deg da &= \deg a + 1, \\ d^2 a &= 0, \\ d(ab) &= da \cdot b + (-1)^{\deg a} \cdot a \cdot db, \\ d/\boldsymbol{k} &= 0. \end{aligned}$$

Notation: The subalgebra of DGA/$\boldsymbol{k}$, A generated by all elements of degree $\leqslant p$ will be denoted by $A^{(p)}$. Thus,

$$\boldsymbol{k} \subset A^{(0)} \subset A^{(1)} \subset \cdots \subset A^{(p)} \subset \cdots.$$

The ideal of A generated by all elements of degree > 0 will be denoted by A^+. The ideal of A generated by all elements of the form $a_1 a_2$ with $a_1, a_2 \in A^+$ will be denoted by $A^+ \cdot A^+$.

Definition: For the DGA A the elements in A^+ are called **positive**, and the elements in $A^+ \cdot A^+$ are called **decomposable**.

Definition: Let A be a DGA/$\boldsymbol{k}$. Then, the graded module (respectively the graded algebra) obtained from A by neglecting the multiplication and differentiation (respectively the differentiation) will be called the **underlying graded module** (respectively the **underlying graded algebra**) of A and will sometimes be denoted by Gmod A (respectively Galg A).

Definition: The **tensor product** $A \underset{\boldsymbol{k}}{\otimes} B$ of two graded modules A and B over $\boldsymbol{k}$ is a graded module over $\boldsymbol{k}$, which, as a $\boldsymbol{k}$-module, is the usual tensor product of modules A and B, while the gradation is such, that for $a \in A$, $b \in B$ homogeneous,$a \otimes b \in A \underset{\boldsymbol{k}}{\otimes} B$ is also homogeneous, and

$$\deg\,(a \otimes b) = \deg\, a + \deg\, b.$$

Definition: The **tensor product** $A \underset{\boldsymbol{k}}{\otimes} B$ of the graded algebras A and B over $\boldsymbol{k}$ is the graded algebra over $\boldsymbol{k}$ which, as a graded module, is the previously defined tensor product of A and B, while as an algebra the gradation and multiplication verify the further condition below:

For any homogeneous element a, $a' \in A$ and b, $b' \in B$,

$$(a \otimes b)(a' \otimes b') = (-1)^{\deg\, b \cdot \deg\, a'} \cdot aa' \otimes bb'.$$

Definition: The **tensor product** $A \underset{\boldsymbol{k}}{\otimes} B$ of two DGA/$\boldsymbol{k}'$ s A and B is the DGA/$\boldsymbol{k}$ which, as a graded algebra, is the tensor product of the underlying graded algebras A and B, as previously defined, while the differentiation verifies the further condition below:

$$d(a \otimes b) = \mathrm{d}a \otimes b + (-1)^{\deg\, a} \cdot a \otimes db$$

for any homogeneous element $a \in A$, $b \in B$.

Notations: We shall simply write $A \otimes B$ instead of $A \underset{\boldsymbol{k}}{\otimes} B$, whenever no misunderstanding can occur. Furthermore, for any $a \in A$ and $b \in B$, instead of $a \otimes 1$ or $1 \otimes b$ in $A \otimes B$, we shall simply write a or b in short. Accordingly, the element $a \otimes b$ will simply be written

ab and also $(-1)^{\deg a \cdot \deg b} ba$, if no misunderstanding can occur. Remark also that $A \otimes B$ is canonically isomorphic to $B \otimes A$ under the natural correspondence $a \otimes b \leftrightarrow (-1)^{\deg a \cdot \mathrm{deb}\, b} b \otimes a$, so that sometimes we shall write $A \otimes B$ alternatively as $B \otimes A$, when no misunderstanding can occur.

Definition: For a DGA/$\boldsymbol{k}A$, the morphism $A \to A_0$, which is identity on A_0 and 0 on A^+, is called the **augmentation** of A. The morphism will be denoted by ε_A or simply ε.

Definition: A GA/$\boldsymbol{k}A$ is said to be **free** if the multiplication in A obeys no rules besides the usual ones, including the anti-commutativity rule:

$$ab = (-1)^{pq} \cdot ba \text{ for } a \in A_p, b \in A_q.$$

It is then freely generated by a system of **free generators**, say $\{z_\gamma\}$. The free algebra will then be denoted by $A = \mathrm{Free}(z_\gamma)$. A free GA/$\boldsymbol{k}$ on free generators x_α (resp. y_β), all of odd (resp. even) degree, is called an **exterior algebra** on $\boldsymbol{k}$ (resp. **polynomial algebra** on $\boldsymbol{k}$) to be denoted by Extr (x_α) (resp . Polym (y_β)).

It is clear that any free GA/$\boldsymbol{k}$ is the tensor product of an exterior algebra and a polynomial algebra. Now, the following definition will be seen to be important in Chapter V.

Definition: A **Cartan algebra** A is a DGA/$\boldsymbol{k}$ which is free as a graded algebra, so that

$$A = \text{Polym } (y_\beta) \otimes \text{Extr } (x_\alpha),$$

while the differentiation satisfies the following conditions:

$$dx_\alpha \in \mathrm{Polym}(y_\beta),$$

$$dy_\beta = 0.$$

The differential d, sending elements (x_α) to Polym (y_β) is said to be **twisted**.

Definition: For a DGA/$\boldsymbol{k}A$ a (homogeneous) element z (of degree p is called a **cycle** of degree p) if $dz = 0$ and a **boundary** if it is of the form $z = da$ for some element a of A. The homogeneous cycles (resp, boundaries) of same degree p form naturally an abelian group to be called the **group of cycles** resp. **boundaries** of A and will be denoted by $\mathrm{Cyc}_p A$ resp. $\mathrm{Bdry}_p A$ with $\mathrm{Bdry}_p A$ a subgroup of $\mathrm{Cyc}_p A$. The quotient group

$$H_p(A) = \mathrm{Cyc}_p A/\mathrm{Bdry}_p A$$

is then called the p-th **homology group** of A. **The elements** of $\mathrm{H}_p(A)$ are called **homology classes** of degree p. The cycles $z_i (i = 1, 2)$ of same degree p are said to be **homologous** in A, denoted as $z_1 \sim z_2$ in A if $z_1 - z_2 \in \mathrm{Bdry}_p A$. The multiplication in A will induce naturally one in the direct sum

$$H(A) = \sum_{p\geqslant 0} H_p(A)$$

with

$$H_p(A) \cdot H_q(A) \subset H_{p+q}(A).$$

with this multiplication $H(A)$ becomes GA/$\boldsymbol{k}$ and also a DGA/$\boldsymbol{k}$, if we take the differential in $H(A)$ to be $d = 0$. This GA/$\boldsymbol{k}$ resp. DGA/$\boldsymbol{k}$ will then be called the **homology algebra** resp. the **homology DGA** of the given DGA A. The passage H from A to $H(A)$ will be called the **homology operator** of A.

Definition: A DGA/$\boldsymbol{k}A$ is called **connected** if $H_0(A) \approx \boldsymbol{k}$, and is **simply-connected** if it is connected as well as $H_1(A) = 0$. It is said to be **of finite type** if for each i, $H_i(A)$ is a vector space of finite dimension over $\boldsymbol{k}$.

In the later sections of this chapter we shall consider DGA's over a fixed $\boldsymbol{k}$, and so $\boldsymbol{k}$ will be omitted throughout in these sections.

Remark: In the next chapter we have to consider **non-commutative** DGA, which are the same as DGA with, however, the law of anti-commutative multiplications $ab = (-1)^{\deg a \cdot \deg b} \cdot ba$ for homogeneous a, b removed. The various notions about DGA extends to this **non-commutative** case in a natural manner. In particular, we may speak of DGA-morphisms, homologies, etc. just in the same way, as far as there is no anticommutativity of multiplications involved.

II.2 DGA-Morphisms and Homotopy of DGA's

Definition: A **DGA-morphism**

$$f : A \to B$$

of a DGA A to a DGA B is a morphism of algebra from A to B, which preserves gradation and differentiation, i.e.

$$\deg f(a) = \deg a$$

and

$$df(a) = f(da)$$

for any homogeneous element a of A.

A DGA-morphism

$$f : A \to B$$

of a DGA A to DGA B is such that

$$f(\mathrm{Cyc}_p A) \subset \mathrm{Cyc}_p B,$$
$$f(\mathrm{Bdry}_p A) \subset \mathrm{Bdry}_p B.$$

Hence, it will natunally induce morphisms

$$f_H : H(A) \to H(B), \text{ and}$$
$$f_{H_i} \text{ or } f_H : H_i(A) \to H_i(B).$$

The first one is an algebra-morphism resp. a DGA-morphism, if $H(A)$, $H(B)$ are considered GA's resp , DGA's. The notation f_H with H in the subscript indicates the **covariant** character of the induced morphism.

Definition: The morphism $f_H : H(A) \to H(B)$ will be called the H-**morphism induced** by the DGA-morphism $f : A \to B$. The DGA-morphism f will be said to be an H-**isomorphism** (or one **in degree** i) if f_H induced is an isomorphism $f_H : H(A) \approx H(B)$ (or one in degree i, $f_{H_i} : H_i(A) \approx H_i(B)$).

Definition: The **trivial** DGA **in** t, denoted by $\mathrm{Tr}(t)$, is the DGA/$\boldsymbol{k}$, generated freely by two elements t and t^+ as algebra with gradation and differentiation, given by

$$\begin{aligned} &\deg t = 0, \quad \deg t^+ = 1, \\ &dt = t^+, \qquad dt^+ = 0. \end{aligned}$$

According to §II.1, the trivial DGA $\mathrm{Tr}(t)$ is somewhat alike to a Cartan algebra, which, as an algebra, is just the tensor product of a polynomial algebra $\mathrm{Polym}(t)$ in t and an exterior algebra in t^+:

$$\mathrm{Tr}(t) = \mathrm{Polym}(t) \otimes \mathrm{Extr}(t^+),$$

while the differential in $\mathrm{Tr}(t)$ is a **twisted** one, given by $dt = t^+$. Henceforth, we shall write dt instead of t^+, so that as graded algebra,

$$\mathrm{Tr}(t) = \mathrm{Polym}(t) \otimes \mathrm{Extr}(dt) = \mathrm{Free}(t, dt).$$

Any element z of $\mathrm{Tr}(t)$ can thus be expressed in the form

$$z = p(t) + q(t)dt,$$

where $p(t)$, $q(t) \in \boldsymbol{k}[t]$ are polynomials in t with coefficients in the field $\boldsymbol{k}$.

Definition: For any DGA A the tensor product $A \otimes \mathrm{Tr}(t)$ will be called the **trivial extension** of A by t and will be denoted

$$A^t = A \otimes \mathrm{Tr}(t).$$

For $i = 0, 1$, the DGA-morphism

$$\tau_i : A^t \to A$$

defined by

$$\begin{aligned} \tau_i(a) &= a, \quad a \in A, \\ \tau_i(t) &= i, \quad \tau_i(dt) = 0 \end{aligned}$$

will be called the i-**projection** of A^t.

Since $\boldsymbol{k}$ is a field of characteristic 0, for any polynomial $p(t) \in \boldsymbol{k}[t]$ we can speak of its **derivative** and its **integral** to be defined **formally** in the usual manner with the usual notation $\frac{dp}{dt}$, $\int_0^t p(t)dt$, $\int_0^1 p(t)dt$, etc. Thus, for $k_i \in \boldsymbol{k}$, and

$$p(t) = k_0 + k_1 t + \cdots + k_n t^n \in \boldsymbol{k}[t],$$

we have formally by definition

$$\begin{aligned} \frac{dp}{dt} &= k_1 + 2k_2 t + \cdots + nk_n t^{n-1}, \\ \int_0^t p(t)dt &= k_0 t + k_1 \cdot \frac{t}{2} + \cdots + k_n \cdot \frac{t^{n+1}}{n+1}, \\ \int_0^1 p(t)dt &= k_0 + \frac{k_1}{2} + \cdots + \frac{k_n}{n+1}. \end{aligned}$$

Now, any element a of A^t can be written in the form

$$a = a' + dt \cdot a''$$

with a', $a'' \in A \otimes \mathrm{Polym}(t)$, say

$$\begin{aligned} a' &= \sum_{i \geqslant 0} a'_i \cdot \frac{t^i}{i!}, \quad a'_i \in A, \\ a'' &= \sum_{i \geqslant 0} a''_i \cdot \frac{t^i}{i!}, \quad a''_i \in A. \end{aligned}$$

We then extend the definition of differentiation and integration to a' and a'', viz. by

$$\frac{da'}{dt} = \sum_{i\geqslant 0} a_i' \cdot \frac{t^{i-1}}{(i-1)!},$$
$$\int_0^t a'dt = \sum_{i\geqslant 0} a_i' \cdot \frac{t^{i+1}}{(i+1)!},$$
$$\int_0^1 a'dt = \sum_{i\geqslant 0} \frac{a_i'}{(i+1)!}.$$

We also extend the differential d in A to d' in $A \otimes \mathrm{Polym}(t)$ simply as $d \otimes 1$, so that

$$d'a' = \sum_{i\geqslant 0} da_i' \cdot \frac{t^i}{i!} = da' - dt \cdot \frac{da'}{dt}.$$

Definition: The I_t-**operator** (of A. Weil)

$$I_t : A^t \to A^t$$

is the $\boldsymbol{k}$-module morphism given by

$$I_t(a' + dt \cdot a'') = \int_0^t a''dt.$$

We also define I_i by

$$I_i = t_i I_t : A^t \to A.$$

We also sometimes write I instead of I_1. Then, $I_0 = 0$ and

$$I(a' + dt \cdot a'') = \int_0^1 a''dt.$$

Lemma 1: $I_t d + dI_t = 1 - t_0 : A^t \to A^t$.

Proof: Let $a = a' + dt \cdot a''$ as above. Then

$$\begin{aligned} dI_t a &= d\int_0^t a''dt = d\sum a_i'' \cdot \frac{t^{i+1}}{(i+1)!} \\ &= dt \cdot \sum a_i'' \cdot \frac{t^i}{i!} + \sum da_i'' \cdot \frac{t^{i+1}}{(i+1)!} \\ &= dt \cdot a'' + \int_0^t (d'a'')dt. \end{aligned}$$

On the other hand,

$$da = d'a' + dt\left(\frac{da'}{da} - d'a''\right).$$

Hence

$$I_t da + dI_t a = dt \cdot a'' + \int_0^t \frac{da'}{dt}dt = dt \cdot a'' + a' - \tau_0 a' = a - \tau_0 a$$

as to be proved.

Lemma 2: $Id + dI = \tau_1 - \tau_0 : A^t \to A$.

Proof: By definition and using Lemma 1, we have

$$Id + dI = \tau_1 I_t d + d(\tau_1 + I_t) = \tau_1(I_t d + dI_t) = \tau_1(1 - \tau_0) = \tau_1 - \tau_0,$$

as to be proved.

Definition: Given two DGA's A, B and two DGA-morphisms f_0, f_1 , of A to B, f_0 will be said to be **homotopic** to f_1, if there exists a DGA-morphism

$$H : A \to B^t,$$

such that the following diagram of DGA's and DGA-morphisms is commutative:

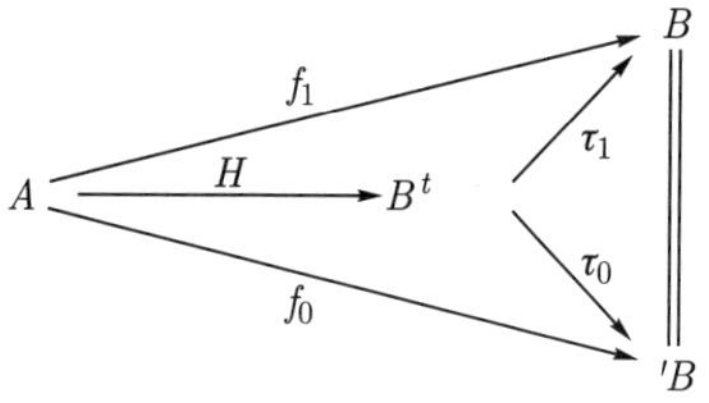

We then use the notation:

$$f_0 \simeq f_1 : A \to B.$$

Proposition 1: For given DGA' s A and B the homotopy of DGA-morphism of A to B is an equivalence relation.

Proof: Only transitivity requires proof. To see this, let $H_0 : A \to B^t$ realize a homotopy $f_0 \simeq f_1 : A \to B$ and $H_1 : A \to B^t$ a homotopy $f_1 \simeq f_2 : A \to B$. Then

$$H = H_0 + H_1 - \tau_0 H_1,$$

clearly realizes a homotopy $f_0 \simeq f_2$, since $\tau_1 H_0 = \tau H_1 = f_1$, and $\tau_i \tau_0 = \tau_0, i = 0, 1$.

Proposition 2: Homotopic DGA-morphisms induce identical H-morphisms, i.e. if

$$f_0 \simeq f_1 : A \to B,$$

then

$$f_{0_H} = f_{1_H} : H(A) \to H(B).$$

Proof: Let z be any (hqmogeneous) cycle of A. As H is a DGA-morphism

$$dHz = Hdz = 0.$$

By the commutativity of the diagram and Lemma 2 above we therefore get

$$\begin{aligned} f_1 z - f_0 z &= \tau_1 Hz - \tau_0 Hz \\ &= (dI + Id)Hz \\ &= dIHz \\ &\sim 0 \text{ in } B. \end{aligned}$$

Hence, $f_0 z \sim f_1 z$ in B or $f_{0_H} = f_{1_H}$, as it will be proved.

II.3 Minimal Model of a DGA-Existence

Definition: A DGA/$\boldsymbol{k}$ M is called **minimal** if the following conditions are verified:

1°. **Freeness**: It is free as a graded algebra.

2°. **Connectedness**: It is connected, i.e.,$H_0(M) \approx \boldsymbol{k}$, or what is the same, $M_0 \approx \boldsymbol{k}$.

3°. **Decomposability**: For any element $x \in M^+$, the differential dx is decomposable, i.e.

$$dx \in M^+ \cdot M^+.$$

4°. Each $M^{(n)}$ for $n \geqslant 1$ is the union of a finite or infinite increasing sequence of DGA' s

$$M_0^{(n)} \subset M_1^{(n)} \subset \cdots \subset M_m^{(n)} \subset \cdots$$

with

$$M_0^{(1)} \approx H_1(M),$$
$$dM_m^{(n)} \subset M_{m-1}^{(n)} \text{ for } m \geqslant 0,$$

where we have put for convenience

$$M_{-1}^{(n)} = M^{(n-1)}.$$

Notation: The $\boldsymbol{k}$-vector space spanned by free generators of degree n in M will be denoted by $\mathrm{Vect}_n\ M$.

Theorem: For any connected DGA$/\boldsymbol{k}$ A there is a minimal DGA$/\boldsymbol{k}$ M and a DGA-morphism

$$\rho : M \to A$$

which is an H-isomorphism, i.e.

$$\rho_H : H(M) \approx H(A).$$

Idea of the proof: We simply put

$$M^{(0)} = M_0 = \boldsymbol{k}$$

and then enlarge $M^{(0)}$ successively to $M^{(1)}, \cdots, M^{(n)}, \cdots$ by adjoining new free generators of degree $n+1$ to $M^{(n)}$ to form $M^{(n+1)}$. At the same time we enlarge successively DGA-morphisms

$$\rho^{(n)} : M^{(n)} \to A$$

to $\rho^{(n+1)} : M^{(n+1)} \to A$ with restriction

$$\rho^{(n+1)} \mid M^{(n)} = \rho^{(n)}.$$

Now, to each $\rho^{(n)}$ we have exact sequences

$$0 \to \text{Ker}\ \rho_{H_j}^{(n)} \to H_j(M^{(n)}) \xrightarrow{\rho_{H_j}^{(n)}} H_j(A) \to \text{Coker}\ \rho_{H_j}^{(n)} \to 0.$$

The principle of the construction of $M^{(n+1)}$ is to introduce new generators to $M^{(n)}$ in order to kill Ker $\rho_{H_n}^{(n)}$ and Coker $\rho_{H_{n+1}}^{(n)}$, so that the following induction hypothesis will be observed:

Ind. Hyp. $1^{(n)}$.

$$\rho_{H_j}^{(n)} : H_j(M^{(n)}) \to H_j(A)$$

are isomorphisms for $j \leqslant n$.

Ind. Hyp. $2^{(n)}$.

$$\rho_{H_n+1}^{(n)} : H_{n+1}(M^{(n)}) \to H_{n+1}(A)$$

is a monomorphism.

Proof of Theorem: Let us begin by setting

$$M^{(0)} = M_0 = \boldsymbol{k}.$$

Then, the induction hypothesis $1^{(0)}$ and $2^{(0)}$ are trivially satisfied. Suppose now, the inductive construction has been done in step n so that $M^{(n)}$ and

$$\rho^{(n)} : M^{(n)} \to A$$

have been defined verifying the inductive hypothesis $1^{(n)}$ and $2^{(n)}$. Consider now the short exact sequence

$$H_{n+1}(M^{(n)}) \xrightarrow{\rho^{(n)}_{H_{n+1}}} H_{n+1}(A) \to \text{Coker } \rho^{(n)}_{H_{n+1}} \to 0.$$

Take a $\boldsymbol{k}$-basis $\{X_j^{(n+1)} \bmod \text{Im } \rho^{(n)}_{H_{n+1}}\}$ of Coker $\rho^{(n)}_{H_{n+1}}$ and a cycle $x_j^{(n+1)}$ in each class $X_j^{(n+1)} \in H_{n+1}(A)$.

Corresponding to each $x_j^{(n+1)}$ adjoin a new free generator $\xi_j^{(n+1)}$ to $M^{(n)}$ with

$$\begin{aligned} \deg \xi_j^{(n+1)} &= n+1, \\ d\, \xi_j^{(n+1)} &= 0. \end{aligned}$$

The new DGA thus formed will be denoted by

$$M_0^{(n+1)} = M^{(n)} \otimes \text{ Free } (\xi_j^{(n+1)}).$$

Extend also $\rho^{(n)}$ to a DGA-morphism

$$\rho_0^{(n+1)} : M_0^{(n+1)} \to A$$

by setting

$$\rho_0^{(n+1)} : (\xi_j^{(n+1)}) = x_j^{(n+1)}$$

while

$$\rho_0^{(n+1)} \mid M^{(n)} = \rho^{(n)}.$$

From $M_0^{(n+1)}$ we shall now adjoin successively new free generators to get an increasing sequence of DGA's

$$M_0^{(n+1)} \subset M_1^{(n+1)} \subset \cdots \subset M_m^{(n+1)} \subset \cdots$$

and define also DGA-morphisms

$$\rho_m^{(n+1)} : M_m^{(n+1)} \to A$$

with

$$\rho_m^{(n+1)} \mid M_{m-1}^{(n+1)} = \rho_{m-1}^{(n+1)}$$

as follows.

Suppose that $M_m^{(n+1)}$ and

$$\rho_m^{(n+1)} : M_m^{(n+1)} \to A$$

have already been defined. Consider the short exact sequence

$$0 \to \text{Ker}\ \rho_{m,H_{n+2}}^{(n+1)} \to H_{n+2}(M_m^{(n+1)}) \xrightarrow{\rho_{m,H_{n+2}}^{(n+1)}} H_{n+2}(A).$$

The construction will be stopped at $M_m^{(n+1)}$ if Ker $\rho_{m,H_{n+2}}^{(n+1)} = 0$.

In this case we shall set for all $k \geqslant 0$. $M_{m+k}^{(n+1)} = M_m^{(n+1)}$ and define $\rho_{m+k}^{(n+1)} : M_{m+k}^{(n+1)} \to A$ by $\rho_{m+k}^{(n+1)} = \rho_m^{(n+1)}$. Otherwise take a $\boldsymbol{k}$-basis $\{\Gamma_{mj}^{(n+1)}\}$ of Ker $\rho_{m,H_{n+1}}^{(n+1)}$ and a cycle $\gamma_{mj}^{(n+1)} \in M_m^{(n+1)}$ in each $\Gamma_{mj}^{(n+1)}$. Then

$$\rho_m^{(n+1)}\gamma_{mj}^{(n+1)} \sim 0 \text{ in } A$$

so that

$$\rho_m^{(n+1)}\gamma_{mj}^{(n+1)} = dc_{mj}^{(n+1)}$$

for some $c_{mj}^{(n+1)}$ in A. Corresponding to $c_{mj}^{(n+1)}$ adjoin new free generators $\zeta_{mj}^{(n+1)}$ to $M_m^{(n+1)}$ with

$$\begin{aligned} \deg \zeta_{mj}^{(n+1)} &= n+1, \\ d\,\zeta_{mj}^{(n+1)} &= \gamma_{mj}^{(n+1)} \in M_m^{(n+1)}. \end{aligned}$$

The new DGA thus formed will be denoted by

$$M_{m+1}^{(n+1)} = M_m^{(n+1)} \otimes \text{ Free}(\zeta_{mj}^{(n+1)})$$

with degree and differential d as above.

As

$$\rho_m^{(n+1)} d\,\zeta_{mj}^{(n+1)} = \rho_m^{(n+1)}\gamma_{mj}^{(n+1)} = dc_{mj}^{(n+1)},$$

we can extend also $\rho_m^{(n+1)}$ already define to a DGA-morphism

$$\rho_{m+1}^{(n+1)} : M_{m+1}^{(n+1)} \to A$$

by setting

$$\begin{aligned} \rho_{m+1}^{(n+1)}(\zeta_{mj}^{(n+1)}) &= c_{mj}^{(n+1)}, \\ \rho_{m+1}^{(n+1)} \mid M_m^{(n+1)} &= \rho_m^{(n+1)}. \end{aligned}$$

Now, define the DGA $M^{(n+1)}$ as the union of all $M_m^{(n+1)}$ thus obtained and also the DGA-morphism

$$\rho^{(n+1)} : M^{(n+1)} \to A$$

by

$$\rho^{(n+1)} \mid M_m^{(n+1)} = \rho_m^{(n+1)}$$

for all m. It is easy to see from the construction that the inductive hypothesis $1^{(n+1)}$ and $2^{(n+1)}$ are both verified in this $(n+1)$-th step. Moreover, from mere degree considerations we see that each $\gamma_{mj}^{(n+1)}$ is decomposable, so that each $M_m^{(n+1)}$ and also $M^{(n+1)}$ are minimal DGA's.

The procedure can be done indefinitely if necessary,and we get thus an increasing sequence of minimal DGA's

$$M^{(0)} \subset M^{(1)} \subset \cdots \subset M^{(n)} \subset \cdots$$

and a sequence of DGA-morphism

$$\rho^{(n)} : M^{(n)} \to A$$

with

$$\rho^{(n+1)} \mid M^{(n)} = \rho^{(n)}$$

for all n, the inductive hypothesis being verified for each n.

Define now the DGA M as the union of all $M^{(n)}$ and also the DGA-morphism

$$\rho : M \to A$$

by setting

$$\rho \mid M^{(n)} = \rho^{(n)}$$

for all n. Then it is clear that M is a minimal DGA with ρ an H-isomorphism as to be asserted. q.e.d.

Definition: The minimal DGA/$\boldsymbol{k}$ M whose existence is asserted in the theorem is called a **minimal model** of A, and the DGA-morphism $\rho : M \to A$ inducing an H-isomorphism is called a **minimal morphism associated** to M or A.

In the next section we shall prove that M is unique up to DGA-isomorphism though ρ is not. Accordingly we shall adopt the notation

$$M = \min A.$$

II.4 Minimal Model of a DGA-Uniqueness

For any DGA A we have proved, in the last section, the existence of a minimal model M of A as well as an associated minimal morphism

$$\rho : M \to A$$

which induces an H-isomorphism. The present section will prove that such a minimal model is unique up to DGA-isomorphism, while the associated minimal morphisms are **unique** only **up to homotopy** in the sense that for any two such associated minimal morphisms ρ, ρ' we have a DGA-isomorphism $i : M \approx M'$, such that

$$\rho' i \approx \rho' : M \to A.$$

To begin with, let us first prove the following

Lemma 1: Let M, $\overline{M}$ be both, minimal DGA's and

$$\varphi : M \to \overline{M}$$

be a DGA-morphism which is identity on $M_0 = \overline{M}_0 = \boldsymbol{k}$ and induces an H-isomorphism, viz.

$$\varphi_H : H(M) \approx H(\overline{M}).$$

Then, φ is itself an isomorphism.

Proof: Denote, as in §II 3, M as the union of sub-DGA's $M^{(n)}$ and each $M^{(n)}$ as the union of sub-DGA's $M_m^{(n)}$ with similar notations for $\overline{M}$, where we have put $M_{-1}^{(n+1)} = M^{(n)}$ for convenience. Then φ, when restricted to $M^{(n)}$ and $M_m^{(n)}$, will give DGA-morphisms

$$\varphi^{(n)} : M^{(n)} \to \overline{M}^{(n)} \text{ and}$$
$$\varphi_m^{(n)} : M_m^{(n)} \to \overline{M}^{(n)}.$$

It is clear that

$$\varphi^{(0)} : M^{(0)} \approx \overline{M}^{(0)} (\sim \boldsymbol{k})$$

and

$$\varphi_0^{(1)} : M_0^{(1)} \approx \overline{M}_0^{(1)}$$

too, since

$$M_0^{(1)} \approx H_1(M), \quad \overline{M}_0^{(1)} \approx H_1(\overline{M})$$

and

$$\varphi_{H_1} : H_1(M) \approx H_1(\overline{M}).$$

Suppose now $\varphi_{m-1}^{(n+1)}$ $(m \geqslant 0)$ has already been proved to be a monomorphism. We shall prove that $\varphi_m^{(n+1)}$ is also a monomorphism.

To see this, let x be any element of degree $n+1$ in $M_m^{(n+1)}$ but not in $M_{m-1}^{(n+1)}$ with $\varphi x = 0$. As $dx \in M_{m-1}^{(n+1)}$, $\varphi_{m-1}^{(n+1)} dx \in M^{(n+1)}$ is well defined. Now, $\varphi_{m-1}^{(n+1)} dx = \varphi dx = d\varphi x = 0$. As $\varphi_{m-1}^{(n+1)}$ is a monomorphism, it follows that $dx = 0$ or x is a cycle. As $\varphi x = 0$ is trivially ~ 0 in $\overline{M}$, so, φ_H being an isomorphism, x itself is ~ 0 in M. Consequently $x = da$ for some $a \in M$. As deg $a = n$,a is necessarily in $M^{(n)} \subset M_{m-1}^{(n+1)}$, so that

$\varphi_{m-1}^{(n+1)}$ a is well-defined. Now $\varphi_{m-1}^{(n+1)}da = \varphi da = \varphi x = 0$. As $\varphi_{m-1}^{(n+1)}$ is a monomorphism we have $da = 0$ or $x = 0$. This proves that $\varphi_m^{(n+1)}$ is a monomorphism on the linear space spanned by free generators in $M_m^{(n+1)}$ adjoined to $M_{m-1}^{(n+1)}$. As by induction $\varphi_{m-1}^{(n+1)}$ is already a monomorphism on $M_{m-1}^{(n+1)}$ and all the DGA's $M_{m-1}^{(n+1)}$, $M_m^{(n+1)}$, $\overline{M}^{(n+1)}$ are free as GA's, it is seen that $\varphi_m^{(n+1)}$ is a monomorphism on $M_m^{(n+1)}$. By induction φ is thus a monomorphism.

It remains to prove that φ is also an epimorphism. Suppose that $\overline{M}_{m-1}^{(n+1)}$ ($m \geqslant 0$) has already been proved to be in the image of φ and let us prove that this is also true for $\overline{M}_m^{(n+1)}$. To see this, let us consider any element $\overline{x}$ of degree $n+1$ in $\overline{M}_m^{(n+1)}$ but not in $\overline{M}_{m-1}^{(n+1)}$. Then $d\overline{x} \in M_{m-1}^{(n+1)}$ so that, by induction hypothesis, there is some $y \in M^{(n+1)}$ with $\varphi y = d\overline{x}$. As $\varphi dy = d\varphi y = d\overline{x} = 0$ and φ is already proved to be a monomorphism, $dy = 0$ too or y is a cycle. As $\varphi y = d\overline{x} \sim 0$ in M and φ is an H-isomorphism $y \sim 0$ in M too, so $y = da$ for some a in M. Now, $d(\overline{x} - \varphi a) = d\overline{x} - \varphi da = d\overline{x} - \varphi y = 0$ so $\overline{x} - \varphi a$ is a cycle. As φ is an H-isomorphism there is a cycle $x \in M$ and an element $\overline{b} \in \overline{M}$ such that $\varphi x = \overline{x} - \varphi a + d\overline{b}$. As deg $\overline{b} = n$ and by induction hypothesis $\overline{M}^{(n)} = \overline{M}_{-1}^{(n+1)}$ is in the image of φ, there is some element $b \in M^{(n)}$ such that $\varphi b = \overline{b}$. It follows that $\overline{x} = \varphi(x + a - db)$ for which $x + a - db \in M^{(n+1)}$ being of degree $n+1$. It follows that $\overline{x}$ is in the image of φ. As the DGA $\overline{M}_m^{(n+1)}$ is obtained from the DGA $\overline{M}_{m-1}^{(n+1)}$ by adjoining free generators of degree $n+1$, it follows that $\overline{M}_m^{(n+1)}$ is wholly in the image of φ. This completes the induction.

Next, we come to the following important

Lemma 2 (Lifting Lemma): Let

$$\varphi : B \to A$$

be an H-isomorphism of DGA's and M a minimal DGA. Then, to any DGA-morphism

$$\lambda : M \to A$$

there is some **lifting** DGA-morphism

$$\mu : M \to B$$

such that the following diagram is **homotopically** or **$\sim$-commutative**:

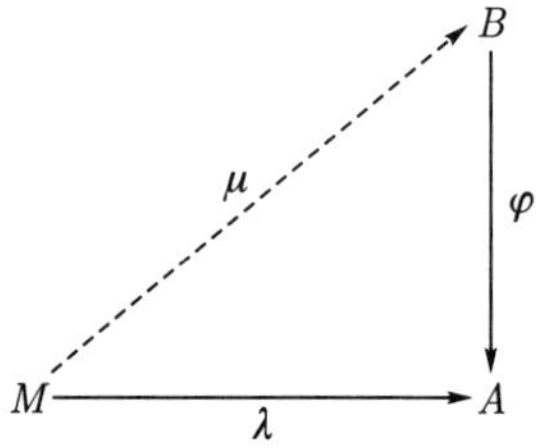

In other words,

$$\varphi\mu \sim \lambda : M \to A.$$

Proof: We shall use the same notations $M_m^{(n)}$ as before and define by induction a diagram $(D)_m^{(n)}$ verifying conditions $1_m^{(n)} - 4_m^{(n)}$ below:

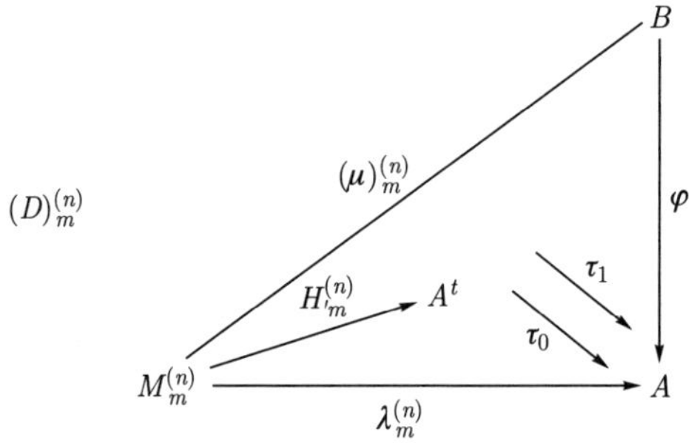

$1_m^{(n)}$. $\lambda_m^{(n)} = \lambda \mid M_m^{(n)}$.

$2_m^{(n)}$. $H_m^{(n)}, \mu_m^{(n)}$ are DGA-morphisms.

$3_m^{(n)}$.

$$H_m^{(n)} \mid M_{m-1}^{(n)} = H_{m-1}^{(n)},$$

$$\mu_m^{(n)} \mid M_{m-1}^{(n)} = \mu_{m-1}^{(n)}.$$

$4_m^{(n)}$. The diagram $(D)_m^{(n)}$ is commutative or

$$\tau_1 H_m^{(n)} = \varphi\mu_m^{(n)},$$

$$\tau_0 H_m^{(n)} = \lambda_m^{(n)}.$$

Note that $M_{-1}^{(n)}$ stands for $M^{(n-1)}$ as before.

For $n = 0$ or $n = 1$, $m = 0$ the definition of $H^{(0)}$, $\mu^{(0)}$ is trivial. Suppose $(D)_{m-1}^{(n)}(m \geqslant 0)$ has been defined with $1_{m-1}^{(n)} - 4_{m-1}^{(n)}$ verified. Define now $(D)_m^{(n)}$ as follows.

Let $M_m^{(n)} = M_{m-1}^{(n)} \otimes \text{Free}(z_\alpha)$ with $\deg z_\alpha = n$, $dz_\alpha \in M_{m-1}^{(n)}$. For each $z = z_\alpha$ we have by Lemmas in §II 2,

$$\begin{aligned}
\varphi\mu_{m-1}^{(n)}dz &= \tau_1 H_{m-1}^{(n)}dz \\
&= (dI + Id + \tau_0)H_{m-1}^{(n)}dz \\
&= dIH_{m-1}^{(n)}dz + IdH_{m-1}^{(n)}dz + \lambda_{m-1}^{(n)}dz \\
&= d(IH_{m-1}^{(n)}dz + \lambda_m^{(n)}z) \\
&\sim 0 \text{ in } A.
\end{aligned}$$

As φ is an H-isomorphism, we have

$$\mu_{m-1}^{(n)}dz \sim 0 \text{ in } B$$

too, or for some $b \in B$,

$$\mu_{m-1}^{(n)}dz = db.$$

It follows that

$$d\varphi b = \varphi db = \varphi\mu_{m-1}^{(n)}dz = d(IH_{m-1}^{(n)}dz + \lambda_m^{(n)}z)$$

so that

$$\varphi b - \lambda_m^{(n)}z - IH_{m-1}^{(n)}dz$$

is a cycle in A. Since φ is an H-isomorphism there would exist a cycle $x \in B$ and an element $a \in A$ such that

$$\begin{aligned}
&dx = 0 \text{ and} \\
&\varphi b - \lambda_m^{(n)}z - IH_{m-1}^{(n)}dz = \varphi x + da.
\end{aligned}$$

Define now

$$\begin{aligned}
&\mu_m^{(n)} z = b - x, \\
&H_m^{(n)} z = \lambda_m^{(n)} z + I_t H_{m-1}^{(n)} dz + d(ta), \\
&\mu_m^{(n)} \mid M_{m-1}^{(n)} = \mu_{m-1}^{(n)}, \\
&H_m^{(n)} \mid M_{m-1}^{(n)} = H_{m-1}^{(n)}.
\end{aligned}$$

Then

$$d\mu_m^{(n)} z = db - dx = \mu_{m-1}^{(n)} dz = \mu_m^{(n)} dz$$

so that $\mu_m^{(n)}$ can be extended to a DGA-morphism

$$\mu_m^{(n)} : M_m^{(n)} \to B.$$

Similarly

$$\begin{aligned}
dH_m^{(n)} z &= d\lambda_m^{(n)} z + dI_t H_{m-1}^{(n)} dz \\
&= \lambda_{m-1}^{(n)} dz + (1 - \tau_0 - I_t d) H_{m-1}^{(n)} dz \\
&= H_{m-1}^{(n)} dz = H_m^{(n)} dz,
\end{aligned}$$

since $dH_{m-1}^{(n)} = H_{m-1}^{(n)} d$ and $\tau_0 H_{m-1}^{(n)} = \lambda_{m-1}^{(n)}$ by induction on $(D)_{m-1}^{n}$. It follows that $H_m^{(n)}$ can be extended to a DGA-morphism on $M_m^{(n)}$ and $2_m^{(n)}$ is proved.

By using Lemmas in §II 2, condition $4_m^{(n)}$ can also easily be verified so that induction for $(D)_m^{(n)}$ is complete. Define now

$$\mu : M \to A$$

and

$$H : M \to A^t$$

by

$$\begin{aligned}
\mu \mid M_m^{(n)} &= \mu_m^{(n)}, \\
H \mid M_m^{(n)} &= H_m^{(n)}
\end{aligned}$$

for all n ,m, then we have a commutative diagram below which proves the $\simeq$-commutativity $\varphi\mu \simeq \lambda$, as to be asserted:

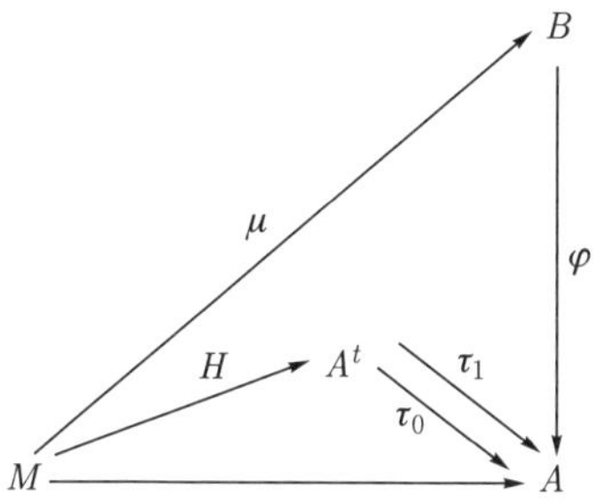

Remark: The DGA-morphism μ whose existence is asserted in the above Lemma 2 is unique only up to homotopy. For the proof we shall postpone to the next section.

Theorem 1: The minimal model M of a DGA A is unique up to isomorphism.

Proof: Let M, $\overline{M}$ be two minimal models of the DGA A with

$$\rho : M \to A$$

and

$$\rho : \overline{M} \to A$$

as associated minimal morphisms. By Lemma 2, there exists a DGA-morphism

$$\mu : M \to \overline{M}$$

such that

$$\rho \simeq \overline{\rho}\mu : M \to A$$

By Prop. 2 of §II 2, ρ and $\overline{\rho}_{\mu}$will induce identical H-morphisms

$$\rho_H = (\overline{\rho}\mu)_H = \overline{\rho}_H \mu_H : H(M) \to H(A).$$

Since ρ, $\overline{\rho}$ are both H-isomorphisms or ρ_H, $\overline{\rho}_H$ are both isomorphisms, it follows that μ_H is also an isomorphism. By Lemma 1 μ is then itself an isomorphism

$$\mu : M \approx \overline{M},$$

as it will be proved.

Theorem 2: Let M be a minimal model of A. Then any two associated minimal morphisms

$$\rho_0, \rho_1 : M \to A$$

are identical up to homotopy in the sense that there exists a DGA-isomorphism i of M onto itself such that

$$\rho_1 i \simeq \rho_0.$$

Proof: By the lifting lemma with M as B, ρ_0, ρ_1 as λ and φ there exists a DGA-morphism $i : M \to M$ with $\rho_1 i \simeq \rho_0$. Since ρ_0, ρ_1 are both H-isomorphisms this is also true for i. By Lemma 1 i is then an isomorphism, as it will be proved.

The lifting lemma and the uniqueness theorem in this section furnish us a very useful method in determining the minimal model of a DGA by reducing the determination to some easier ones. First let us lay down the following

Definition: Two DGA's A and B will be said to be H-**equivalent** if there exists a series of DGA's A_0, A_1, $\cdots$, A_n and DGA-morphisms either $f_i : A_i \to A_{i+1}$ or $f_i : A_{i+1} \to A_i$ for $0 \leqslant i \leqslant n-1$ such that $A_0 = A$, $A_n = B$ and each f_i is an H-isomorphism.

Suppose now we are able to determine the minimal model M of the DGA $B = A_n$ with an associated minimal morphism $\rho_n : M \to A_n$. If f_{n-1} is in the direction $A_n \to A_{n-1}$ then $\rho_{n-1} = f_{n-1}\rho_n : M \to A_{n-1}$ clearly is an H-isomorphism so that M is also the minimal model of A_{n-1} with ρ_{n-1} an associated minimal morphism. If f_{n-1} is in the direction $A_{n-1} \to A_n$ then by the lifting lemma there will be some DGA-morphism $\rho_{n-1} : M \to A_{n-1}$ such that $f_{n-1}\rho_{n-1} \simeq \rho_n$. It follows by theorems in this section that f_{n-1} is again an H-isomorphism so that M is still the minimal model of A_{n-1} with ρ_{n-1} as Some associated minimal morphism. This can be continued to finally getting an associated minimal morphism $\rho_0 : M \to A_0 = A$ showing that M is also the minimal model of A. The procedure thus reduces the determination of the minimal model of a DGA A to that of an H-equivalent one B which may be easier to do. This is a general **principle** frequently used and may be sketched as in the following diagram:

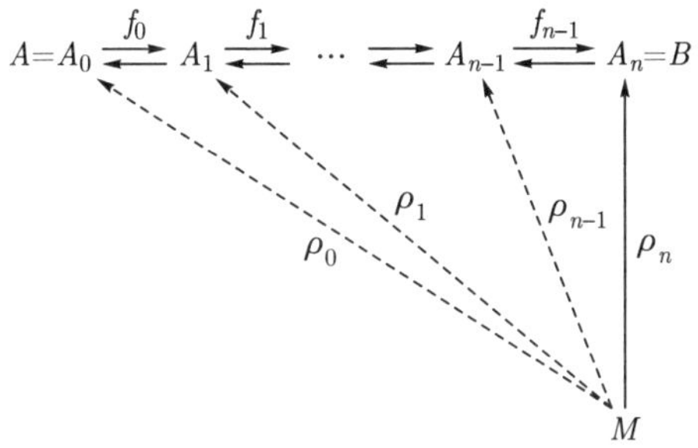

II.5 Induced Morphisms of Minimal DGA's

In this section we shall prove the following

Theorem 1: For any DGA-morphism of DGA' s

$$f : A \to B$$

with

$$\rho_A : \min A \to A,$$
$$\rho_B : \min B \to B$$

as some associated minimal morphisms, there will be some induced DGA-morphism

$$\widetilde{f} = \min f : \min A \to \min B$$

such that

$$f\rho_A \simeq \rho_B \widetilde{f} : \min A \to B.$$

In this case we say that the diagram below is **homotopically-commutative or $\sim$-commutative**:

(D) 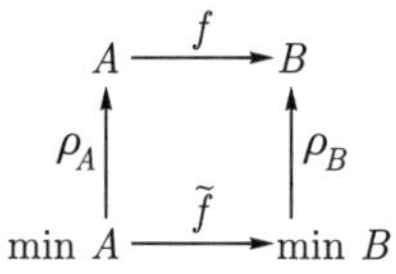

Moreover, $\min f = \widetilde{f}$ is **unique up to homotopy** in the sense that if $\widetilde{f}' : \min A \to \min B$ is another such DGA-morphism verifying $f\rho_A \simeq \rho_B\widetilde{f}$, then $\widetilde{f} \simeq \widetilde{f}'$.

For the proof we shall first establish the following

Lemma 1 (Cancellation Lemma): Let M, N be minimal DGA's and

$$f_i : M \to N, \quad i = 0, 1$$

be DGA-morphisms. Let B be a DGA with N as its minimal model and $g : N \to B$ an associated minimal morphism. If

$$gf_0 \simeq gf_1 : M \to B,$$

then

$$f_0 \simeq f_1 : M \to N.$$

Proof: The hypothesis $gf_0 \simeq gf_1$ implies the existence of a DGA-morphism

$$H : M \to B^t$$

such that the following diagrams (D_i), $i = 0, 1$, are commutative:

(D_i) 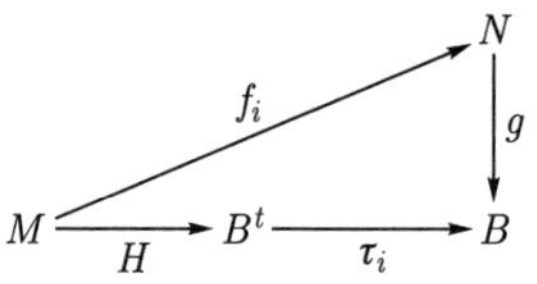

Introducing the trivial extension N^t of N and extending g to $g^t : N^t \to B^t$ as $g^t = g\otimes$ ident. , we shall define a DGA-morphism $\widetilde{H} : M \to N^t$

and complete the above commutative diagram to the following one

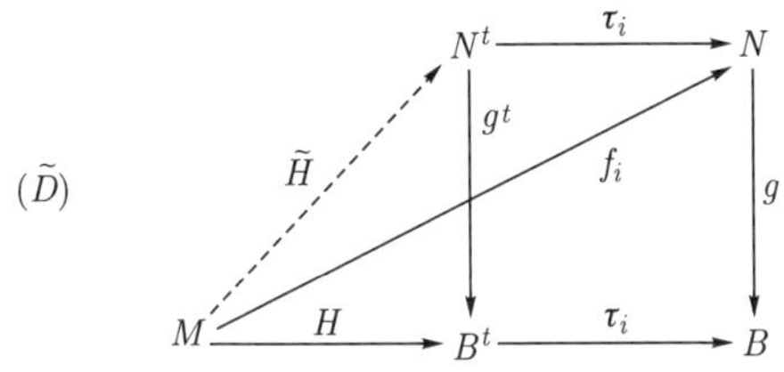

We shall do this by defining inductively the following commutative diagrams

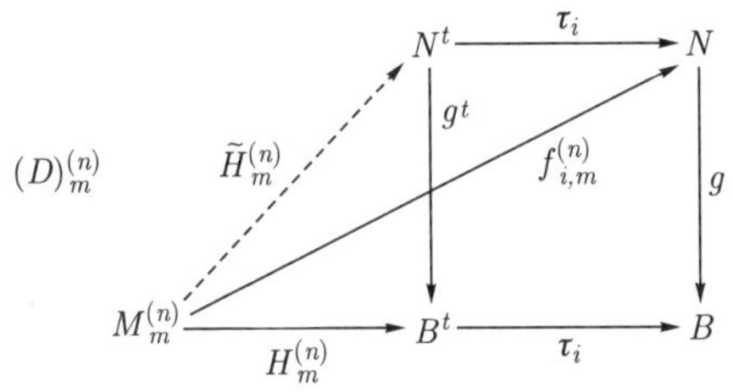

in which $H_m^{(n)} = H \mid M_m^{(n)}$, $f_{i,m}^{(n)} = f_i \mid M_m^{(n)}$, with meaning of $M_m^{(n)}$ as before. For $n = 0$ or $n = 1$ and $m = 0$ the definition $\widetilde{H}_m^{(n)}$ is trivial. Suppose now $(\widetilde{D})_{m-1}^{(n)}$ has been defined and let us try to extend the definition to $(\widetilde{D})_m^{(n)}$ with $\widetilde{H}_m^{(n)} \mid M_m^{(n)} = \widetilde{H}_{m-1}^{(n)}$ as follows.

Let $M_m^{(m)} = M_{m-1}^{(n)} \otimes \text{Free}(z_\alpha)$ with deg $z_\alpha = n$ and $dz_\alpha \in M_{m-1}^{(n)}$. For each $z = z_\alpha$, $\widetilde{H}_{m-1}^{(n)} dz$ is well-defined and by Lemmas in §II 2 we have

$$
\begin{aligned}
d(f_{1,m}^{(n)} z &- f_{0,m}^{(n)} z - I\widetilde{H}_{m-1}^{(n)} dz) \\
&= (f_{1,m-1}^{(n)} - f_{0,m-1}^{(n)} - dI\widetilde{H}_{m-1}^{(n)}) dz \\
&= (\tau_1 - \tau_0 - dI)\widetilde{H}_{m-1}^{(n)} dz \\
&= Id\widetilde{H}_{m-1}^{(n)} dz \\
&= 0.
\end{aligned}
$$

Hence $f_{1,m}^{(n)} z - f_{0,m}^{(n)} z - I\widetilde{H}_{m-1}^{(n)} dz$ is a cycle.

Let us remark that $Ig^t = gI$ from the very definition of I. Hence

$$\begin{aligned} g(f_{1,m}^{(n)}z - f_{0,m}^{(n)}z - I\widetilde{H}_{m-1}^{(n)}dz) \\ &= (\tau_1 - \tau_0)H_m^{(n)}z - gI\widetilde{H}_{m-1}^{(n)}dz \\ &= (dI + Id)H_m^{(n)}z - Ig^t\widetilde{H}_{m-1}^{(n)}dz \\ &= dIH_m^{(n)}z \\ &\sim 0 \text{ in } B. \end{aligned}$$

Since g is an H-isomorphism

$$f_{1,m}^{(n)}z - f_{0,m}^{(n)}z - I\widetilde{H}_{m-1}^{(n)}dz \sim 0 \text{ in } N$$

too, so that for some $a \in N$, we have

$$f_{1,m}^{(n)}z - f_{0,m}^{(n)}z - I\widetilde{H}_{m-1}^{(n)}dz = da.$$

Define now

$$\begin{aligned} &\widetilde{H}_m^{(n)} \mid M_{m-1}^{(n)} = \widetilde{H}_{m-1}^{(n)}, \\ &\widetilde{H}_m^{(n)}z = f_{0,m}^{(n)}z + I_t\widetilde{H}_{m-1}^{(n)}dz + d(ta). \end{aligned}$$

It is easy to verify that

$$\begin{aligned} \tau_0\widetilde{H}_m^{(n)}z &= f_0 z, \\ \tau_1\widetilde{H}_m^{(n)}z &= f_1 z. \end{aligned}$$

and

$$d\widetilde{H}_m^{(n)}z = \widetilde{H}_{m-1}^{(n)}dz = \widetilde{H}_m^{(n)}dz.$$

It follows that $\widetilde{H}_m^{(n)}$ can be extended to a DGA-morphism of $\widetilde{H}_m^{(n)}$ to N^t with diagram $(\widetilde{D})_m^{(n)}$ commutative.

Defining now

$$\widetilde{H} : M \to \widetilde{N}$$

by $\widetilde{H} \mid M_m^{(n)} = \widetilde{H}_m^{(n)}$ for all n, m we get then the commutative diagram $(\widetilde{D})$ which shows that $f_0 \simeq f_1 : M \to N$ as to be proved.

As a corollary we have the following Lemma as a complement to the Lifting Lemma of §II 4.

Lemma 2: Let

$$\varphi : B \to A$$

be an H-isomorphism of DGA's and M a minimal DGA. Then, to any DGA-morphism

$$\lambda : M \to A$$

there is some lifting DGA-morphism

$$\mu : M \to B$$

such that

$$\varphi\mu \simeq \lambda : M \to A$$

and any two such DGA-morphisms μ, μ' are homotopic.

Now we come to the

Proof of Theorem 1: By the Lifting Lemma of §II 4 DGA-morphism

$$\min f : \min A \to \min B$$

exists with

$$\rho_B \cdot \min f \simeq f\rho_A.$$

By the Cancellation Lemma 1 and Lemma 2 above $\min f$ is then unique up to homotopy as to be proved.

Theorem 1 asserts the existence of induced morphism $\min f : \min A \to \min B$ for a given DGA-morphism $f : A \to B$ which renders the corresponding diagram **only homotopically** commutative but not commutative in the strict sense which is in general impossible. As a simple example let us consider the following:

$$\begin{aligned} \text{Ex.} A = &\ \text{Polym}(a), \quad \deg a = n\text{even}, \ da = 0, \\ B = &\ \text{Extr}\ (b) \otimes \text{Polym}(c). \end{aligned}$$

as graded algebra, with

$$\deg b = n-1, \quad \deg c = n,$$
$$db = c, \qquad dc = 0,$$

and

$$f : A \to B$$

given by

$$f(a) = c.$$

Then

$$\min A = A,$$
$$\min B = \boldsymbol{k},$$

so no DGA-morphism

$$\widetilde{f} : \min A \to \min B$$

can exist for which the diagram can be made commutative.

However, there is an important case for which $\min f$ exists with corresponding diagram strictly commutative, viz. the case for which $f : A \to B$ is onto. In fact, we have the following

Theorem 2: If the DGA-morphism

$$f : A \to B$$

is an epimorphism, then for any associated minimal morphism

$$\rho_A : \min B \to B$$

there is a minimal morphism

$$\rho_A : \min A \to A$$

of A and an induced DGA-morphism

$$\widetilde{f} = \min f : \min A \to \min B$$

such that the diagram (D) is strictly commutative.

Proof: To simplify the notation we shall write M and N for $\min A$ and $\min B$. Now N and ρ_B being given, we shall construct the minimal model M as well as ρ_A and $\widetilde{f} = \min f$ by closely following the steps in the proof of the existence theorem in §II 3, with due modifications, in order to make the diagram (D) **commutative**.

Thus, we shall successively construct a sequence of DGA's.

$$\boldsymbol{k} = M^{(0)} \subset M^{(1)} \subset \cdots \subset M^{(n)} \subset \cdots$$

as well as extending sequence of DGA-morphisms

$$\rho_A^{(n)} : M^{(n)} \to A,$$
$$\widetilde{f}^{(n)} : M^{(n)} \to N$$

to make the diagram $(\overline{D})^{(n)}$ below strictly commutative.

$$(\bar{D})^{(n)} \qquad \begin{array}{ccccc} A & \xrightarrow{f} & B & \longrightarrow & 0 \\ \uparrow{\scriptstyle \rho_A^{(n)}} & & \uparrow{\scriptstyle \rho_B} & & \\ M^{(n)} & \xrightarrow{\widetilde{f}^{(n)}} & N & & \end{array}$$

To begin with, we shall define $\widetilde{f}^{(0)} \mid M^{(0)}$ and $\rho_A^{(0)} \mid M^{(0)}$ to be simply the identity since $M^{(0)} = \boldsymbol{k}$.

Suppose now $M^{(n)}$ and $\rho_A^{(n)} \cdot \widetilde{f}^{(n)}$ have already been defined with corresponding diagram $(\overline{D})^{(n)}$ commutative and let us try to extend to a diagram $(\overline{D})^{(n+1)}$ as follows.

Let us first consider the commutative diagram of morphisms below:

$$\begin{array}{ccccccccc} 0 & \longrightarrow & H_{n+1}(M^{(n)}) & \xrightarrow{\rho_{A,H_{n+1}}^{(n)}} & H_{n+1}(A) & \longrightarrow & \operatorname{Coker} \rho_{A,H_{n+1}}^{(n)} & \longrightarrow & 0 \\ & & \downarrow{\scriptstyle \widetilde{f}_{H_{n+1}}^{(n)}} & & \downarrow{\scriptstyle f_{H_{n+1}}} & & \downarrow & & \\ 0 & \longrightarrow & H_{n+1}(N) & \xrightarrow{\rho_{B,H_{n+1}}^{(n)}} & H_{n+1}(B) & \longrightarrow & \operatorname{Coker} \rho_{B,H_{n+1}}^{(n)} & \longrightarrow & 0 \end{array}$$

If Coker $\rho^{(n)}_{A,H_{n+1}} = 0$, then we put $M_0^{(n+1)} = M^{(n)}$ and define

$$\rho^{(n+1)}_{A,0} : M_0^{(n+1)} \to A$$
$$\widetilde{f}_0^{(n+1)} : M_0^{(n+1)} \to N$$

simply as $\rho^{(n)}$ and $\widetilde{f}^{(n)}$. Otherwise take a $\boldsymbol{k}$-basis $\{X_j^{(n+1)} \bmod \mathrm{Im}\rho^{(n)}_{A,H_{n+1}}\}$ of Coker $\rho^{(n)}_{A,H_{n+1}}$ and a cycle $x_j^{(n+1)} \in A$ in each class $X_j^{(n+1)}$.

Since $fx_j^{(n+1)}$ is a cycle of B and ρ_B is an H-isomorphism there should exist some cycle $y_j^{(n+1)}$ of N and some element $b_j^{(n+1)}$ of B such that

$$fx_j^{(n+1)} = \rho_B y_j^{(n+1)} + db_j^{(n+1)}.$$

Since f is **onto** there is some $a_j^{(n+1)}$ in A with

$$b_j^{(n+1)} = fa_j^{(n+1)}$$

so that

$$f(x_j^{(n+1)} - da_j^{(n+1)}) = \rho_B y_j^{(n+1)}.$$

Now, introduce new generators $\xi_j^{(n+1)}$ to $M^{(n)}$ and set

$$M_0^{(n+1)} = M^{(n)} \otimes \ \mathrm{Free}(\xi_j^{(n+1)})$$

with

$$\deg \xi_j^{(n+1)} = n+1, \quad d\xi_j^{(n+1)} = 0.$$

We also define DGA-morphisms

$$\rho^{(n+1)}_{A,0} : M_0^{(n+1)} \to A,$$
$$\widetilde{f}_0^{(n+1)} : M_0^{(n+1)} \to N$$

by setting

$$\begin{aligned}
\rho^{(n+1)}_{A,0} \mid M^{(n)} &= \rho^{(n)},\\
\widetilde{f}_0^{(n+1)} \mid M^{(n)} &= \widetilde{f}^{(n)},\\
\rho^{(n+1)}_{A,0}(\zeta_j^{(n+1)}) &= x_j^{(n+1)} - da_j^{(n+1)},\\
\widetilde{f}_0^{(n+1)}(\zeta_j^{(n+1)}) &= y_j^{(n+1)}.
\end{aligned}$$

Then, the diagram $(\overline{D})_0^{(n+1)}$ is strictly commutative:

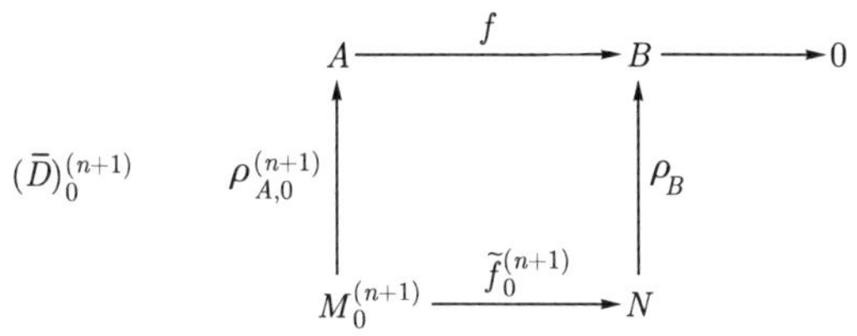

We now extend $M_0^{(n+1)}$ to an increasing sequence of DGA's

$$M_0^{(n+1)} \subset M_1^{(n+1)} \subset \cdots \subset M_m^{(n+1)} \subset \cdots$$

and also extending sequences of DGA-morphisms

$$\rho_{A,m}^{(n+1)} : M_m^{(n+1)} \to A,$$
$$\widetilde{f}_m^{(n+1)} : M_m^{(n+1)} \to N$$

to make the diagram $(\overline{D})_m^{(n+1)}$ below strictly commutative, as follows:

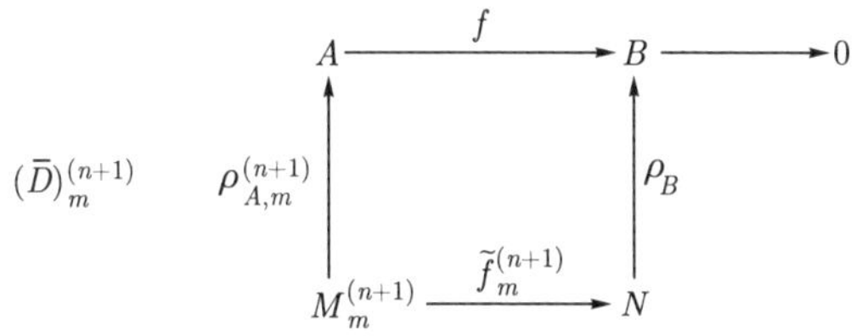

Suppose that $M_m^{(n+1)}$, $\rho_{A,m}^{(n+1)}$ and $\widetilde{f}_m^{(n+1)}$ have already been defined to meet the requirements and consider the commutative diagram below

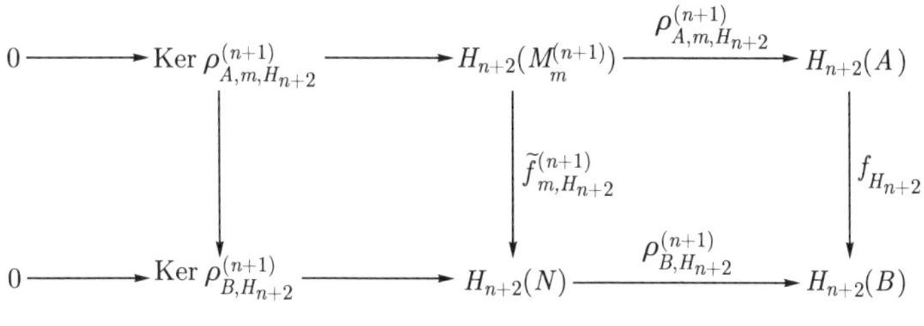

If Ker $\rho_{A,m,H_{n+2}}^{(n+1)} = 0$ then the construction will be stopped. Otherwise let $\{\Gamma_{mj}^{(n+1)}\}$ be a $\boldsymbol{k}$-basis of Ker $\rho_{A,m,H_{n+2}}^{(n+1)}$ and take a cycle $\gamma_{mj}^{(n+1)} \in M_m^{(n+1)}$ in each $\Gamma_{mj}^{(n+1)}$.

Then

$$\rho_{A,m}^{(n+1)}\gamma_{mj}^{(n+1)} = dc_{mj}^{(n+1)} \sim 0 \text{ in } A$$

for some $c_{mj}^{(n+1)}$ of A.

Now

$$\begin{aligned}\rho_B \widetilde{f}_m^{(n+1)}\gamma_{mj}^{(n+1)} &= f\rho_{A,m}^{(n+1)}\gamma_{mj}^{(n+1)}\\ &= fdc_{mj}^{(n+1)} = dfc_{mj}^{(n+1)}\\ &\sim 0 \text{ in } B.\end{aligned}$$

Since ρ_B is an H-isomorphism we have

$$\widetilde{f}_m^{(n+1)}\gamma_{mj}^{(n+1)} = dy_{mj}^{(n+1)} \sim 0 \text{ in } N$$

for some $y_{mj}^{(n+1)} \in N$. It follows that

$$d(\rho_B y_{mj}^{(n+1)} - fc_{mj}^{(n+1)}) = 0$$

or $\rho_B y_{mj}^{(n+1)} - fc_{mj}^{(n+1)}$ is a cycle in B.

Again, since ρ_B is an H-isomorphism we should have

$$\rho_B y_{mj}^{(n+1)} - fc_{mj}^{(n+1)} = \rho_B u_{mj}^{(n+1)} + db_{mj}^{(n+1)}$$

for some cycle $u_{mj}^{(n+1)}$ in N and some element $b_{mj}^{(n+1)}$ in B.

Since f is **onto** there should exist some element $a_{mj}^{(n+1)} \in A$ such that

$$fa_{mj}^{(n+1)} = b_{mj}^{(n+1)}.$$

Now, introduce generators to $\zeta_{mj}^{(n+1)}$ to $M_m^{(n+1)}$ to form DGA

$$M_{m+1}^{(n+1)} = M_m^{(n+1)} \otimes \text{ Free}(\zeta_{mj}^{(n+1)})$$

with gradation and differential given by

$$\begin{aligned}\deg \zeta_{mj}^{(n+1)} &= n+1,\\ d\zeta_{mj}^{(n+1)} &= \gamma_{mj}^{(n+1)}.\end{aligned}$$

Now, extend morphisms $\rho_{A,m}^{(n+1)}$, $\widetilde{f}_m^{(n+1)}$ to

$$\rho_{A,m+1}^{(n+1)} : M_{m+1}^{(n+1)} \to A,$$
$$\widetilde{f}_{m+1}^{(n+1)} : M_{m+1}^{(n+1)} \to N$$

by setting

$$\rho_{A,m+1}^{(n+1)} \mid M_m^{(n+1)} = \rho_{A,m}^{(n+1)},$$
$$\widetilde{f}_{m+1}^{(n+1)} \mid M_m^{(n+1)} = \widetilde{r}_m^{(n+1)},$$
$$\rho_{A,m+1}^{(n+1)}(\zeta_{mj}^{(n+1)}) = c_{mj}^{(n+1)} + da_{mj}^{(n+1)},$$
$$\widetilde{f}_{A,m+1}^{(n+1)}(\zeta_{mj}^{(n+1)}) = y_{mj}^{(n+1)} - u_{mj}^{(n+1)}.$$

Then, it is easy to see that $\rho_{A,m+1}^{(n+1)}$ and $f_{m+1}^{(n+1)}$ commutes with d so that they can be extended to DGA-morphisms on $M_{m+1}^{(n+1)}$. In this way, we get the commutative diagram $(\overline{D})_{m+1}^{(n+1)}$ as required.

Proceeding now in the same manner indefinitely, if necessary, to get a finite or infinite sequence of DGA's

$$M_0^{(n+1)} \subset M_1^{(n+1)} \subset \cdots \subset M_m^{(n+1)} \subset \cdots$$

as well as sequences of DGA-morphisms $\rho_{A,m}^{(n+1)}$, $\widetilde{f}_m^{(n+1)}$.

Now, define $M^{(n+1)}$ as the union of all $M_m^{(n+1)}$ and then M as the union of all $M^{(n)}$ with DGA-morphisms

$$\rho_A : M \to A,$$
$$\widetilde{f} : M \to N$$

defined by their restrictions on respective sub-DGA's $M_m^{(n)}$, then we get the **commutative** diagram (D) as required. This proves the theorem.

II.6 Some Auxiliary Theorems About Twisted Products

In what follows, A, B are DGA's with differentials d_A and d_B. For the usual tensor product $A \otimes B$ the differential, denoted by $d_\otimes$, is given by (a, b homogeneous $\in A, B$ respectively).

$$d_{\otimes}(a \otimes b) = d_A a \otimes b + (-1)^{\deg a} \cdot a \otimes d_B b. \tag{1}$$

Suppose that in $A \otimes B$ there is another differential

$$d = d_{\otimes} + d_{\tau} \tag{2}$$

such that

$$d_{\tau} a = 0, \tag{3}$$

$$d_{\tau} b \in A^{+} \otimes B. \tag{4}$$

It is to be understood that d_{τ} should verify some conditions in order to make d in (2) really a differential.

Definition: The tensor product $A \otimes B$ of the DGA's A, B with a differential d given by (2)-(4) is called a **twisted product** of A, B and will sometimes be denoted as $A \underset{\tau}{\otimes} B$ to make evidence the difference d_{τ} between the differential d from the usual one $d_{\otimes}$. The differential d in $A \underset{\tau}{\otimes} B$ is then said to be a **twisted differential** with d_{τ} as its **twisted part**.

Definition: The morphism

$$\varepsilon_{\tau} : A \underset{\tau}{\otimes} B \to B$$

defined by sending $a \otimes b$ to 0 or ab accordingly as deg a is > 0 or $= 0$, clearly is a DGA-morphism and will be called the **restriction** of the twisted product $A \underset{\tau}{\otimes} B$.

Definition: Let $A' \underset{\tau'}{\otimes} B'$ be another twisted product of DGA's A', B' with $d_{\tau'}$ as the twisted part of the twisted differential. Then, a DGA-morphism

$$\widetilde{\rho} : A' \underset{\tau'}{\otimes} B' \to A \underset{\tau'}{\otimes} B$$

will be said to be one **respecting** the twisted differentials if $\widetilde{\rho}(A') \subset A$, and there is a commutative diagram of DGA-morphisms below

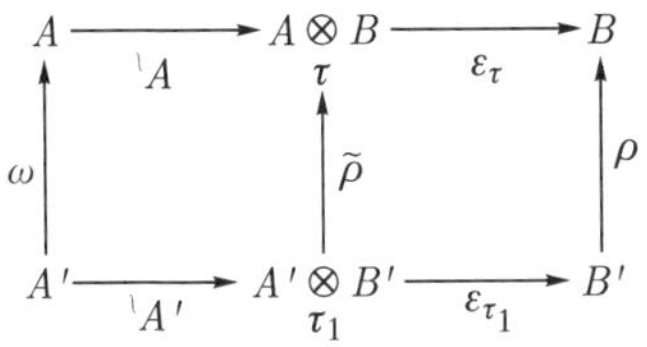

In the diagram both right horizontal arrows are restrictions and both left ones are inclusions. The DGA-morphisms ρ and ω will then be called the **restriction** and **induction** of $\widetilde{\rho}$ respectively.

Remark: These terminologies are adapted to fit the study of fibrations in which A, B and $A \underset{\tau}{\otimes} B$ are DGA's connected with the base, the fiber and the fiber-space of a fibration. Similarly, for A', B' and $A' \underset{\tau'}{\otimes} B'$. The DGA-morphism w is then connected with one induced from certain map of the base spaces.

Let M, N now be minimal models of A, B with some minimal morphisms

$$\rho_A : M \to A, \quad \rho_B : N \to B.$$

We are interested in the existence of some twisted product $M \underset{\sigma}{\otimes} N$ such that there is some DGA-morphism $M \underset{\sigma}{\otimes} N \to A \underset{\tau}{\otimes} B$ inducing an H-isomorphism and respecting the twisted differentials with ρ_A, ρ_B as the respective induction and restriction.

Proposition 1: Let

$$C = A \underset{\tau}{\otimes} N,$$

$$\mathcal{P} = M \underset{\sigma}{\otimes} N.$$

be twisted products with twisted parts of the twisted differentials d_τ and d_σ respectively. If some DGA-morphism

$$\widetilde{\rho} : \mathcal{P} \to C$$

respects the twisted differentials with the minimal morphism $\rho_A : M \to A$ as the induction and ident.: $N \to N$ as the restriction, then $\widetilde{\rho}$ is an H-isomorphism.

Proof: Let the minimal DGA N be the union of sub-DGA's $N^{(n)}$, $n \geqslant 0$, and each $N^{(n)}$ be the union of sub-DGA's $N_m^{(n)}$'s, $m \geqslant -1$, with $N_{-1}^{(n)} = N^{(n-1)}$ as in the preceding sections. Set ($n \geqslant 0, m \geqslant -1$)

$$\begin{aligned}
&C^{(n)} = A \underset{\tau}{\otimes} N^{(n)}, \quad && C_m^{(n)} = A \underset{\tau}{\otimes} N_m^{(n)},\\
&\mathcal{P}^{(n)} = M \underset{\sigma}{\otimes} N^{(n)}, && \mathcal{P}_m^{(n)} = M \underset{\sigma}{\otimes} N_m^{(n)},\\
&\widetilde{\rho}^{(n)} = \widetilde{\rho} \mid \mathcal{P}^{(n)} : && \mathcal{P}^{(n)} \to C^{(n)}\\
&\widetilde{\rho}_m^{(n)} = \widetilde{\rho} \mid \mathcal{P}_m^{(n)} : && \mathcal{P}_m^{(n)} \to C_m^{(n)}.
\end{aligned}$$

We shall show by induction that for all $n \geqslant 0$, $m \geqslant -1$,$\widetilde{\rho}_m^{(n)}$ and $\widetilde{\rho}^{(n)}$ are H-isomorphisms.

Since $\widetilde{\rho}^{(0)}$ is the same as $\rho_A : M \to A$, it clearly is an H-isomorphism. Therefore, suppose for $n \geqslant 1$,$m \geqslant -1$, $\widetilde{\rho}_m^{(n)}$ is an H-isomorphism and let us proceed to prove that $\widetilde{\rho}_{m+1}^{(n)}$ is also an H-isomorphism as follows.

Let $N_{m+1}^{(n)} = N_m^{(n)} \otimes$ Free (y_α) with $d_N y_\alpha \in N_m^{(n)}$. Then $C_{m+1}^{(n)} = C_m^{(n)} \otimes$ Free (y_α) with $d_C y_\alpha \in C_m^{(n)}$. Consider any term of the form $cY \in C_{m+1}^{(n)}$ in which $c \in C_m^{(n)}$, while Y is a product of powers in the y_α' s , The degree of Y will then be denoted by deg $_y(cY)$. All linear combinations of terms of same $\deg_y = k$ will then form a subgraded-module of $C_{m+1}^{(n)}$ which will become a differential graded module C_k' by introducing a differential d' given by $d'(cY) = d_C c \cdot Y$, for cY above. Now, consider the sub-graded-module of $C_{m+1}^{(n)}$ consisting of elements of the form

$$z = \sum_{j=0}^{k} z_j,$$

in which each z_j is a linear combination of terms of deg $_y = j$. It is clear that d_C will turn it into a differential graded module to be denoted by, say $\widetilde{C}_k$.

It is easy to see that the morphism $z \to z_k$ respects the differentials, and thus we have an exact sequence of differential graded modules

$$0 \to \widetilde{C}_{k-1} \to \widetilde{C}_k \to \widetilde{C}'_k \to 0.$$

Similarly, let us form analogous differential graded modules in using $\mathcal{P}_m^{(n)}$ instead of $C_m^{(n)}$, etc. Then we shall get analogous exact sequences in the $\mathcal{P}'s$, connected with the above one by natural morphisms, so that we have a commutative diagram below:

$$\begin{array}{ccccccccc}
0 & \longrightarrow & \widetilde{C}_{k-1} & \longrightarrow & \widetilde{C}_k & \longrightarrow & C'_k & \longrightarrow & 0 \\
 & & \uparrow \widetilde{\rho}_{k-1} & & \uparrow \widetilde{\rho}_k & & \uparrow \rho' & & \\
0 & \longrightarrow & \widetilde{\mathcal{P}}_{k-1} & \longrightarrow & \widetilde{\mathcal{P}}_k & \longrightarrow & \mathcal{P}'_k & \longrightarrow & 0
\end{array}$$

In the diagram ρ', for example, is defined by $\rho'(\gamma Y) = \widetilde{\rho}_m^{(n)} \gamma \cdot Y$, where $\gamma \in \mathcal{P}_m^{(n)}$ and Y is a product of powers in y'_α s with degree$= k$. Remark that the commutativity of the right-hand square follows from the condition that the restrictions of $\widetilde{\rho}$ is the identity on N.

Now,$\widetilde{C}_0 = C_m^{(n)}, \widetilde{\mathcal{P}}_0 = \mathcal{P}_m^{(n)}$ as differential graded modules, so that by induction hypothesis $\widetilde{\rho_{0,H}} : H_\otimes(\widetilde{\mathcal{P}}_0) \approx H_\otimes(\widetilde{C}_0)$. For the same reason it is clear that $\rho'_H : H_\otimes(\mathcal{P}'_k) \approx H_\otimes(C'_k)$. By usual arguments in using five-lemma on the homology sequences, arising from the above commutative diagrams, we then deduce $\widetilde{\rho}_k : H_\otimes(\widetilde{\mathcal{P}}_k) \approx H_\otimes(\widetilde{C}_k)$ for all k. This implies clearly, that

$$\widetilde{\rho}_{m+1,H}^{(n)} : H_\otimes(\widetilde{\mathcal{P}}_{m+1}^{(n)}) \approx H_\otimes(\widetilde{C}_{m+1}^{(n)}).$$

Since the morphism $\widetilde{\rho}_{m+1}^{(n)}$ is multiplicative, we therefore have also multiplicative isomorphism

$$\widetilde{\rho}_{m+1,H}^{(n)} : H(\widetilde{\mathcal{P}}_{m+1}^{(n)}) \approx H(\widetilde{C}_{m+1}^{(n)}),$$

or $\widetilde{\rho}_{m+1,H}^{(n)}$ is an H-isomorphism.

Since each $\widetilde{\mathcal{P}}^{(n)}$(resp. $\widetilde{C}^{(n)}$) is the union of all $\widetilde{\mathcal{P}}_m^{(n)}$ (resp. $\widetilde{C}_m^{(n)}$) and $\widetilde{\mathcal{P}}$ (resp. $\widetilde{C}$) is the union of all $\widetilde{\mathcal{P}}^{(n)}$(resp. $\widetilde{C}^{(n)}$), we finally get by induction, that $\widetilde{\rho}$ is an H-isomorphism, as to be proved.

Proposition 2: Let the twisted product $C = A \underset{\tau}{\otimes} N$ and minimal morphism $\rho_A : M \to A$ be as before. Then we can introduce in the tensor product $M \otimes N$ some twisted differential with twisted part d_σ, such that for the resulting twisted product $M \underset{\sigma}{\otimes} N$ there is some DGA-morphism

$$\widetilde{\rho} : M \underset{\sigma}{\otimes} N \to A \underset{\tau}{\otimes} N$$

which respects the twisted differentials and has $\rho_A : M \to A$ as the induction, and ident. : $N \to N$ as the restriction.

Proof: Let us use the same notations as in the proof of the preceding proposition. We shall proceed by induction in introducing twisted differential into $M \underset{\sigma}{\otimes} N_m^{(n)}$ and $M \underset{\sigma}{\otimes} N^{(n)}$ successively, beginning from the trivial case $n = 0$. Therefore, suppose $\mathcal{P}_m^{(n)} = M \underset{\sigma}{\otimes} N_m^{(n)}$ and $\widetilde{\rho}_m^{(n)} : \mathcal{P}_m^{(n)} \to C_m^{(n)}$, respecting the twisted differentials have already been defined, and proceed to define $d_\sigma y_\alpha$ and $\widetilde{\rho}_{m+1}^{(n)}$ as follows.

Remark that $d_C y_\alpha$ is a cycle in $C_m^{(n)}$. By Prop 1, $\widetilde{\rho}_m^{(n)}$ is an H-isomorphism. Hence, we have

$$d_C y_\alpha = \widetilde{\rho}_m^{(n)} \zeta_\alpha + d_C c_\alpha$$

for some cycle ζ_α in $\mathcal{P}_m^{(n)}$ and some element $c_\alpha \in C_m^{(n)}$. Extend now $\widetilde{\rho}_m^{(n)} \mid \mathcal{P}_m^{(n)}$ to $\widetilde{\rho}_{m+1}^{(n)} : \mathcal{P}_{m+1}^{(n)} \to C_{m+1}^{(n)}$ and extend d_p in $\mathcal{P}_{m+1}^{(n)}$ by setting

$$\widetilde{\rho}_{m+1}^{(n)} y_\alpha = y_\alpha - c_\alpha,$$

and

$$d_{\mathcal{P}} y_\alpha = \zeta_\alpha, d_{\mathcal{P}} y_\alpha = d_\otimes y_\alpha + d_\sigma y_\alpha.$$

Then it is easy to verify that $d_{\mathcal{P}}$ is a twisted differential in $\mathcal{P}_{m+1}^{(n)}$ and $\widetilde{\rho}_{m+1}^{(n)}$ respects the twisted differentials. It is also clear that the restriction of $\widetilde{\rho}_{m+1}^{(n)}$ is the identity on N. This completes the induction procedure and thus the proposition is proved.

Proposition 3: Let

$$C = A \underset{\tau}{\otimes} B, \quad \mathcal{P} = A \underset{\sigma}{\otimes} N$$

be twisted products with twisted parts of the twisted differentials d_τ and d_σ respectively in which N is the minimal model of B. If some DGA-morphism

$$\widetilde{\rho} : \mathcal{P} \to C$$

respects the twisted differentials with ident. $A \to A$ as the induction and some DGA-morphism $\rho_B : N \to B$ as the restriction, then $\widetilde{\rho}$ is an H-isomorphism if and only if ρ_B is so, or ρ_B is a minimal morphism associated to B.

Proof: Write any element $z \in C$ in the form

$$z = z_0 + z_1 + \cdots + z_k$$

in which each z_p is a linear combination of terms of the form Xb with $b \in B$ and $X \in A_p$ of degree p in A. Provisionally, we call such elements of rank $\geqslant p$ if $z_0 = \cdots = z_{p-1} = 0$. The collection of all elements in C of rank $\geqslant p$ then forms a sub-DGA of C, to be denoted by $\widetilde{C}^{(p)}$. Similarly, form the sub-DGA $\widetilde{\mathcal{P}}^{(p)}$ of $\mathcal{P}$ for all $p \geqslant 0$. Then $\widetilde{\rho} : \mathcal{P} \to C$, when restricted to elements of $\widetilde{\mathcal{P}}^{(p)}$, will clearly induce DGA-morphisms

$$\widetilde{\rho}^{(p)} : \widetilde{\mathcal{P}}^{(p)} \to \widetilde{C}^{(p)}.$$

Now, define a filtration in C by setting

$$F^p C = \widetilde{C}^{(p)}$$

so that

$$F^0 C = C \supset \widetilde{C}^{(1)} \supset \cdots \supset \widetilde{C}^{(p)} \supset \cdots$$

Then, for the induced spectral sequence, we have

$$E_0^p \approx A_p \otimes B, d_0 = d_B \mid B,$$
$$E_1^p \approx A_p \underset{\tau}{\otimes} H(B)$$

with d_1 in E_1 a twisted differential induced from that of C.

Similarly, we define a filtration in $\mathcal{P}$ by setting

$$F^p\mathcal{P} = \widetilde{\mathcal{P}}^{(p)},$$

Then we have

$$F^0\mathcal{P} = \mathcal{P} \supset \widetilde{\mathcal{P}}^{(1)} \supset \cdots \supset \widetilde{\mathcal{P}}^{(p)} \supset \cdots,$$
$$E_0^p \approx A_p \otimes N, \quad d_0 = d_N \mid N,$$
$$E_1^p \approx A_p \underset{\sigma}{\otimes} H(N),$$

with d_1 a twisted differential induced from that of $\mathcal{P}$.

Now, $\widetilde{\rho} : \mathcal{P} \to C$ clearly respects the filtration. If ρ_B is a minimal morphism then $\widetilde{\rho}$ will induce an isomorphism

$$E_1^p\mathcal{P} \approx E_1^pC.$$

By comparison theorems of spectral sequences we therefore have

$$\widetilde{\rho}_H : H(\mathcal{P}) \approx H(C),$$

or $\widetilde{\rho}$ is an H-isomorphism. The converse follows also from the comparison theorems.

Proposition 4: Let $C = A \underset{\tau}{\otimes} B$ be a twisted product and N be the minimal model of B. Then, in the tensor product $A \otimes N$, we can introduce some twisted differential with twisted part d_σ such that, for the resulting twisted product $A \underset{\sigma}{\otimes} N$, there is some DGA-morphism $\widetilde{\rho}$: $A \underset{\sigma}{\otimes} N \to A \underset{\tau}{\otimes} B$, respecting the twisting differentials with the identity on A and some minimal morphism $\rho_B : N \to B$ as the respective induction and restriction.

Proof: Consider the natural inclusion $i_A : A \subset A \underset{\tau}{\otimes} B$. Following the method described in the proof of the existence theorem of minimal models in §II 3, we can successively adjoin new generators to A to form a DGA $A \underset{\sigma}{\otimes} N'$, with N' a minimal DGA. During the process we also extend i_A successively to get a DGA-morphism $\widetilde{\rho} : A \underset{\sigma}{\otimes} N' \to A \underset{\tau}{\otimes} B$, which is an H-isomorphism. The present proposition then follows from Prop. 3, with N' a minimal model of B, to be identified with the given one N by §II 4.

From the preceding propositions we now deduce the following theorem which has the origin in works of J.C. Moore, cf. Sem. Cartan 1954/55, Exp. 3.

Theorem: Let $A \underset{\tau}{\otimes} B$ be a twisted tensor product and M, N be minimal models of A, B. Then, there is a twisted tensor product $M \underset{\sigma}{\otimes} N$ and a DGA-morphism $\widetilde{\rho} : M \underset{\sigma}{\otimes} N \to A \underset{\tau}{\otimes} B$ respecting the twisted differentials, such that the induction $\rho_A : M \to A$ and the restriction $\rho_B : N \to B$ are respective minimal morphisms and $\widetilde{\rho}$ itself is an H-isomorphism.

Chapter III The De Rham-Sullivan Theorem and I^*-Measure

III.1 The De Rham-Sullivan Algebra of a Simplicial Complex and the De Rham-Sullivan Theorem

Let K be a connected countable simplicial complex in weak topology with vertices arranged in a definite order

$$v_0 < v_1 < \cdots < v_i < \cdots .$$

A set of indices $J = (j_0, j_1, \cdots, j_p)$ will then be said to be **in the normal order** if $j_0 < j_1 < \cdots < j_p$ and $\sigma_J = (v_{j_0} v_{j_1} \cdots v_{j_p})$ is a simplex of K. The p-simplex σ_J is then also said to be **normally-ordered**. To each vertex v_i let us define now a function t_i on the space $|K|$ of K, as follows. For v_i let K_i be the closed subcomplex of K consisting of all simplexes with v_i as one of its vertices as well as all their faces. For a point p of $|K|$ not in $|K_i|$ the value of t_i at p will be defined to be 0. For a point $p \in |K|$ lying in certain simplex σ of K_i with one of its vertex v_i, t_i at p will be defined to be the barycentric coordinate of p in that simplex corresponding to v_i. The set of functions t_i on $|K|$ is then **point-finite** in the following sense. For each point $p \in |K|$ which lies in the interior of the simplex of K uniquely determined by the point ρ, the only functions non-zero at p are just those corresponding to the vertices of that simplex. It follows in particular that for any point $p \in |K|$, we have

$$\Sigma t_i(p) = 1.$$

The summation over all indices is i which may be infinite in number but has, in fact, only finite number of non-zero terms.

For each vertex v_i let us also associate **formally** a **differential** dt_i. Now, consider any normally ordered p-simplex $\sigma_J = (v_{j_0}v_{j_1}\cdots v_{j_p})$ of K with vertices $v_{j_0}, v_{j_1}, \cdots, v_{j_p}$ where $J = (j_0, j_1, \cdots, j_p)$ is a normally ordered $(p+1)$-tuple of indices with $j_0 < j_1 < \cdots < j_p$. For such a σ_J we shall denote by $\bar{A}^S(\sigma_J)$, $s \geqslant 0$, the set of all formal differential forms of degree s of the form

$$\Sigma_H F_H dt_H = \Sigma_H F_H dt_{h_1} \cdots dt_{h_s}$$

in which Σ_H runs over all ordered sub-s-tuples $H = (h_1, \cdots, h_s)$ from J, dt_H stands for $dt_{h_1} \cdots dt_{h_s}$, and F_H are polynomials in t_j, $j \in J$ with coefficients in a fixed field $\boldsymbol{k}$ of characteristic 0. The direct sum of all these $\bar{A}^S(\sigma_J)$ for $s \geqslant 0$, viz.

$$\bar{A}^*(\sigma_J) = \Sigma_S \bar{A}^S(\sigma_J)$$

will then form a DGA over $\boldsymbol{k}$ with the algebraic operations, exterior differentiation and gradation, all defined in the usual manner. Denote also by $\bar{B}^*(\sigma_J)$ the ideal of $\bar{A}^*(\sigma_J)$ generated by the forms

$$T_J = t_{j_0} + t_{j_1} + \cdots + t_{j_p} - 1$$

and

$$dT_J = dt_{j_0} + dt_{j_1} + \cdots + dt_{j_q}.$$

Then, the DGA

$$\bar{A}^*(\sigma_J)/\bar{B}^*(\sigma_J) = A^*(\sigma_J) = \Sigma A^S(\sigma_J)$$

will be called the **algebra of differential forms** on σ_J. For abuse of notations when no misunderstanding can occur, an element expressed as

$$w = \Sigma F_H dt_H$$

in $\overline{\boldsymbol{A}}^*(\sigma_J)$ will also be used to denote its class in $A^*(\sigma_J)$. Sometimes it is also called a **formal expression** of its class.

Let J' be a subset of J and $\sigma_{J'}$ the face of σ_J spanned by vertices $v_{j'}$, with $j' \in J' \subset J$. Then the relations

$$t_{j''} = 0, \quad dt_{j''} = 0 \quad (j'' \in J - J')$$

will induce a DGA-morphism of $\bar{A}^*(\sigma_J)$ to $\bar{A}^*(\sigma_{J'})$ which passes to a DGA-morphism of $A^*(\sigma_J)$ to $A^*(\sigma_{J'})$, to be called the **restriction** from σ_J to $\sigma_{J'}$. Now, we lay down the following fundamental definitions.

Definition: A collection of differential forms

$$w_J \in A_{\boldsymbol{k}}^S(\sigma_J)$$

of same degree s on each simplex σ_J of K will be said to be **compatible** if for each pair of simplexes $\sigma_{J'}$, σ_J of K with σ_J, a face of σ_J the restriction of w_J on σ_J to $\sigma_{J'}$ is just $w_{J'}$. Such a compatible collection will be called a **differential form** of **degree** s **on** $\boldsymbol{K}$. Denote by $A^S(K)$ the set of all such differential forms of K and by $A^*(K)$ the direct sum of these $A^S(K)$, $S \geqslant 0$. Then, under natural algebraic operations and exterior differentiation $A^*(K)$ will become a DGA over $\boldsymbol{k}$ which will be called the **deRham-Sullivan Algebra** of K (on the field $\boldsymbol{k}$).

Definition: The minimal model of the deRham-Sullivan algebra of K over $\boldsymbol{k}$ will be called the $\boldsymbol{I}^*$**-measure** of K over $\boldsymbol{k}$ to be denoted by $I_{\boldsymbol{k}}^*(K)$:

$$I^*(K) \approx \min A^*(K).$$

Remark: We have dropped $\boldsymbol{k}$ in all the notations. Thus, instead of $A_{\boldsymbol{k}}^*(K)$, $I_{\boldsymbol{k}}^*(K)$, etc. we have written simply $A^*(K)$, $I^*(K)$, etc. whenever no misunderstanding can occur. Similarly for $H^*(K) = H_{\boldsymbol{k}}^*(K)$, etc.

Notation: For a differential form $w \in A^*(K)$ the form in w on any simplex $\rho \in K$ will be denoted by $w(\sigma)$. Moreover, for a form a $\alpha \in A^*(\sigma)$, the restriction of α to a face σ' of σ will be denoted by $\alpha|\sigma'$. Similarly, for K' a subcomplex of K and $w \in A^*(K)$, the collection of all $w(\sigma')$ with $\sigma' \in K'$ is also compatible and forms a differential form on K'. This differential form, to be called **restriction** of w on K', will sometimes be denoted by $w|K'$.

The aim of this chapter is now to prove the following fundamental

Theorem of deRham-Sullivan: The homology of the I^*-measure of a simplicial complex K is isomorphic as graded algebras to the cohomology-ring-measure of K on coefficient field $\boldsymbol{k}$:

$$H(I^*(K)) \approx H^*(K).$$

We shall postpone the proof of this theorem to §III 3 which is based on some work of A. Weil [1].

III.2 The Weil DGA of a Complex

For the proof of the deRham-Sullivan Theorem as stated in §III 1 to be given later, we shall first make some preparations in the present section.

Let K be accordingly a connected countable simplicial complex in weak topology with $A^*(K)$ its deRham-Sullivan algebra and $I^*(K)$ its I^*-measure.

In order to prove the theorem, viz

$$H(I^*(K)) \approx H^*(K),$$

it is clear that it will be enough to prove

$$H(A^*(K)) \approx H^*(K).$$

If we denote by $C^*(K) = \Sigma C^n(K)$ the usual cochain-ring-measure of K on coefficient field $\boldsymbol{k}$, then this is further equivalent to prove

$$H(A^*(K)) \approx H(C^*(K)).$$

Remark that $C^*(K)$ possesses a **non-commutative** DGA structure under the Alexander-Whitney multiplication, and the isomorphism to be proved is an algebraic one. Note that we have written simply $C^*(K)$ and $C^n(K)$ instead of $C^*_{\boldsymbol{k}}(K)$, $C^n_{\boldsymbol{k}}(K)$ with $\boldsymbol{k}$ dropped.

The proof to be given in the next section will be based on one due to Weil in the case of differential manifolds with due modifications. Roughly speaking, Weil introduced some **non-commutative** DGA w^* and some DGA-morphisms d and δ as in the diagram below:

$$(D) \quad C^*(K) \xrightarrow{d} W^* \xleftarrow{\delta} A^*(K).$$

The morphisms d and δ are then shown to induce algebraic isomorphisms

$$(D)_H \quad H(C^*(K)) \underset{\approx}{\xrightarrow{d_H}} H(W^*) \underset{\approx}{\xleftarrow{d_H}} H(A^*(K))$$

which proves the theorem in question.

To define the DGA W^* let us first introduce a collection of subcomplexes of K as follows. Denote the totality of indices $(1, 2, \cdots, n, \cdots)$ by N and the totality of all $(p+1)$-tuples of indices $J = (j_0, j_1, \cdots, j_p)$ in normal order with $j_0 < j_1 < \cdots < j_p$ by N_p. For each $J \in N_p$ let K_J be now the closed subcomplex of K, consisting of all simplexes with σ_J as its face as well as all their faces. In particular we set $K_{(i)} = K_i$. For $J' \subset J$, J, J' both in normal order, K_J is a subcomplex of K_{J}, and the inclusion will induce a DGA-morphism $A^*(K_{J'}) \to A^*(K_J)$ which consists in restricting each compatible collection of differential forms on simplexes of $K_{J'}$, to a collection of those on simplexes of K_J only. Similarly, for any J in normal order K_J is a subcomplex of K and the natural inclusion will induce a DGA-morphism by restriction $A^*(K) \to A^*(K_J)$. For any $w \in A^*(K)$ or $A^*(K_{J'})$, its restriction in $A^*(K_J)$ will be simply denoted by $w|K_J$.

Let $p \geqslant 0$, $m \geqslant 0$ be fixed integers. For each normally-ordered p-simplex σ_J of K, $J \in N_{p''}$ let us take a differential form of degree m

on $K_J : w_J \in A^m(K_J)$.

The set of all such collections under natural algebraic operations

$$w = (w_J)$$

will form some $\boldsymbol{k}$-module $W^{m,p}$. Remark that w_J is itself a (compatible) collection of differential forms on each simplex in the complex K_J.

Convention: For a permutation J' of the normally-ordered subset J with $\sigma_J \in K$, we shall set for convenience

$$w_{J'} = \varepsilon w_J \in A^*(K_J)$$

in which $\varepsilon = +1$ or -1 according to the permutation being even or odd.

Now, form the direct sum

$$W^{**} = \sum W^{m,p}$$

which will become a bi-graded algebra on K with a multiplication (not-anticommutative)

$$W^{m_1,p_r} \cdot W^{m_2,p_2} \subset W^{m_1+m_2,p_1+p_2}$$

defined as follows.

Let $w' \in W^{m_1,p_1}, w'' \in W^{m_2,p_2}$. For each normally-ordered (p_1+p_2)-simplex σ_J of K, with $J = (j_0, j_1, \cdots, jp_1+p_2)$ in normal order, consider the normally ordered p_1-simplex $\sigma_{J'}$, $J' = (j_0, \cdots, j_{p_1})$, and the normally ordered p_2-simplex $\sigma_{J''}$, $J'' = (j_{p_1}, \cdots, j_{p_1+p_2})$. With respect to the Alexander-Whitney product we then have

$$\sigma_{J'} \cdot \sigma_{J''} = \sigma_J.$$

Let $w'_{J'} \in A^{m_1}(K_{J'})$ be the form on $K_{J'}$ in the collection $w' \in W^{m_1,p_1}$. Similarly, for $w''_{J''} \in A^{m_2}(K_{J''})$ in $w'' \in W^{m_2,p_2}$. By definition we now set

$$w_J = w'_{J'J} w''_{J''J} \in A^{m_1+m_2}(K_J),$$

in which

$$w'_{J'J} = w'_{J'}|K_J, \quad w''_{J''J} = w''_{J''}|K_J.$$

With J running over all (p_1+p_2)-tuples of indices in normal order, we then get a collection

$$w = (w_J) \in W^{m_1+m_2, p_1+p_2}$$

which is defined to be the product $w'w''$.

Next, introduce in W^{**} some differentials

$$d : W^{m,p} \to W^{m+1,p} \quad \text{and}$$
$$\delta : W^{m,p} \to W^{m,p+1}$$

as follows.

For the definition of d let us consider any differential form $w = (w_J) \in W^{m,p}$ with $w_J \in A^m(K_J)$, $J \in N_p$. We then simply set by definition

$$dw = (dw_J) \in W^{m+1,p}.$$

To define $\delta : W^{m,p} \to W^{m,p+1}$ let us consider $w = (w_J) \in W^{m,p}$ as above. For each $(p+1)$-simplex σ_H of K with $H = (h_0, \cdots, h_{p+1}) \in N_{p+1}$, let $H_v = (h_0, \cdots, \hat{h}_v, \cdots, h_{\rho+1}) \in N_p$. Then, we put by definition

$$\eta_H = \Sigma(-1)^v \cdot w_{H_v H} \in A^m(K_H), \tag{1}$$

in which

$$w_{H_v H} = w_{H_v}|K_H.$$

We then define

$$\delta w = (\eta_H) \in W^{m,p+1}$$

with H running over N_{p+1}.

Remark: Under the convention given before we verify easily that the formula

$$\eta_H = \Sigma(-1)^v \cdot w_{H_v H}$$

remains true for $(p+2)$-tuples of indices H not in normal order, but a permutation of a $(p+2)$-tuple in normal order.

Now, we put

$$W^* = \sum_{q\geqslant 0} W^q,$$
$$W^q = \sum_{p=0}^{q} W^{q-p,p},$$
$$W^{m,*} = \sum_{p\geqslant 0} W^{m,p},$$
$$W^{*,p} = \sum_{m\geqslant 0} W^{m,p}.$$

It is easy to verify that both d and δ are differentials in $W^{*,p}$ resp. $W^{m,*}$ for any $p \geqslant 0$ or $m \geqslant 0$. Moreover, we have also the following

Lemma 1: d and δ are commutative, i.e.

$$d\delta = \delta d : W^{m,p} \to W^{m+1,p+1}$$

for any $m \geqslant 0$, $p \geqslant 0$.

Proof: This is evident since from (1) we get by differentiation the formula with w, η replaced by dw and $d\eta$.

From the lemma it follows that in defining the gradation in W^* by $\deg w = q$ for $w \in W^q$, then

$$D = d + \bar{\delta} : W^q \to W^{q+1} \tag{2}$$

where

$$\bar{\delta} = (-1)^m \delta | W^{m,*} \tag{3}$$

will be a differential in W^*.

Definition: The DGA W^* with differential D will be called the **Weil DGA** of the complex K.

Remark: The multiplication in the Weil DGA is not anticommutative. On the other hand, it is bi-graded with bi-degree (m, p)

for elements in $W^{m,p}$ and the sub-DGA $W^{*,0}$ is anti-commutative, so that it is the commutative DGA in the usual sense with d as the differential.

In what follows we shall define DGA-morphisms d on $C^*(K)$ and δ on $A^*(K)$ to make the diagram (D^W) below commutative:

(D^w)

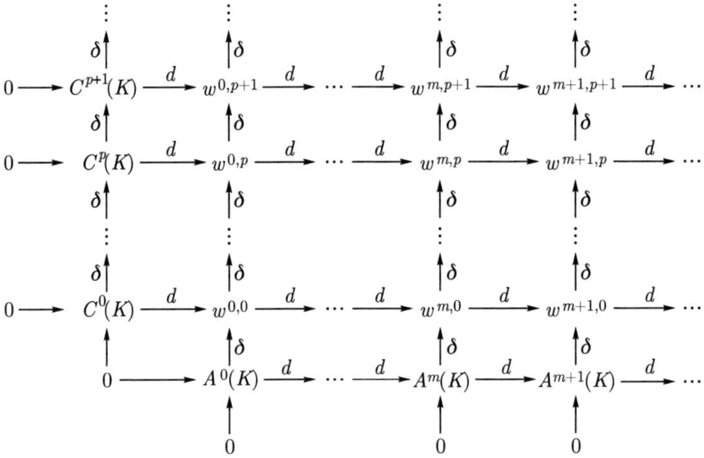

For the definition of d on $C^*(K)$ let $\gamma \in C^p(K)$ be given. For any $(p+1)$-tuple of indices $H = (h_0, \cdots, h_p)$ in normal order let $\gamma_H \in A^0(K_H)$ be the differential forr of degree 0 on K_H which takes on each simplex of K_H the constant-valued polynomial $\gamma(\sigma_H)$. Then, we put as definition

$$d(\gamma) = (\gamma_H) \in w^{0,p}$$

in which H runs over N_p. The d thus defined gives morphisms

$$d : C^*(K) \to W^*$$

with

$$dC^p(K) \subset W^{0,p}.$$

Lemma 2: The morphism $d : C^*(K) \to W^*$ defined above commutes with differentials δ in $C^*(K)$ and W^* and is a DGA-morphism.

Proof: Clear from the very definitions of the various morphisms involved.

Now, for any $w \in A^m(K)$ let

$$w_j = w|K_j \in A^m(K_j)$$

for any $j \in N$ Then, (w_j) with j running over all $j \in N$ will be defined as

$$\delta w = (w_j) \in W^{m,0}.$$

Lemma 3: The morphism

$$\delta : A^*(K) \to W^*$$

defined above commutes with the differentials d in $A^*(K)$ and W^* and is a DGA-morphism.

Proof: It is also clear from the very definitions. Remark that $\delta A^*(K) \subset w^{*,0}$ is anti-commutative though W^* is not.

It can be shown that the sequence formed from each row of (D^W)

$$0 \to C^p(K) \xrightarrow{d} W^{0,p} \xrightarrow{d} \cdots \xrightarrow{d} W^{m,p} \xrightarrow{d} \cdots$$

and the sequence formed from each column of (D^W)

$$0 \to A^m(K) \xrightarrow{\delta} W^{m,0} \xrightarrow{\delta} \cdots \xrightarrow{\delta} W^{m,p} \xrightarrow{\delta} \cdots$$

all are exact. From these it would follow the deRham-Sullivan theorem by a reasoning as given in Bott [1]. However, the exactness of the above sequences are not evident and require some arguments not entirely trivial. Moreover, such proofs are only existential and non-constructive in character. So we shall avoid to do it in this way and, on the contrary, we shall follow the original path of Weil's paper in proving in a direct and constructive manner that in (D) both d and δ are H-isomorphisms. This will complete the proof of the deRham-Sullivan Theorem and will be given in the next section.

III.3 Proof Of The De Rham-Sullivan Theorem

The proof of the theorem in question is based on the diagram

$$(D) \quad C^*(K) \xrightarrow{d} W^* \xleftarrow{\delta} A^*(K)$$

already defined in the preceding section, which has been completed to a commutative diagram (D^W). Now, we shall introduce further morphisms I, K into (D^W) to get one below:

(D^w)

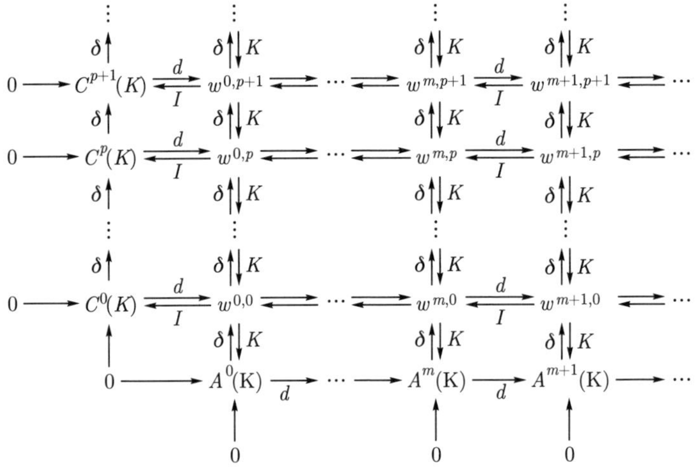

In this diagram the morphisms I, K are defined as follows.

Definition of $I : W^{0,p} \to C^P(K)$.

For any $f = (f_J) \in W^{0,p}$ with J running over all normally ordered $(p+1)$-tuples $(j_0, \cdots, j_p) \in N_p$ and $f_J \in A^0(K_J)$ we just define $I(f) \in C^p(K)$ as the cochain which takes the value $f_J((v_{j_0}))$ on the simplex σ_J.

Lemma 1: $\mathrm{Id} = \text{ident.} : C^p(K) \to C^p(K)$.

Proof: This follows directly from the definitions of I and d.

Definition of $I : W^{m+1,p} \to W^{m,p}$, $m \geqslant 0$.

Consider any normally-ordered p-simplex σ_J of K, with $J = (j_0, \cdots, j_p)$ in normal order. Let τ be any simplex in the complex

K_J. We shall first define a morphism

$$I_{J,\tau} : A^{m+1}(\tau) + A^m(\tau)$$

as follows.

First suppose that τ has v_{j_0} as a vertex with vertices $v_{k_1}, \cdots, v_{k_q}$ besides $v_{j_0}, k_1 < \cdots < k_q$. For the barycentric-coordinate functions in τ we have

$$t_{j_0} = 1 - \sum_{s=1}^{q} t_{k_s},$$
$$dt_{j_0} = -\sum_{s=1}^{q} dt_{k_s}.$$

Any form $\alpha \in A^{m+l}(\tau)$ has consequently a unique representative in the form

$$\alpha = \sum_H F_{h_0 \cdots h_m} dt_{h_0} \cdots dt_{h_m} = \sum F_H dt_H,$$

in which $\sum_H$ runs over all normally-ordered $H = (h_0, \cdots, h_m) \subset (k_1, \cdots, k_q)$ and $F_H = F_{h_0 \cdots h_m}$ are polynomials in $t_{k_1}, \cdots, t_{k_q}$ with coefficients in $\boldsymbol{k}$. Now, for any polynomial F in $t_{k_1}, \cdots, t_{k_q}$ let us write it in the form

$$F = \sum_{i \geqslant 0} F^{(i)}$$

in which $F^{(i)}$ is the homogeneous part of F of degree i. We set then by definition

$$I_{J,\tau}\alpha = \sum_{H,v,i} \left[(-1)^v \cdot \frac{1}{m+i+1} \cdot F_H^{(i)} \cdot t_{h_v} dt_{H_v} \right] \in A^m(\tau),$$

in which $H_v = (h_0, \cdots, \hat{h}_v, \cdots, h_m)$.

Now, consider an element

$$w = (w_J) \in W^{m+1,p}.$$

For each normally-ordered $\sigma_J \in K$ of dimension $p, w_J \in A^{m+1}(K_J)$ is a compatible collection of differential forms $w_J(\tau) \in A^{m+1}(\tau)$ with $\tau \in K_J$. Let $J = (j_0, \cdots, j_p)$ in normal order, then for any τ having v_{j_0} as a vertex we shall set $I_J w_J(\tau) = I_{J,\tau} w_J(\tau) \in A^m(\tau)$ as defined above. These forms are clearly compatible and can be extended uniquely to a compatible collection of differential forms for all $\tau \in K_J$ which will then be denoted by $I_J w_J \in A^m(K_J)$. We set then by definition

$$I(w) = (I_J w_J) \in W^{m,p}.$$

Lemma 2: For the morphisms I we have $(m, p \geqslant O)$

$$dI + Id = \text{ident.}|W^{m,p}.$$

Proof: Let us consider first the case $m = 0$. Suppose thus, given an element

$$f = (f_J) \in W^{0,p},$$

in which J runs over all normally-ordered $(p+1)$-tuples $(j_0, \cdots, j_p) \in N_p$ and $f_J \in A^0(K_J)$ is a compatible collection of polynomials on simplexes of K_J. Let

$$\begin{aligned} I(f) &= \gamma \in C^p(K), \\ dI(f) &= d\gamma = g \in W^{0,p}, \\ d(f) &= w \in W^{1,p}, \\ Id(f) &= Iw = h \in W^{0,p}. \end{aligned}$$

Then we have to prove

$$g + h = f \in W^{0,p}.$$

For this purpose let $J = (j_0, \cdots, j_p)$ be as above and τ be any simplex in K_J with one vertex at v_{j_0}, the other vertices being $v_{k_1}, \cdots, v_{k_s}(k_1$

$< \cdots < k_s$) which will span with σ_J a simplex of K_J. Let F be $f_J(\tau)$ on τ with t_{j_0} already replaced by $1 - \sum\limits_v t_{k_v}$. Write F in the form

$$F = \sum_{i \geqslant o} F^{(i)}$$

in which $F^{(i)}$ is the homogeneous part of degree i of F. Then

$$\begin{aligned} w_J(\tau) &= df_J(\tau) = dF \\ &= \sum_{v,i>o} \frac{\partial F^{(i)}}{\partial t_{k_v}} dt_{k_v}, \\ h_J(\tau) &= I_{J,\tau} w_J(\tau) = \sum_{v,i>o} \frac{1}{i} \frac{\partial F^{(i)}}{\partial t_{k_v}} \cdot t_{k_v} \\ &= \sum_{i>o} F^{(i)} = F - F^{(0)} \\ &= f_J(\tau) - f_J(v_{j0}). \end{aligned}$$

On the other hand

$$\begin{aligned} \gamma(\sigma_J) &= f_J(v_{j0}), \\ g_J(\tau) &= (d\gamma)_J(\tau) = \gamma(\sigma_J) = f_J(v_{j0}). \end{aligned}$$

Hence,

$$g_J(\tau) + h_J(\tau) = f_J(\tau)$$

for $\tau \in K_J$ with one of the vertices of τ at v_{j0}. This will then still be true for any $\tau \in K_J$. It follows that

$$g_J + h_J = f_J$$

in K_J. Since this is true for all p-simplexes σ_J, we have

$$g + h = f$$

as to be asserted.

Next, consider the case $m > 0$ or what is the same, the case of

$$dI + Id = \text{ident.}|W^{m+1,p}$$

for $m \geqslant 0$. To prove it, let us consider a normally-ordered $(p+1)$-tuple $J = (j_0, \cdots, j_p)$ and a simplex $\tau \in K_J$ with one of its vertex at v_{j_0} and other vertices $v_{k_1}, \cdots, v_{k_q}$ with $k_1 < \cdots < k_q$ as before. Consider also any form

$$\alpha = \Sigma F_H dt_H = \Sigma F_H^{(i)} dt_H \in A^{m+1}(\tau)$$

with H running over all normally-ordered $(m+1)$-tuples $(h_0, \cdots, h_m) \subset (k_1, \cdots, k_q)$ and $F_H^{(i)}$ homogeneous of degree i in $t_{k_1}, \cdots, t_{k_q}$ alone, the t_{j_0} already being replaced by $1 - \Sigma_v t_{k_v}$ and dt_{j_0} by $-\Sigma_v dt_{k_v}$. It is then clearly enough to prove that

$$(dI_{J,\tau} + I_{J,\tau} d)\alpha = \alpha.$$

By definition

$$I_{J,\tau}\alpha = \sum_{H,v,i} (-1)^v \cdot \frac{1}{m+1+i} \cdot F_H^{(i)} t_{h_v} dt_{H_v}$$

with $H_v = (h_0, \cdots, \hat{h}_v, \cdots, h_m)$. Whence,

$$dI_{J,\tau}\alpha = \Sigma_1 + \Sigma_2$$

where

$$\Sigma_1 = \sum_{H,i} \frac{m+1}{m+1+i} \cdot F_H^{(i)} dt_H,$$

$$\Sigma_2 = \sum_{H,\mu,v,i} (-1)^v \cdot \frac{1}{m+1+i} \cdot \frac{\partial F_H^{(i)}}{\partial t_{k_\mu}} \cdot t_{h_v} dt_{k_\mu} dt_{H_v}.$$

On the other hand

$$d\alpha = \sum_{H,\mu,i} \frac{\partial F_H^{(i)}}{\partial t_{k_\mu}} \cdot dt_{k_\mu} dt_H.$$

Whence, by definition of $I_{J,\tau}$,

$$I_{J,\tau}d\alpha = \Sigma_3 + \Sigma_4,$$

in which

$$\Sigma_3 = \sum_{H,\mu,v,i} (-1)^{v+1} \cdot \frac{1}{(m+2)+(i-1)} \cdot \frac{\partial F_H^{(i)}}{\partial t_{k_\mu}} \cdot t_{h_v} dt_{k_\mu} dt_{H_v},$$

$$\Sigma_4 = \sum_{H,\mu,i} \frac{1}{(m+2)+(i-1)} \cdot \frac{\partial F_H^{(i)}}{\partial t_{k_\mu}} \cdot t_{k_\mu} dt_H$$
$$= \sum_{H,i} \frac{i}{m+i+1} \cdot F_H^{(i)} dt_H,$$

since $F_H^{(i)}$ is an homogeneous polynomial of degree i in t_{k_μ}.

Since $\Sigma_2 + \Sigma_3 = 0$ we see that

$$(dI_{J,\tau} + I_{J,\tau}d)\alpha = \Sigma_1 + \Sigma_4 = \Sigma F_H^{(i)} dt_H = \alpha,$$

as to be proved.

Definition of $k : W^{m,0} \to A^m(K)$.

Let $w = (w_i) \in w^{m,o}$ with $w_i \in A^m(K_i)$, i running over all indices in N. Then $Kw \in A^m(K)$ will be defined to be the differential form such that for any normally-ordered p-simplex σ_J with $J = (j_0, \cdots, j_p) \in N_p$,

$$(Kw)(\sigma_J) = \sum_\mu t_{j_\mu} w_{j_\mu}(\sigma_J) \in A^m(\sigma_J).$$

Lemma 3: $k\delta = \text{ident.} : A^m(K) \to A^m(K)$.

Proof: For $w \in A^m(K)$, $\delta w \in W^{m,0}$ is such that for any vertex v_i and any simplex $\sigma \in K_i$,

$$(\delta w)_i(\sigma) = w(\sigma).$$

Hence, for any p-simplex σ_J with $J = (j_0, \cdots, j_p)$ a normally-ordered

$(p+1)$-tuple of indices, $K\sigma w$ is by definition given by

$$(k\delta w)(\sigma_J) = \sum_\mu t_{j_\mu}(\delta w)_{j_\mu}(\sigma_J)$$
$$= \sum_\mu t_{j_\mu} w(\sigma_J)$$
$$= w(\sigma_J),$$

since $\Sigma_\mu t_{j_\mu} = 1$. Since σ_J is arbitrary we get $K\delta w = w$, as to be proved.

Definition of morphisms $K : W^{m,p+1} \to W^{m,p}$ $(m, p \geqslant 0)$.

Let

$$w = (w_J) \in W^{m,p+1}$$

be given with $w_J \in A^m(K_J)$ for all normally ordered σ_J of dimension $p+1$ in K. Consider any normally ordered p-simplex σ_H of K with $H = (h_0, \cdots, h_p) \in N_p$ normally ordered. Let v_k be a vertex of K which spans with σ_H a simplex $\sigma_{(KH)}$ of dimension $p+1$ in K, where (kH) is the set $(k, h_0, \cdots, h_p)$ not necessarily in normal order, cf. the convention in §III 2. For any simplex $\tau \in K_{(kH)}$ with v_k as a vertex, the form $t_k w_{(kH)}(\tau) \in A^m(\tau)$ is well-defined where $w_{(kH)}(\tau)$ is that form in the collection of forms $w_{(kH)} \in A^m(K_{(kH)})$. For any simplex $\tau \in K_H$ for which v_k is not a vertex we have clearly $t_k = 0$ on τ and we shall understand $t_k w_{(kH)}(\tau) \in A^m(T)$ simply as 0. The collection of forms $t_k w_{(kH)}(\tau)$ thus defined for all $\tau \in K_H$ is clearly a compatible one, and we shall denote it by $t_k w_{(kH)} \in A^m(K_H)$.

Now, we may define in K_H a differential form ζ_H by setting

$$\zeta_H = \Sigma t_K w_{(kH)} \in A^m(K_H),$$

in which the summation Σ is to be extended over all k not in H. It is well-defined since for any $\tau \in A^m(K_H)$ there are at most a finite number of non-zero terms in the summation corresponding to vertices of τ not of σ_H. We shall set by definition

$$Kw = (\zeta_H) \in w^{m,p}.$$

Lemma 4: For the morphisms K we have $(m, p \geqslant 0)$

$$\delta K + K\delta = \text{Ident.}|W^{m,p}.$$

Proof: First, consider the case $p = 0$. Suppose thus given

$$w = (w_i) \in W^{m,0}$$

in which $w_i \in A^m(K_i)$ with i running over all indices. Let

$$\begin{aligned} \delta w &= \eta \in W^{m,1}, \\ K\eta &= \theta \in W^{m,0}, \\ Kw &= \zeta \in A^m(K), \\ \delta\zeta &= \varphi \in W^{m,0}. \end{aligned}$$

Then we have to prove that

$$\theta + \varphi = w \in W^{m,0}.$$

For this purpose let us consider any K_i and any simplex $\sigma \in K_i$ with one vertex at v_i and other vertices $v_{j_i}, \cdots, v_{j_p}$. Then, we have for any $v = 1, \cdots, p$ (cf. the convention in III 2),

$$\begin{aligned} \eta_{(j_v i)}(\sigma) &= (\delta w)_{(J_v i)}(\sigma) = w_i(\sigma) - w_{j_v}(\sigma), \\ \theta_i(\sigma) &= (K\eta)_i(\sigma) = \Sigma t_{j_v} \eta_{(j_v i)}(\sigma) \\ &= \Sigma t_{j_v} w_i(\sigma) - \Sigma t_{j_v} w_{j_v}(\sigma). \end{aligned}$$

On the other hand

$$\begin{aligned} \zeta(\sigma) &= (Kw)(\sigma) = t_i w_i(\sigma) + \Sigma t_{j_v} w_{j_v}(\sigma), \\ \varphi_i(\sigma) &= (\delta\zeta)_i(\sigma) = \zeta(\sigma) \\ &= t_i w_i(\sigma) + \Sigma t_{j_v} w_{j_v}(\sigma). \end{aligned}$$

It follows that

$$\theta_i(\sigma) + \varphi_i(\sigma) = (t_i + \Sigma t_{j_v}) w_i(\sigma) = w_i(\sigma).$$

Since this should also be true for $\sigma \in K_i$ not having v_i as vertices we have

$$\theta_i + \varphi_i = w_i \text{ in } K_i.$$

Since this is true for all i we have

$$\theta + \varphi = w$$

as to be proved.

Next consider the case $p > 0$. Suppose thus given a form $w \in w^{m,p}$ with

$$\begin{aligned}
\eta &= \delta w \in W^{m,p+1}, \\
\theta &= K\eta \in W^{m,p}, \\
\zeta &= Kw \in W^{m,p-1}, \\
\varphi &= \delta\zeta \in W^{m,p}.
\end{aligned}$$

For any normally-ordered $(p+1)$-tuple $J = (j_0, \cdots, j_p)$ with $J_v = (j_0, \cdots, \hat{j_v}, \cdots, j_p)$ we have now in K_J

$$\begin{aligned}
\varphi_J &= (\delta\zeta)_J = \Sigma(-1)^v \zeta_{J_v} \\
&= \Sigma(-1)^v (kw)_{J_v} \\
&= \Sigma(-1)^v \sum_{k \notin J_v} t_k w_{(kJ_v)} \\
&= \Sigma(-1)^v \cdot \left[t_{jv} w_{(j_v j_0 \cdots \hat{j_v} \cdots j_p)} \sum_{k \notin J} t_k w_{(kJ_v)} \right] \\
&= \Sigma t_{j_v} w_J + \sum_{k \notin J} \sum_v (-1)^v \cdot t_k w_{(kJ_v)}.
\end{aligned}$$

On the other hand

$$\begin{aligned}
\theta_J = (K\eta)_J &= \sum_{k \notin J} t_k \eta_{(kJ)} \\
&= \sum_{k \notin J} t_k (\delta w)_{(kJ)} \\
&= \sum_{k \notin J} t_k w_J + \sum_{k \notin J} \sum_v (-1)^{v+1} t_k w_{(kJ_v)}.
\end{aligned}$$

It follows that

$$\theta_J + \varphi_J = \sum_{k \in N} t_k w_J = w_J.$$

Since this is true for all $(p+1)$-tuples J we have

$$\theta + \varphi = w,$$

as to be asserted.

In W^* and $C^*(K)$ let us set

$$\bar{\delta}|W^{m,p} = (-1)^m \delta,$$
$$\bar{\delta}|C^p(K) = -\delta.$$

Then

$$d\bar{\delta} = -\bar{\delta}d|W^*,$$
$$d\bar{\delta} = -\bar{\delta}d|C^*(K),$$

and

$$D = d + \bar{\delta}|W^*.$$

Lemma 5: For $q \geqslant 0$ we have

$$(I\bar{\delta})^{q+1}d = I\bar{\delta}d(I\bar{\delta})^q : W^{q,p} \to W^{0,p+q+1}.$$

Proof: This is evident for $q = 0$. Proceed by induction we have on $W^{q,p}$,

$$(I\bar{\delta})^{q+1}d = -(I\bar{\delta})^q Id\bar{\delta} = -(I\bar{\delta})^q(1 - dI)\bar{\delta} = +(I\bar{\delta})^q dI\bar{\delta},$$

as $I\bar{\delta}W^{q,p} \in W^{q-1,p+1}$, so by induction,

$$(I\bar{\delta})^{q+1}d = I\bar{\delta}d(I\bar{\delta})^q,$$

as to be proved.

Let us define now morphisms

$$d' : W^m \to C^m(K)$$

as follows. For any element

$$w = \sum_{q=o}^{m} w_q \in W^m \text{ with } w_q \in W^{q,m-q},$$

let us set by definition

$$d'w = \Sigma I(-\bar{\delta}I)^q w_q \in C^m(K).$$

Then we have

Lemma 6:

$$d'D = \delta d' | W^m.$$

Proof: Let $w = \Sigma w_q \in W^m$ as above with the convention $w_{-1} = 0$, $w_{m+1} = 0$. Then we have

$$Dw = \Sigma(d + \bar{\delta})w_q = \Sigma v_q \in W^{m+1},$$

with

$$v_q = \bar{\delta}w_q + dw_{q-1} \in W^{q,m+1-q}.$$

Hence, by definition of d',

$$\begin{aligned} d'Dw &= \Sigma I(-\bar{\delta}I)^q v_q \\ &= \Sigma I(-\bar{\delta}I)^q(\bar{\delta}w_q + dw_{q-1}) \\ &= \Sigma I(-\bar{\delta}I)^q(\bar{\delta} - \bar{\delta}Id)w_q. \end{aligned}$$

By Lemmas 1, 2, 5 we have then

$$\begin{aligned} d'DW &= \Sigma I(-\bar{\delta}I)^q \bar{\delta}dIw_q = \Sigma(-1)^q(I\bar{\delta})^{q+1}dIw_q \\ &= \Sigma(-1)^q(I\bar{\delta})^2 d(I\bar{\delta})^{q-1}Iw_q \\ &= -\Sigma(-1)^q I\bar{\delta}Id\bar{\delta}(I\bar{\delta})^{q-1}Iw_q \\ &= -\Sigma(-1)^q I\bar{\delta}(1 - dI)\bar{\delta}(I\bar{\delta})^{q-1}Iw_q \\ &= +\Sigma(-1)^q I\bar{\delta}d(I\bar{\delta})^q Iw_q \\ &= I\bar{\delta}d\Sigma I(-\bar{\delta}I)^q w_q \\ &= -Id\bar{\delta}d'w. \end{aligned}$$

Since $\bar{\delta} d'w \in C^{m+1}(K)$ and Id = ident.$|C^*(K)$, we finally get

$$d'Dw = \delta d'w.$$

Proposition 1: The DGA-morphism

$$d : C^*(K) \to W^*$$

is an H-isomorphism or

$$d_H : H(C^*(K)) \approx H(W^*).$$

Proof: By Lemma 6, d' will induce a morphism

$$d'_H : H(W^*) \to H(C^*(K)).$$

Since from definition we clearly have

$$d'd = \text{ident.}|C^*(K),$$

we have also

$$d'_H d_H = \text{ident.}$$

so that d_H is in particular a monomorphism.

To prove that d_H is also an epimorphism, let $z = \Sigma z_q \in W^m$, $z_q \in W^{q,m-q}$ with $Dz = 0$. Then

$$\bar{\delta} z_q + dz_{q-1} = 0.$$

Suppose that $z_k \neq 0$ while $z_q = 0$ for $q > k$. Then we have necessarily $dz_k = 0$ so that

$$\begin{aligned} z_k &= (dI + Id)z_k \\ &= dIz_k = DIz_k - \bar{\delta} I z_k \\ &\sim -\bar{\delta} I z_k \in W^{k-1,m-k+1}. \end{aligned}$$

By successive reductions we thus see that we have for some $\bar{z}_0 \in W^{0,m}$,

$$z \sim \bar{z}_0 \text{ in } W^*.$$

Since $D\bar{z}_0 = 0$ we have $d\bar{z}_0 = 0$ and $\delta\bar{z} = 0$, so that

$$\bar{z}_0 = (Id + dI)\bar{z}_0 = dI\bar{z}_0$$

with

$$\begin{aligned} \delta I\bar{z}_0 &= Id\delta I\bar{z}_0 = I\delta dI\bar{z}_0 \\ &= I\delta\bar{z}_0 \\ &= 0. \end{aligned}$$

It follows that $I\bar{z}_0$ is a cycle in $C^*(K)$ and the class of z or that of $\bar{z}_0 = dI\bar{z}_0$ is the image of the class of $I\bar{z}_0$ under d_H. This proves that d_H is also an epimorphism.

Entirely parallel to the above we also have now

Proposition 2: The DGA-morphism

$$\delta : A^*(K) \to W^*$$

is an H-isomorphism or

$$\delta_H : H(A^*(K)) \approx H(W^*).$$

Combining Propositions 1 and 2 the Theorem of deRham-Sullivan follows immediately. Moreover, from the proof of Prop. 1 we see that the isomorphism in the theorem will be induced by the explicit morphisms

$$d'\delta = I(-\bar{\delta}I)^m\delta = (-1)^{m(m+1)/2} \cdot (I\delta)^{m+1}; \quad A^m(K) \to C^m(K).$$

It may also be induced by a similar explicit morphism in reverse direction, viz.

$$(-1)^{m(m+1)/2} \cdot (Kd)^{m+1} : C^m(K) \to A^m(K).$$

III.4 Integration and Duality

We have proved, for a connected countable simplicial complex K in weak topology, the deRham-Sullivan Theorem in the form of an algebraic isomorphism

$$H(A^*(K)) \approx H(C^*(K))$$

in which $C^*(K) = C^*_{\boldsymbol{k}}(K)$ with $\boldsymbol{k}$ a fixed field of characteristic 0 to be omitted throughout in the notations. Now, the cohomology-ring measure on the right-hand side, considered as a group, is known to be dual to the homology-group measure $H_\oplus(K) \approx H^{\boldsymbol{k}}_\oplus(K)$ of K on coefficient field $\boldsymbol{k}$ so that, as additive isomorphisms

$$\begin{aligned} H(A^*(K)) &\approx \mathrm{Hom}_{\boldsymbol{k}}(H_\oplus(K), \boldsymbol{k}) \\ &\approx H(\mathrm{Hom}_{\boldsymbol{k}}(C(K), \boldsymbol{k})) \end{aligned}$$

in which $C(K) = \Sigma C_m(K) = \Sigma C^{\boldsymbol{k}}_m(K)$ is the usual group of **finite** chains of K on coefficient field $\boldsymbol{k}$.

The presend section will show that the additive isomorphisms in the above form, as well as the known duality, can be realized by some "integration" procedure

$$\int : A^m(K) \to \mathrm{Hom}_{\boldsymbol{k}}(C_m(K), \boldsymbol{k})$$

to be defined below. The proof is again based on a modification of Weil's original one. First, we shall introduce a certain chain complex $W_* = \Sigma W_{m,p}$ somewhat dual to the Weil DGA W^* in the following way.

For each pair $m, p \geqslant 0$ let $W_{m,p}$ be the $\boldsymbol{k}$-module of collections $u = (u_J)$ where $u_J \in C_m(K_J)$ are zero, except only a finite number of them, however, with J running over all normally-ordered $(p+1)$-tuples of indices.

Dual to the diagram (D^W) of §III3 we introduce now the following diagram

(D_w)

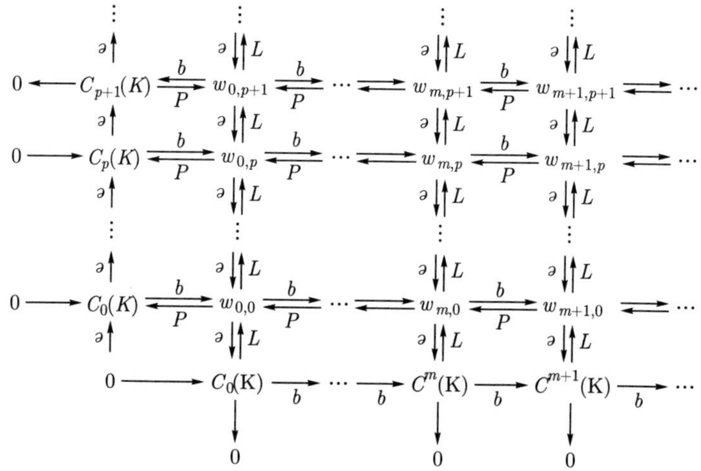

In the diagram (D_W)

$$\partial \text{ or } b : C_{r+1}(K) \to C_r(K)$$

both are the usual boundary operators in the chain complex $C(K)$. The other morphisms b, P, ∂, L occuring in the diagram are defined as follows:

Definition of $b : W_{0,p} \to C_p(K)$.

For

$$u = (u_J) \in W_{0,p}, \quad u_J \in C_0(K_J),$$

with J running over all normally-ordered $(p+1)$-tuples of indices, let Ind u_J be the sum of coefficients of the chain u_J. Then, by definition

$$bu = \Sigma \text{Ind } u_J \cdot \sigma_J.$$

Remark that this is well-defined, since only a finite number of u_J can be non-zero and each u_J is a finite chain.

Definition of $b : W_{m+1,p} \to W_{m,p}$.

For $u = (u_J) \in W_{m+1,p}$ with $u_J \in C_{m+1}(K_J)$, J running over all normally ordered $(p+1)$-tuples of indices, let

$$b_J : C_{m+1}(K_J) \to C_m(K_J)$$

be the usual boundary operator. Then, by definition

$$bu = (b_J u_J) \in W_{m,p}.$$

Definition of $P : C_p(K) \to W_{0,p}$.

For $u = \Sigma u_J \sigma_J \in C_p(K)$ in which $u_J \in \boldsymbol{k}$ and Σ runs over normally-ordered $(p+1)$-tuples of indices $J = (j_0, \cdots, j_p)$ we set by definition

$$P_J u = u_J v_{j_0} \in C_0(K_J),$$
$$Pu = (P_J u) \in W_{0,p}.$$

Definition of $P : W_{m,p} \to W_{m+1,p}$.

Let σ_J be any p-simplex of K with $J = (j_0, \cdots, j_p)$ normally-ordered. For any normally-ordered m-simplex $\tau = (v_{k_0} \cdots v_{k_m}) \in K_J$, let $P_J \tau = 0$ if some $k_j = j_0$ while

$$P_J \tau = (-1)^v \cdot (v_{k_0} \cdots v_{k_{v-1}} v_{j_0} v_{k_v} \cdots v_{k_m})$$

if no $k_i = j_0$ and $k_{v-1} < j_0 < k_v$. Then, for

$$u = (u_J) \in W_{m,p}, \quad u_J = \Sigma u_{J\tau} \tau \in C_m(K_J), \quad u_{J,\tau} \in \boldsymbol{k},$$

we set by definition

$$Pu = (P_J u_J) \in W_{m+1,p},$$
$$P_J u_J = \Sigma u_{J,\tau} P_J \tau \in C_{m+1}(K_J).$$

Definition of $\partial : W_{m,0} \to C_m(K)$.

For $x = (x_j) \in W_{m,0}$, $x_j \in C_m(K_j)$, we set by definition, as is clearly legitimate,

$$\partial x = \Sigma x_j \in C_m(K).$$

Definition of $\partial : W_{m,p+1} \to W_{m,p}$.

Let $x = (x_H) \in W_{m,p+1}$, $x_H = \Sigma x_{H,\tau}\tau \in C_m(K_H)$, with $x_{H,\tau} \in \boldsymbol{k}$ and H running over all normally ordered $(p+2)$-tuples of indices. Consider any normally ordered $(p+1)$-tuple of indices $J = (j_0, \cdots, j_p)$. For any vertex $v_k \in K_J$ with $k \notin J$ we shall set by definition

$$\partial x = (y_J) \in W_{m,p},$$

$$y_J = \Sigma \varepsilon_{KJ} x_{[kJ],\tau}\tau \in C_m(K_J),$$

in which $[kJ]$ means the normally-ordered $(p+2)$-tuple formed from $(k, j_0, \cdots, j_p)$ and $\varepsilon_{KJ} = +1$ or -1 according to the permutation to bring $(k, j_0, \cdots, j_p)$ into the normal order is even or odd.

Definition of $L : C_m(K) \to W_{m,0}$.

For any normally-ordered m-simplex τ of K let the first vertex of τ be $v_{i(\tau)}$. For $z = \Sigma z_\tau \tau \in C_m(K)$ with $z_\tau \in \boldsymbol{k}$ we set now by definition

$$Lz = (x_j) \in W_{m,0},$$

$$x_j = \sum_{i(\tau)=j} z_\tau \tau \in C_m(K_j).$$

Definition of $L : W_{m,p} \to W_{m,p+1}$.

Let $x = (x_J) \in W_{m,p}$, $x_J = \Sigma x_{J,\tau}\tau \in C_m(K_J)$ with $x_{J,\tau} \in \boldsymbol{k}$ and J running over all normally-ordered $(p+1)$-tuples of indices. For any normally-ordered $(p+2)$-tuple of indices $H = (h_0, \cdots, h_{p+1})$ let $H_v = (h_0, \cdots, \hat{h}_v, \cdots, h_{p+1})$. Since $K_H \subset K_{H_v}$ we may put

$$y_{H,\tau} = (-1)^v \cdot x_{H_v,\tau}$$

if the first vertex of τ is some v_{h_v} and

$$y_{H,\tau} = 0$$

otherwise. We define then

$$Lx = (y_H) \in W_{m,p+1},$$

$$y_H = \Sigma y_{H,\tau}\tau \in W_{m,p+1}.$$

About the morphisms in the diagram we have the following lemmas. All the proofs are only direct verifications and will be omitted throughout.

Lemma 1: For $m, p \geqslant 0$,

$$b^2 = 0 : W_{m+2,p} \to W_{m,p},$$

and

$$\partial^2 = 0 : W_{m,p+2} \to W_{m,p}.$$

Lemma 2: For the morphisms P, b we have

$$\begin{aligned} Pb + bP &= \text{ident.}|W_{m,p}, \\ bP &= \text{ident.}|C_p(K). \end{aligned}$$

Lemma 3: For the morphisms L, ∂ we have

$$\begin{aligned} L\partial + \partial L &= \text{ident.}|W_{m,p}, \\ \partial L &= \text{ident.}|C_m(K). \end{aligned}$$

Lemma 4: The part of the diagram (D_W) involving only b and ∂ is commutative.

Lemma 5: In the diagram (D_W) the sequences

$$0 \leftarrow C_p(K) \underset{b}{\leftarrow} W_{0,p} \underset{b}{\leftarrow} \cdots \underset{b}{\leftarrow} W_{m,p} \underset{b}{\leftarrow} \cdots$$

of the horizontal rows are exact. The same is true for tho sequences

$$\cdots \underset{\partial}{\rightarrow} W_{m,p} \underset{\partial}{\rightarrow} \cdots \rightarrow W_{m,0} \underset{\partial}{\rightarrow} C_m(K) \rightarrow 0$$

of the vertical columns.

Setting now

$$\begin{aligned} W_* &= \Sigma W_m, \\ W_m &= \Sigma W_{q,m-q}, \\ \bar{\partial} &= (-1)^m \partial | W_{m,p}, \\ D &= b + \bar{\partial}. \end{aligned}$$

In view of the above Lemmas we see that W_* becomes a chain complex with boundary operator D.

Definition: The chain complex $W_* = \Sigma W_m$ with D as boundary operator will be called the **Weil Chain Complex** associated to the complex K.

The following lemmas are also easily proved by induction in using the above lemmas:

Lemma 6: Let $w \in A^m(K)$ be a cycle in $A^*(K) : dw = 0$. Then, $\delta(I\delta)^q w \in W^{m-q,g}(K)$ is also a cycle in Weil DGA W^* for any $q \geqslant 0$. In particular

$$d\delta(I\delta)^q w = 0.$$

Lemma 7: Let $x \in C_m(K)$ be a cycle in $C(K) : \partial x = bx = 0$. Then $(\partial P)^q x \in W_{q-l,m-q}$ is also a cycle in the Weil Chain complex W_* for any $q \geqslant 1$. In particular,

$$b(\partial P)^q x = 0.$$

As in §III3, we now have the following

Theorem 1: $(\partial P)^{m+1} : C_m(K) \to C_m(K)$ is an isomorphism which is at most a sign change:

$$(\partial P)^{m+1} = (-1)^{\frac{1}{2}m(m+1)} : C_m(K) \approx C_m(K).$$

Proof: It is sufficient to consider an elementary chain $z = \sigma_J \in C_m(K)$ where $J = (j_0, \cdots, j_m)$ is a normally-ordered $(m+1)$-tuple of indices. Set $J_i' = (j_0, \cdots, j_i)$, $J_i'' = (j_1, \cdots, j_m)$, $J_{i,v}'' = (j_i, \cdots, j_v, \cdots, j_m)$ for $0 \leqslant i \leqslant m$ and $i \leqslant v \leqslant m$. Let

$$\begin{aligned}
&P(\partial P)^i z = (x_{H_i}^{(i)}) = x^{(i)} \in W_{i,m-i}, \quad \text{for } 0 \leqslant i \leqslant m,\\
&(\partial P)^{i+1} z = (y_{L_i}^{(i)}) = y^{(i)} \in W_{i,m-i-1}, \quad \text{for } 0 \leqslant i \leqslant m-1,\\
&(\partial P)^{m+1} z = y^{(m)} \in C_m(K),
\end{aligned}$$

in which H_i, and L_i, run over all normally-ordered $(m-i+1)$- and $(m-i)$-tuples of indices respectively.

By induction we verify now directly:

For $0 \leqslant i \leqslant m$,

$$x_{H_i}^{(i)} = \begin{cases} (-1)^{\frac{1}{2}i(i+1)} \cdot \sigma_{J_i'} \in C_i(K_{J_i''}), \text{ for } H_i = J_i'', \\ 0, \text{ for } H_i \neq J_i''. \end{cases}$$

For $0 \leqslant i < m-1$,

$$y_{L_i}^{(i)} = \begin{cases} (-1)^{v-i} \cdot (-1)^{\frac{1}{2}i(i+1)} \cdot \sigma_{J_i'} \in C_i(K_{J_{i,v}''}), \text{ for } L_i = J_{i,v}'', \\ 0, \text{ for } L_i \neq \text{any } J_{i,v}''. \end{cases}$$

Whence, we get

$$\begin{aligned}(\partial P)^{m+1} z = \partial x^{(m)} &= \sum_{j \in N} x_j^{(m)} = x_{j_m}^{(m)} \\ &= (-1)^{\frac{1}{2}m(m+1)} \cdot \sigma_{J_m'} = (-1)^{\frac{1}{2}m(m+1)} \cdot z.\end{aligned}$$

The $\boldsymbol{k}$-module $W_{m,p}$ will now be made dual to $W^{m,p}$ by means of an integration or scalar product to be defined as follows.

First let us set by definition for any normally-ordered m-simplex σ_H of K with $H = (h_0, \cdots, h_m)$,

$$\begin{aligned}&\int_{\sigma_H} t_{h_0}^{s_0} \cdots t_{h_m}^{s_m} dt_{h_0} \cdots \widehat{dt}_{h_v} \cdots dt_{h_m} \\ &= (t_{h_0}^{s_0} \cdots t_{h_m}^{s_m} dt_{h_0} \cdots \widehat{dt}_{h_v} \cdots dt_{h_m}, \sigma_H) \\ &= (-1)^v \cdot \frac{s_0! \cdots s_m!}{(\Sigma s_i + m)!}.\end{aligned}$$

For any $\alpha \in A^m(\sigma_H)$, we then extend the definition of $\int_{\sigma_H} \alpha$ or (α, σ_H) by linearity. This definition is legitimate since it is readily verified that $(\alpha, \sigma_H) = 0$, whenever α is in the ideal generated by $t_{h_0} + \cdots + t_{h_m} - 1$ and $dt_{h_0} + \cdots + dt_{h_m}$.

Definition: For any form

$$w = (w_J) \in W^{m,p}$$

and any chain

$$x = (x_J) \in W_{m,p}$$

in which J runs over all normally-ordered $(p+1)$-tuples of indices, the **scalar product** between w and x is the value (w, x) given by

$$(w, x) = \sum_J (w_J, x_J),$$

in which

$$(w_J, x_J) = \sum_\tau x_{J,\tau}(w_J(\tau), \tau),$$
$$x_J = \sum_\tau x_{J,\tau}\tau \in C_m(K_J), \quad x_{J,\tau} \in \boldsymbol{k}.$$

Note that the definition is legitimate since Σ_J has only a finite number of nonzero terms and each x_J is a finite chain.

Definition: For any elements

$$w \in W^{m,p}, \quad x \in W_{m,p},$$

the value $(w, x) \in \boldsymbol{k}$ will be called the **integral** of w over x to be denoted by

$$\int_x w \text{ or } (w, x).$$

The module-morphism

$$\int : A^m(K) \to \mathrm{Hom}_{\boldsymbol{k}}(C_m(K), \boldsymbol{k})$$

given by

$$\left(\int w\right)(x) = \Sigma x_J \int_{\sigma_J} w(\sigma_J)$$

for $w \in A^m(K)$, $x = \Sigma x_J\sigma_J \in C_m(K)$, $x_J \in \boldsymbol{k}$, and J runs over normally-ordered $(m+1)$-tuples of indices, will be called the **integration** of $A^m(K)$ on K, and $(\int w)(x)$ will also be denoted simply as $\int_x w$ or (w, x), or also $w(x)$ if no misunderstanding can occur.

Theorem 2: For any given elements

$$w \in W^{m,p}, \quad x \in W_{m+1,p}, \quad y \in W_{m,p+1},$$
$$u \in C^p(K), \quad \xi \in A^m(K),$$
$$\alpha \in W_{0,p}, \quad z \in W_{m,0},$$

we have

$$\int_x dw = \int_{bx} w, \quad \text{or } (dw, x) = (w, bx).$$
$$\int_y \delta w = \int_{\partial y} w, \quad \text{or } (\delta w, y) = (w, \partial y).$$
$$\int_\alpha du = \int_{b\alpha} u, \quad \text{or } (du, \alpha) = (u, b\alpha).$$
$$\int_z \delta\xi = \int_{\partial z} \xi, \quad \text{or } (\delta\xi, z) = (\xi, \partial z).$$

Proof: By direct verifications, which will be omitted.

We now come to the main result of this section, viz.

Theorem 3: The integration

$$\int : A^*(K) \to \mathrm{Hom}_{\boldsymbol{k}}(C(K), \boldsymbol{k}) \approx C^*(K)$$

commutes with differentiations in $A^*(K)$ and $\mathrm{Hom}_{\boldsymbol{k}}(C(K), \boldsymbol{k})$ and induces additive isomorphisms

$$\int_H : H_m(A^*(K)) \approx H_m(C^*(K))$$

which realize the isomorphism in the deRham-Sullivan Theorem.

Proof: Using Theorem 1 and then Theorem 2 we have for $w \in A^m(K)$, $x \in C_m(K)$ with $dw = 0$ and $bx = 0$,

$$\begin{aligned}(-1)^{\frac{1}{2}m(m+1)} \cdot (w, x) &= (w, (\partial P)^{m+1}x) \\ &= (\delta w, P(\partial P)^m x) = ((Id + dI)\delta w, P(\partial P)^m x) \\ &= (dI\delta w, P(\partial P)^m x) \\ &= (I\delta w, bP(\partial P)^m x) \\ &= (I\delta w, (1 - Pb)(\partial P)^m x) \\ &= (I\delta w, (\partial P)^m x), \quad \text{by Lemma 7.}\end{aligned}$$

Proceeding inducitively in this manner we finally get

$$(-1)^{\frac{1}{2}m(m+1)} \cdot (w, x) = ((I\delta)^{m+1} w)(x).$$

By Theorem of the last section,

$$d'\delta = (-1)^{\frac{1}{2}m(m+1)} \cdot (I\delta)^{m+1} : A^m(K) \to C^m(K)$$

induces an isomorphism

$$(d'\delta)_H : H(A^*(K)) \approx H(C^*(K))$$

and thus, we see that isomorphism is realized by the integration $\int_x w$, as to be proved.

The following theorem is quite evident:

Theorem 4: For any simplicial map f of a connected countable simplicial complex K into another such one L, there will induce a natural DGA-morphism

$$f^A : A^*(L) \to A^*(K)$$

and a natural module-morphism

$$f_C : C(K) \to C(L).$$

For the integration we then have

$$\int_x f^A w = f_{f_C x} w$$

for any $w \in A^m(L)$ and $x \in C_m(K)$.

Corollary: The ring-morphism

$$(f^A)_H : H(A^*(L)) \to H(A^*(K))$$

induced by f^A coincides with the usual morphism

$$f^H : H^*(L) \to H^*(K)$$

induced by f via deRham-Sullivan Theorem.

III.5 Homotopy Invariance and Calculability of I^*-Measure

For the category of arbitrary connected countable simplicial complexes in weak topology K we have associated a DGA-measure $I^*(K) = I_{\boldsymbol{k}}^*(K)$ for each field $\boldsymbol{k}$ of characteristic 0. In this section, we shall now investigate the adequacy of such a measure from the point of view indicated in §I3.

For the finiteness condition we see from Chap, II, that the I^*-measure of a complex is usually finitely generated in each degree, e.g., in the case of simply-connected finite complexes. The requirement of finiteness is thus observed in the main, at least in case of complexes not too complicated.

For the invariance condition let us first prove the following

Theorem 1: The I^*-measure of connected countable simplicial complexes in weak topology is combinatorically invariant.

Proof: Let K' be a simplicial subdivision of such a simplicial complex K. Consider any simplicial map s of K' to K which sends any vertex v' of K' to one of K which is a vertex of a simplex K containing v' in its interior. Then, s will induce a DGA-morphism

$$s^A : A^*(K) \to A^*(K')$$

which will induce in turn a ring-morphism

$$(s^A)_H : H(A^*(K)) \to H(A^*(K')).$$

By the deRham-Sullivan Theorem this is the same as the morphism

$$s^H : H^*(K) \to H^*(K')$$

which is known to be an algebraic isomorphism. Thus, s^A is an H-isomorphism, so that by §II4., we have

$$\min A^*(K) \approx \min A^*(K')$$

or

$$I^*(K) \approx I^*(K').$$

this proves the combinatorical invariance of $I^*(K)$.

More generally, we have the following

Theorem 2: The I^*-measure of connected countable simplicial complexes with weak topology is homotopically invariant.

Proof: Let K, L be such simplicial complexes, which are homotopically equivalent with the continuous map $g : K \to L$, realizing their homotopical equivalence. Let K' be a certain simplicial subdivision of K and $s' : K' \to L$ a simplicial map, which is a simplicial approximation of g. Let $s : K' \to K$ be a simplical map, as in the proof of Theorem 1. Then, we have a diagram of simplicial maps

$$K \overset{s}{\leftarrow} K' \overset{s'}{\rightarrow} L$$

which will induce a diagram of DGA-morphisms

$$A^*(K) \xrightarrow{s^A} A^*(K') \xleftarrow{s'^A} A^*(L).$$

This, in turn, will induce a diagram of ring-morphisms

$$H(A^*(K)) \xrightarrow{(s^A)_H} H(A^*(K')) \xleftarrow{(s'^A)_H} H(A^*(L))$$

which, by Theorem of deRham-Sullivan, is the same as the diagram below:

$$H^*(K) \xrightarrow{s^H} H^*(K') \xleftarrow{s'^H} H^*(L).$$

Now, it is known that both s^H and s'^H are ring-isomorphisms, or that both s^A and s'^A are H-isomorphisms. Therefore, it follows again from §II4. that

$$I^*(K) \approx I^*(K') \approx I^*(L)$$

or I^*-measure is homotopically-invariant, as to be proved.

The above theorem shows, that the following definition is legitimate:

Definition: For a connected space X in the HSC-category, i.e., one homotopically equivalent to connected countable simplicial complexes in weak topology, the I^*-measure of any such simplicial complex will be called the I^*-**measure** of the space X and will be denoted by $I^*(X)$.

Consider two spaces X, Y in the HSC-category and a continuous map $f : X \to Y$. Let $g : K \to X$, $h : Y \to L$ be some homotopic equivalence with connected countable simplicial complexes K, L. Let K' be a simplicial subdivision of K and $f' : K' \to L$ be a simplicial approximation of $hfg : K \to L$. For the induced DGA-morphism

$$f'^A : A^*(L) \to A^*(K')$$

there will be associated some minimal morphisms

$$\min f'^A : \min A^*(L) \to \min A^*(K')$$

or

$$\min f'^A : I^*(Y) \to I^*(X).$$

By Chap.II it is clear that $\min f'^A$ is uniquely determined up to homotopy, and any such morphism will be said to be **induced** by f and denoted as

$$f^I : I^*(Y) \to I^*(X).$$

Finally, concerning the calculability condition let us first remark, that the I^*-measure may be non-calculable with respect to quite simple geometrical constructions, and the following is such an example.

Example: Let K be the projective plane and L a projective line in K with inclusion $i : L \subset K$.

Then, we have

$$I^*(K) = 0$$
$$I^*(L) = \mathrm{Extr}(x)$$

with $\deg x = 1$ and the DGA-morphism induced by i is the trivial one

(D_w)

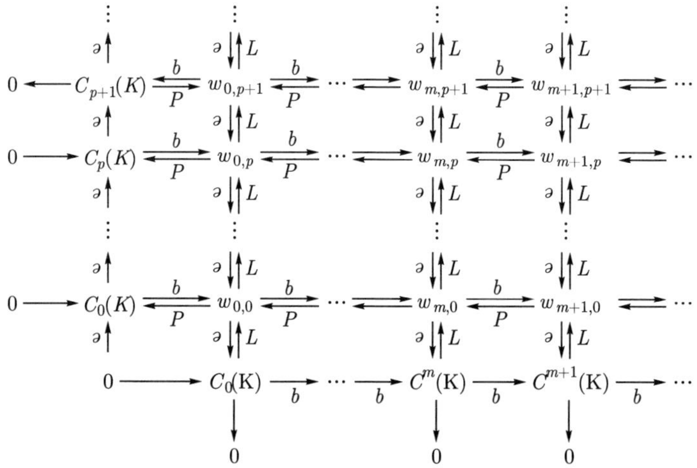

Now, let K be the ordinary 3-space R^3 and L be any knot in R^3, with $i : L \subset K$ again the inclusion. Then, $I^*(K)$, $I^*(L)$ and the induced DGA-morphism i^I will be same as above.

Remove now L from K to get the space $K - L$. Then, it is clear that in the first case $K - L$ is contractible, so that $I^*(K - L) = 0$, while in the second case $I^*(K - L)$ is non-trivial. This shows that the I^*-measure is not calculable with respect to the geometrical construction in removing a subspace from a space.

In spite of the non-calculability example above, we shall show in later chapters that the I^*-measure is calculable with respect to most of the important geometrical constructions, usually occuring in algebraic topology. This is in fact the main task to which the present book is devoted.

Let us add some final remarks.

(A) The notion of deRham-Sullivan algebra and hence also the I^*-measure can be easily extended to much broader categories of spaces via, e.g., the singular complex or nerve complex of coverings, which we shall not enter.

(B) Any field $\boldsymbol{k}$ of characteristic 0 contains the rational field Q as a subfield so that, as easily seen,

$$I_{\boldsymbol{k}}^*(X) \approx I_{\boldsymbol{Q}}^*(X) \otimes \boldsymbol{k}$$

in a natural manner.

(C) In defining $A^*(K)$ we have used forms in barycentric coordinates on each simplex with **polynomial** coefficients. Forms with C^∞- or other kinds of functions as coefficients may be used equally well in getting a theorem of deRham-Sullivan type, with due modifications of the proof given in this chapter. The minimal model thus deduced will then be simply $I_R^*(K)$, giving noth ing in new.

(D) Any (connected) differential manifold M, according to J.H.C. Whitehead, possesses a canonical class of simplicial subdivisions combinatorically equivalent to each other. Let K be any such associated complex. Then, the usual OGA-algebra $A^*(M)$ of differential forms with, e.g., C^∞-functions as coefficients on M, will induce canonically a subalgebra of the deRham-Sullivan algebra $A^*(K)$ of K, defined in using the same kind of coefficients as in (C).

The induced inclusion morphism is an H-isomorphism, as a consequence of the deRham-Sullivan theorem. It follows that the usual $A^*(M)$ can be used for the determination of $I_{\boldsymbol{R}}^*(M)$, viz. $I_{\boldsymbol{R}}^*(M) \approx \min A^*(M)$.

(E) For a space X in the HCS-category the cohomology-ring of X on any coefficients field k of characteristic 0 is completely determined by its I^*-measure, viz,

$$H_{\boldsymbol{k}}^*(X) \approx H(I_{\boldsymbol{k}}^*(X)).$$

The converse is surely not true in general.

(F) In certain cases $I^*(X)$ of a space X can, however, be determined from the knowledge of its cohomology $H^*(X)$ alone, viz. $I^*(X) \approx \min H^*(X)$, in considering $H^*(X)$ as a DGA with a trivial differential.

Such a space will then be said to be **formal**. We list a few of such spaces with the corresponding I^*-measure, below. These are all easily determined by means of methods developed in this chapter and the preceding one.

(a) Sphere S^n of dimension n:

$$I^*(S^n) \approx \mathrm{Extr}(x).$$

with $\deg x = n$, for n odd.

or

$$I^*(S^n) \approx \mathrm{Polym}(y) \otimes \mathrm{Extr}(x),$$

with

$$\deg x = 2n-1, \quad \deg y = n,$$
$$dx = y^2, \quad dy = 0$$

for n even.

(b) Complex projective spaces CP_n of complex dimension n:

$$I^*(CP_n) \approx \mathrm{Polym}(y) \otimes \mathrm{Extr}(x)$$

with

$$\deg x = 2n+1, \quad \deg y = 2,$$
$$dx = y^{n+1}, \quad dy = 0.$$

(c) I^*-measure of the Eilenberg-MacLane space $(K(\boldsymbol{Q}, n))$ is given by

$$I^*(K(\boldsymbol{Q}, n)) \approx H^*(K(\boldsymbol{Q}, n)) \approx \mathrm{Free}(x),$$

which is, according to n being odd or even, either an exterior algebra or a polynomial algebra on a single generator x of degree n.

(d) The union of two spheres at a single point $S^m \vee S^n$ with

$$I^*(S^m \vee S^n) \approx \min(I^*(S^m) \oplus I^*(S^n)) \approx \min(H^*(S^m) \oplus H^*(S^n))$$

which may be described in full as in the known theorem of Hilton-Milnor. Similarly, for any bouquet of spheres.

(e) Riemannian symmetric spaces and more generally certain homogeneous spaces G/H with G a compact connected Lie group and H a closed connected group, such that (G, H) form a Cartan pair, which we shall not explicit here, cf. e.g. Chap. V.

(f) Compact Kähler manifolds, cf. Déligne, et al [1].

Chapter IV I^*-Measure and Homotopy

IV.1 The Cartan-Serre Extension of a DGA and the Hurewicz Number

Definition: A DGA A will be said to be of **type n** ($n > 1$) if as a GA, it is free of the form

$$A = \text{Free}\ (z_i^-, z_i) \otimes \text{Free}\ (x_j) \tag{1}$$

with i, j each running over some index sets and with degree and differential verifying the following conditions:

$$\begin{cases} \deg z_i^- + 1 = \deg z_i < n, \text{Min} \deg x_j = n, \\ dz_i^- = z_i, \\ dx_j \in A^+ \cdot A^+, \\ dx_j \text{ contains no } x_k \text{ of degree } \geqslant \deg x_j. \end{cases} \tag{2}$$

The last condition means that no z_i^- of degree 1 will appear in dx_j.

Lemma: For a DGA A of type n in the form (1) verifying (2) we can replace the free generators x_j by x'_j of the form

$$x'_j = x_j - Q_j(z_i^-, z_i, x'_k) \tag{3}$$

with Q_j certain polynomials in z_i^-, z_k, x'_k such that the following conditions are verified:

$$\begin{cases} Q_j \text{ contains only } x'_k \text{ of degree } < \text{ deg } x_j, \\ A = \text{Free } (z_i^-, z_i) \otimes B, \\ B = \text{Free } (x'_j), \\ dx'_j = 0 \text{ if deg } x'_j = n, \\ dx'_j \in B^+ \cdot B^+. \end{cases} \tag{4}$$

Proof: First, let us consider any generator x_j of degree n. The degree conditions imply that

$$dx_j = P_j(z_i^-, z_i)$$

for some polynomial P_j in z_i^-, z_i Then, $dP_j = 0$ would imply

$$P_j = dQ_j(z_i^-, z_i)$$

for some polynomial Q_j in z_i^-, z_i, Set

$$x'_j = x_j - Q_j(z_i^-, z_i).$$

Then

$$dx'_j = 0$$

so that the assertion of the lemma is verified for the generators of degree n. Suppose it has been proved that for any x_j of degree $\leqslant n+m$ ($m \geqslant 0$ fixed) it has been replaced by some

$$x'_j = x_j - Q_j(z_i^-, z_i, x'_k)$$

with some polynomial Q_j such that Q_j contains besides z_i^-, z_i only x'_k of degree $<$ deg x_j, while dx'_j contains no more any z_i^- or z_i. Then we shall prove that this can also be done for any generator x_j of degree $n+m+1$. This induction procedure will prove the truth of the lemma and give the expressions (3), (4), as required.

For this purpose let us write for simplicity

$$x'^N_J = x'^{n_1}_{j_1} x'^{n_2}_{j_2} \cdots x'^{n_S}_{j_S}$$

for power products in x' with J standing for the index set $(j_1, \cdots, j_S)$, and N the exponent set $(n_1, \cdots, n_S)$. Then, for any x_j of degree $n+m+1$ we can, by induction, write dx_j in the form

$$dx_j = \sum x'^N_J \cdot P^N_J(z_i^-, z_i)$$

with P^N_J some polynomials in z_i^-, z_i alone and J, N running over some index sets. The minimum of the degree of power products x'^N_J occuring in the above expression of dx_j will be called provisionally the **rank** of x_j, to be denoted by Rank x_j. Differentiating again dx_j we will get an expression of the form

$$O = \sum_{(J,N)} dx'^N_J \cdot P^N_J + \sum_{(J,N)} \varepsilon^N_J x'^N_J \cdot dP^N_J,$$

in which $\varepsilon^N_J = +1$ or -1 according to deg x'^N_J = even or odd. Again by induction, any dx'_k with x'_k occuring in some x'^N_J will contain no z_i^- or z_i so that any power product of x' occuring in any dx'^N_J will have a degree greater by 1 than that of x'^N_J. It follows that, if J^0, N^0 are any of the index sets appearing in the summation for which the degree of corresponding $x'^{N^0}_{J^0}$ is a minimum, then the corresponding term cannot be cancelled by the others and we necessarily have $dP^{N^0}_{J^0} = 0$.

As $P^{N^0}_{J_0} \in$ Free (z_i^-, z_i) so

$$P^{N^0}_{J^0} = dQ^{N^0}_{J^0}$$

for some polynomial $Q^{N^0}_{J^0}$ in z_i^-, z_i alone.

Now, let us replace x_j by some

$$x_j^* = x_j - \Sigma^0 \varepsilon^{N^0}_{J^0} x'^{N^0}_{J^0} Q^{N^0}_{J^0},$$

in which Σ^0 is the summation over index sets (J^0, N^0) for which deg $X'^{N^0}_{J^0}$ attains the minimum value. Then

$$dx_j^* = \Sigma^* x'^{N^*}_{J^*} P^{N^*}_{J^*} - \Sigma^0 \varepsilon^{N^0}_{J^0} dx'^{N^0}_{J^0} Q^{N^0}_{J^0},$$

in which Σ^* is the summation over index sets (J^*, N^*) which is just the index set of (J, N) with all (J^0, N^0) removed.

It is clear that Rank $x_j^* >$ Rank x_j. Hence, on repeating the process we will finally replace x_j by some one x'_j for which the rank can no more be raised. In other words, in dx'_j no more polynomials P_J^N in z_i^-, z_i only can occur. This completes the induction and thus, the lemma is proved.

Definition: A DGA A of type n in the form (1), (2) with conditions of the lemma verified, will be said to be in **normal form**.

The lemma says that any such DGA of type n can always be put in normal form or **normalized** by choosing suitable free generators.

Let A be now a DGA of type n already in normal form, as given in (4). Then, it is clear that

$$\min A \approx \min B \approx B.$$

Let us separate the generators (x'_j) into two parts: (x'_k) of degree n and (x'_l) of degree $> n$ with k, l running over respective index sets.

Corresponding to each x'_k of degree n let us adjoin a new generator x'^-_k to A to form a new DGA

$$\widetilde{A} = A \otimes \text{Free } (x'^-_k)$$

with degree and differential

$$\deg x'^-_k = n - 1, \quad dx'^-_k = x'_k.$$

Then, as a GA,

$$\widetilde{A} = \text{Free } (z_i^-, z_i, x'^-_k, x_k) \otimes \widetilde{B}$$

with

$$\widetilde{B} = \text{Free } (x'_l)$$

clearly is a DGA of type $n+m$ where $n+m(>n)$ is the minimum of the degrees of x'_l. We shall now lay down the following

Definition: The above extended DGA $\widetilde{A}$ will be called the **Cartan-Serre extension** of A.

Definition: For any DGA A the number of free generators of degree s, if it is finite, of $\min A$, will be called the **Hurewicz number** in degree s of A, and will be denoted by $q_S(A)$.

For any DGA A of type n given by (1), (2) and normalized to $A \approx \text{Free}\ (z_i^-, z_i) \otimes B$, as given in (4), we see from the proof of the lemma that the numbers of free generators in each degree $\geqslant n$ are the same for A and $\min A \approx B$. It follows that q_s = number of free generators of degree s in A for $s > n$. From this remark we get the following

Proposition: Let A be a DGA of type n and $\widetilde{A}$ its Cartan-Serre extension, then for $s > n$,

$$q_s(\widetilde{A}) = q_s(A).$$

IV.2 The Cartan-Serre Extension of a Space

Definition: A space X will be said to be **of finite type** if all homotopy and homology group-measures are finitely generated. The rank of the s-th homotopy group of such a space is then well-defined and will be called the ***s*-th Hurewicz number** of the space and will be denoted by

$$q_s(X) = \text{Rank}\ \pi_s(X) = \text{Dim}_{\boldsymbol{Q}} \pi_s(X) \otimes \boldsymbol{Q}.$$

It will be said to be **of type *n*** $(n > 1)$ if

$$\pi_s(x) \otimes \boldsymbol{Q} = 0,\ \text{for}\ s < n,\ \text{while}\ \pi_n(X) \otimes Q \neq 0,$$

or

$$q_s(X) = 0 \text{ for } s < n, \text{ while } q_n(X) \neq 0.$$

Let X be now a connected and simply connected space of finite type having the same homotopy type as a simplicial complex. For simplicity let us denote the homotopy groups of X by

$$\pi_s = \pi_s(X). \tag{1}$$

Suppose that X is of type n for some $n > 1$ so that

$$\pi_i = \text{finite}, \quad i \leqslant n-1 \tag{2}$$

while

$$\pi_n \approx \underbrace{\boldsymbol{Z} \oplus \cdots \oplus \boldsymbol{Z}}_{r} \oplus \text{ a finite group } F_n \approx r\boldsymbol{Z} \oplus F_n, \text{ or} \tag{3}$$

$$\pi_n \otimes \boldsymbol{Q} \approx \underbrace{\boldsymbol{Q} \oplus \cdots \oplus}_{r} \approx r\boldsymbol{Q}. \tag{3'}$$

Then, by the generalized Hurewicz Theorem of Serre's abelian class theory, we also have

$$H\frac{Q}{s}(X) = 0, \quad 0 \leqslant s \leqslant n-1 \tag{4}$$

while

$$H\frac{Q}{n}(X) \approx \pi_n \otimes \boldsymbol{Q} \approx r\boldsymbol{Q}. \tag{5}$$

In particular, if we denote by $p_n(X)$ the n-th betti number of X, then

$$\text{Rank}\pi_n = \dim_{\boldsymbol{Q}} H\frac{Q}{n}(X) = \dim_{\boldsymbol{Q}} H^n_{\boldsymbol{Q}}(X) = p_n(X) (= r). \tag{6}$$

Moreover, $H\frac{Q}{n}(X)$ is the natural image of $H\frac{Z}{n}(X)$.

Suppose that the space X is of type $n > 1$ as above with $r \geqslant 1$. Let $K_{n,r}$ be an Eilenberg-MacLane space

$$K_{n,r} = K(\underbrace{\boldsymbol{Q} \otimes \cdots \otimes \boldsymbol{Q}}_{r}, n) = K\underbrace{(\boldsymbol{Q}, n) \times \cdots \times k(\boldsymbol{Q}}_{r}, n).$$

Consider the universal fibration

$$(K)\quad K_{n-1,r}\subset P_{n,r}\xrightarrow{g'}k_{n,r}$$

with fiber $K_{n-1,r}$ also being an Eilenberg-MacLane space

$$K(\boldsymbol{Q},\underbrace{n-1)\times\cdots\times K(\boldsymbol{Q},n}_{r}-1),$$

projection g' and a contractible space $P_{n,r}$ as the fiber space.

We shall denote the fundamental classes in $H^n_{\boldsymbol{Q}}(K(\boldsymbol{Q},n))$ of the j-th copy $K(\boldsymbol{Q},n)$ in $K_{n,r}$ by Ξ_j.

Now, take a basis X_j of $H^n_{\boldsymbol{Q}}(X)$ and define a map

$$\begin{aligned}&f:X\to K_{n,r},\\&f^H\Xi_j=X_j,\quad j=1,\cdots,r.\end{aligned}$$

Then, under f there will be an induced fibration

$$(F)\quad k_{n-1,r}\subset\widetilde{X}\xrightarrow{g}x$$

from (K) such that there is a commutative diagram of maps below:

(D_1)

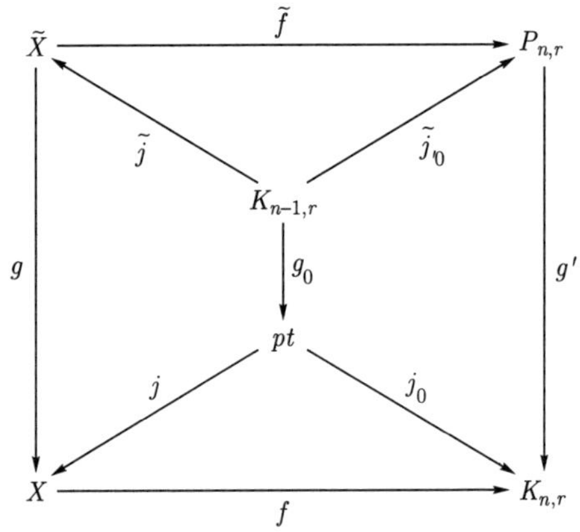

Now, according to §1.4 we can realize the spaces in the fibration (K) as simplicial complexes, with inclusion $\widetilde{j}_0$ and projection g' both being simplicial maps. In replacing X by a simplicial complex of the same homotopy type and f by a simplicial approximation we shall assume, that all spaces in the above diagram are simplicial complexes, and all maps are also simplicial ones. There is no loss of generality in assuming this, since we are now interested in the case of a homotopic character only.

From the homotopy exact sequence connected with a fibration, we have now

$$\pi_S(\widetilde{X}) \otimes \boldsymbol{Q} = 0, \quad 1 \leqslant s \leqslant n,$$
$$\pi_S(\widetilde{X}) \otimes \boldsymbol{Q} \approx \pi_S(x) \otimes \boldsymbol{Q} = \pi_S \otimes \boldsymbol{Q}, \quad s > n.$$

Consequently, $\widetilde{X}$ will also be a space of type $\geqslant n+1$.

Definition: The space $\widetilde{X}$ constructed as above from a space X of type n will be called the **Cartan-Serre extension** of the space X.

Remark: In case $\pi_n(X) \otimes \boldsymbol{Q} = 0$, so that X actually is of type $n+m$ for some $m \geqslant 1$, then the Cartan-Serre extension $\widetilde{X}$ will be taken to be coincident with X.

It is clear that for the space X of type n the I^*-measure $I^*(X)$ of X is a DGA of type n. We have now the following

Proposition: Let X be a space of type n for which the I^*-measure is the minimal model of a DGA A of type n. Then, the I^*-measure of the Cartan-Serre extension $\widetilde{X}$ of X is the minimal model of the Cartan-Serre extension $\widetilde{A}$ of A.

Proof: Since all the spaces and maps involved in (D_1) are simplicial we shall have a commutative diagram of the following form:

(D_2)

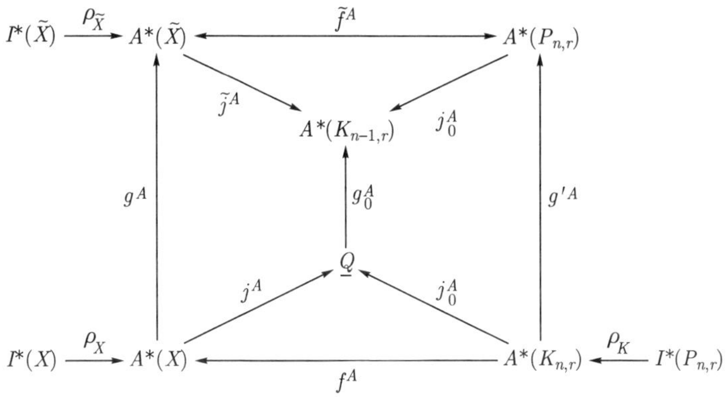

In the diagram ρ_K, ρ_X both are associated minimal morphisms. For the I^*-measure we may take

$$I^*(K_{n,r}) \approx \text{Free } (\xi_j),$$
$$I^*(X) \approx \text{Free } (x_j, x_k)$$

in which (k running over some index set)

$$\deg \xi_j = n, \quad \deg x_j = n,$$
$$\deg x_k > n$$

and ξ_j, x_j, when passing to homology, will belong to the homology classes Ξ_j and X_j respectively. Set

$$\rho_K \xi_j = \eta_j, \quad \rho_X x_j = y_j,$$

Then, since $f^A \eta_j \sim y_j$ for each j by construction of f, we can assume from degree considerations that

$$f^A \eta_j = y_j.$$

Since $P_{n,r}$ is contractible, we necessarily have

$$g'^A \eta_j = d\alpha_j, \tag{7}$$

for some $\alpha_j \in A^*(P)$. Let

$$\widetilde{j}_0^A \alpha_j = \mu_j \in A^*(K_{n-1,r}). \tag{8}$$

Then

$$d\mu_j = d\widetilde{j}_0^A \alpha_j = \widetilde{j}_0^A d\alpha_j$$
$$= \widetilde{j}_0^A g'^A \eta_j = g_0^A j_0^A \eta_j$$

so that

$$d\mu_j = 0. \tag{9}$$

The equations (7)-(9) show that μ_j is a cycle whose class is transgressive in the fibration (K) to the class of n_j, or the class of ξ_j, when passing to homology. Moreover, it is well-known that $H^*(K_{n-1,r})$, and hence also $I^*(K_{n-1,r})$, are freely generated by the classes of μ_j, so that the fibration (K) is totally transgressive in the sense of §VI.5, which will be explained in more details, later on.

Now, set

$$\widetilde{f}^A \alpha_j = a_j \in A^*(\widetilde{X}).$$

Then, we see that

$$\begin{aligned} \widetilde{j}^A a_j &= u_j (= \mu_j) \in A^*(k_{n-1,r}), \\ da_j &= g^A y_j, \\ du_j &= 0. \end{aligned}$$

This shows that u_j is a cycle whose class is transgressive in the fibration (F) to the class of y_j, or the class of x_j, when passing to homology, so that (F) is also totally transgressive, with each generator u_j of

$$I^*(K_{n-1,r}) \approx \mathrm{Free}(u_j)$$

transgressive, with the cycle x_j of $I^*(X)$ as its transgression. By theorem in §VI.5 we therefore have

$$I^*(\widetilde{X}) \approx \min(I^*(X) \underset{\tau}{\otimes} I^*(K_{n-1,r})).$$

In the formula $\underset{\tau}{\otimes}$ means that the tensor product is to take on some twisted differential

$$d = d_{\otimes} + d_{\tau}$$

where $d_{\otimes}$ is the usual differential as it is in a tensor product, while d_{τ} is the twisted part given by

$$d_{\tau} u_j = x_j.$$

This shows that $I^*(X) \underset{\tau}{\otimes} I^*(K_{n-1,r})$ is just the Cartan-Serre extension of $I^*(X)$ and thus, the theorem is proved.

IV.3 The Cartan-Serre Tower of a Space and the Hurewicz Homomorphism

Definition: For any space X of finite type let X_2 be the universal covering space of X, X_3 be the Cartan-Serre extension of X_2 and in general for each $n \geqslant 2$, X_{n+1} will be the Cartan-Serre extension of X_n if x_n is a space of type n. Otherwise we simply put $X_{n+1} = X_n$ if X_n is of type $\geqslant n+1$. Then, we get a sequence of spaces and projections

$$\to X_{n+l} \to X_n \to \cdots \to X_2 \to X$$

which will be called the **Cartan-Serre tower** of the space X.

It is clear that the space X_2 is of finite type and of type $\geqslant 2$ with

$$\pi_S(X_2) \otimes \boldsymbol{Q} \approx \pi_S(X) \otimes \boldsymbol{Q} \text{ for } s \geqslant 2.$$

If X is simply connected so that $X_2 = X$ then by Prop. of §IV.2, we see that

$$q_S(X) = q_S(I^*(X)) \text{ for } s \geqslant 2.$$

In other words, we have the following

Theorem 1: The Hurewicz numbers of a simply connected space of finite type are equal to the Hurewicz numbers of its I^*-measure.

The above theorem can be made more precise to the following

Theorem 2: For a simply connected space X of finite type we have for $n \geqslant 2$:

$$\mathrm{Vect}_n I^*(X) \approx \mathrm{Hom}_{\boldsymbol{Q}}(\pi_n(X), \boldsymbol{Q}).$$

Proof: The space X, being simply connected, has its I^*-measure of the form

$$I^*(X) \approx I^*(X_2) \approx \mathrm{Free}(x_{j(2)}^{(2)}, \cdots, x_{j(n)}^{(2)}, \cdots),$$

in which

$$\deg x^{(2)}_{j(n)} = n,$$

and $j(n)$ runs over some index set $J(n)$. It is sufficient to consider the case $J(n) \neq \varnothing$.

Denote by P_n the projection

$$X_n \to X_2 = X$$

in the Cartan-Serre tower of X. Then, by Prop. of §IV.2, we should have

$$I^*(X_n) \approx \mathrm{Free}(x^{(n)}_{j(n)}, x^{(n)}_{j(n+1)}, \cdots)$$

with $\deg x^{(n)}_{j(N)} = N$, and $j(N)$ running over the same index sets $J(N)$ as before for $N \geqslant n$. Moreover, we can take an associated DGA-morphism

$$p^I_n : I^*(x) \to I^*(x_n)$$

induced by p_n such that

$$p^I_n(x^{(2)}_{j(N)}) = x^{(n)}_{j(N)} \text{ for } N \geqslant n,$$

while

$$p^I_n(x^{(2)}_{j(m)}) = 0 \text{ for } m < n.$$

Let $v^{(n)}_m$ be the vector space spanned by $(x^{(n)}_{j(m)}$ of $I^*(X_n)$, i. e.,

$$v^{(n)}_m = \mathrm{Vect}_m(I^*(X_n)),$$

then we have

$$p^I_n : v^{(z)}_n = v^{(n)}_n.$$

Now we shall define a morphism of vector spaces

$$\tau : v^{(n)}_n \to \mathrm{Hom}_{\boldsymbol{Q}}(\pi_n(X), Q)$$

as follows.

Consider any element $\alpha \in \pi_n(x) \otimes \boldsymbol{Q}$. Since $p_{n\pi} : \pi_n(X_n) \otimes \boldsymbol{Q} \approx \pi_n(X) \otimes Q$, there will be an element $\alpha_n \in \pi_n(X) \otimes \boldsymbol{Q}$ and maps $f_n : S^n \to X_n$ and $f : S^n \to X$ belonging to α_n and α such that

$$p_{n\pi}(\alpha_n) = \alpha$$

with the following diagram of maps being commutative

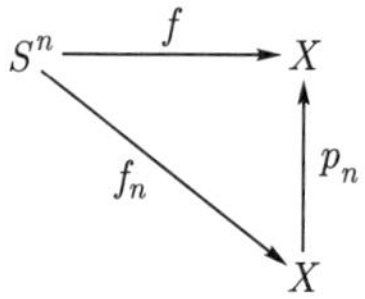

Consider now the following diagram of morphisms:

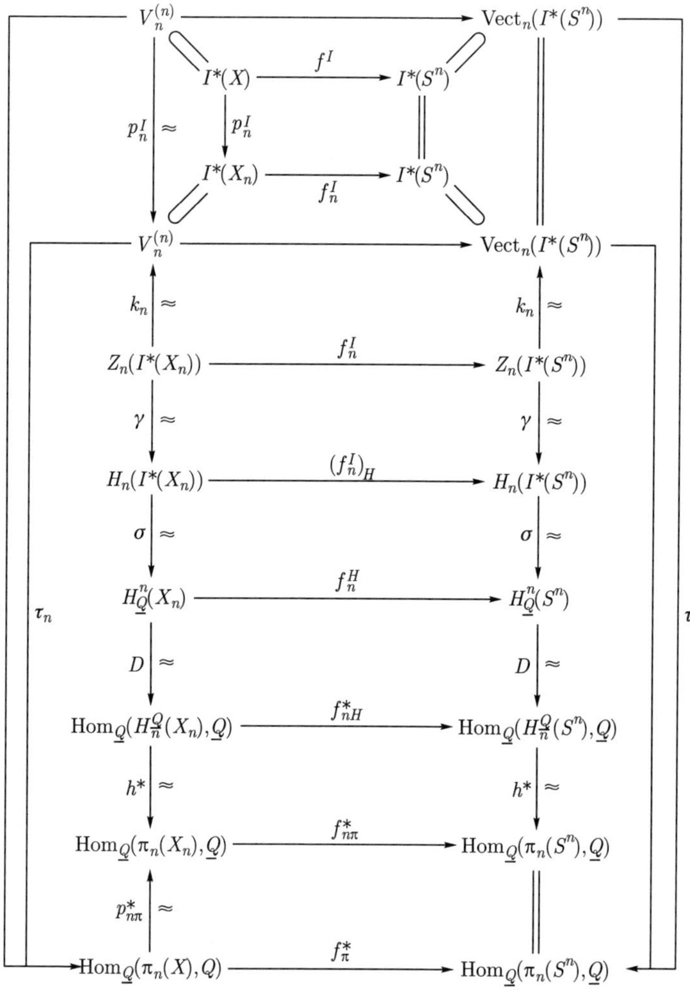

In the diagram, Z_n means groups of cycles of degree n, γ the natural morphism in passing from cycles to their classes, D the duality-morphism, h the Hurewicz morphism, K_n the inclusion, σ the deRham-Sullivan isomorphism, and * the induced dual morphism for Hom. Now, these morphisms are in fact all isomorphisms, so, defining τ_n and τ by

$$\tau_n = (p^*_{n\pi})^{-1}h^* D\sigma\gamma K_n^{-1},$$
$$\tau = \tau_n \rho_n^I,$$

then, τ will be an isomorphism

$$\tau : \mathrm{Vect}_n(I^*(x)) \approx \mathrm{Hom}_{\boldsymbol{Q}}(\pi_n(X), \boldsymbol{Q}),$$

as to be proved. Moreover, since the diagram is clearly commutative, the isomorphism can be made more explicit, viz.,

$$\tau x^{(z)}_{j(n)}(\alpha) = \tau_S f^I x^{(2)}_{j(n)}(t_n) = (f^I x^{(n)}_{j(n)}, \xi_n),$$

in which t_n is the generator of $\pi_n(S^n)$ corresponding to the identity map of S^n, and ξ_n the generator of degree n in $I^*(S^n)$ arising from $ht_n \in H\frac{Q}{n}(S^n)$. The following theorem makes also explicit the Hurewicz homomorphism

$$h : \pi_n(X) \to H\frac{Q}{n}(X).$$

Theorem 3: For a simply connected space X of finite type let Z_n be the group of non-decomposable cycles of degree n of $I^*(X)$, i.e., cycles belonging to $\mathrm{Vect}_n(I^*(X))$, then we have for the Hurewicz homomorphismh h:

$$\mathrm{Im}\, h \approx Z_n.$$

Proof: Let us take a basis

$$\mathrm{Vect}_n(I^*(X)) = \mathrm{Vect}(z_j^{(n)}, v_k^{(n)})$$

such that each $z_j^{(n)}$ is a cycle while no linear combination of $v_k^{(n)}$ is a cycle. Then we have a basis

$$H^n_Q(X) \approx H_n(I^*(X)) \approx \mathrm{Vect}(clz_j^{(n)}, clw_l^{(n)}),$$

in which $w_l^{(n)}$ are decomposable cycles of degree n in $I^*(X)$, cl denotes the class in passing to homology and Vect the corresponding vector space.

For the isomorphism

$$\tau : \mathrm{Vect}_n(I^*(X)) \approx \mathrm{Hom}_{\boldsymbol{Q}}(\pi_n(X), Q)$$

let

$$\tau(z_j^{(n)}) = \alpha_j^*, \quad \tau(v_k^{(n)}) = \beta_k^*.$$

Then, (α_j^*, β_k^*) will be a basis of $\mathrm{Hom}_{\boldsymbol{Q}}(\pi_n(X), \boldsymbol{Q})$. With respect to this basis let the dual basis of $\pi_n(X) \otimes \boldsymbol{Q}$ be denoted by (α_j, β_k). Take any map $f : S^n \to X$ belonging to β_k. Then, from the definition of τ we get

$$clw_l^{(n)}(h\beta_k) = \tau_S f^I w_l^{(n)}(\tau_n) = 0,$$

since $f^I w_l^{(n)} = 0$, $w_l^{(n)}$ being decomposable. We also have $clz_j^{(n)}(h\beta_k) = \alpha_j^*(\beta_k) = 0$. Hence, $h\beta_k = 0$. On the other hand $clz_j^{(n)}(h\alpha_j) = \delta_j$, so that

$$h(\pi_n(X) \otimes \boldsymbol{Q}) \approx \mathrm{Vect}(h\alpha_j) = \mathrm{Vect}(z_j^{(n)}) \approx Z_n$$

as to be proved.

IV.4 Whitehead Products of Homotopy Groups

First, we shall recall the definition of Whitehead products of homotopy groups of a space X to be denoted by

$$[\pi_m(X), \pi_n(X)] \to \pi_{m+n+1}(X).$$

For this purpose let S^m, S^n be spheres of dimensions m, n and $S^m \vee S^n$ be their union with certain reference points $O_m \in S^m, O_n \in S^n$ identified to a single point O_S. Denote the inclusion maps of S^m, S^n into $S^m \vee S^n$ by

i_m, i_n respectively. Let τ_m, τ_n be canonical generators of $\pi_m(S^m), \pi_n(S^n)$ as subgroups of $\pi_*(S^m \vee S^n)$. Then, their image in $\pi_*(S^m \vee S^n)$ will be denoted respectively by

$$\widetilde{\tau}_m = i_{m\pi} t_m, \quad \widetilde{\tau}_n = i_{n\pi} t_n.$$

Consider now cubes D^m, D^n of dimensions m, n respectively, for which the boundary of their topological product is given by

$$(D^m \times D^n)^\bullet = (D^m \times \overset{\bullet}{D^n}) \cup (\overset{\bullet}{D^m} \times D^n).$$

Denote the projections of $D^m \times D^n$ onto D^m, D^n by P_m, P_n, the inclusion of $(D^m \times D^n)^\bullet$ into $D^m \times D^n$ by j, and the shrinkings $(D^m, \overset{\bullet}{D^m})$ to (S^m, O_m) and $(D^n, \overset{\bullet}{D^n})$ to (S^n, O_n) by ∂_m, ∂_n. Then we have a diagram of maps below:

(D_1) 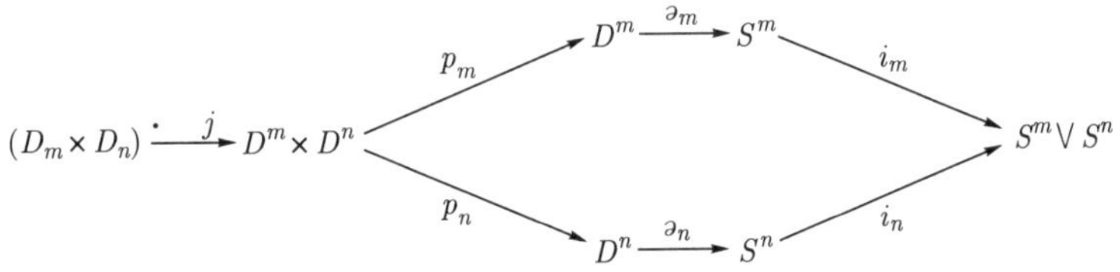

Define now a map

$$h_0 : (D^m \times D^n)^\bullet \to S^m \vee S^n$$

by

$$h_0 = \begin{cases} i_m \partial_m p_m j | D^m \times \overset{\bullet}{D^n}, \\ i_n \partial_n p_n j | \overset{\bullet}{D^m} \times D^n. \end{cases}$$

The element clh_0 of $\pi_{m+n-1}(S^m \vee S^n)$ determined by the map h_0 is then the so-called **Whitehead product** of the elements τ_m and τ_n denoted, as usual, by

$$clh_0 = [\tau_m, \tau_n].$$

More generally, for any arcwise-connected space X with certain reference point 0 consider any elements

$$u \in \pi_m(X), \quad v \in \pi_n(X).$$

Take arbitrary maps

$$f : (S^m, O_m) \to (X, O),$$
$$g : (S^n, O_n) \to (X, O)$$

belonging to u, v respectively, and let

$$f \vee g : (S^m \vee S^n, O_S) \to (X, O)$$

be the map defined by

$$f \vee g = \begin{cases} f|S^m, \\ g|S^n. \end{cases}$$

The map

$$(f \vee g)h_0 : (D^m \times D^n)^\bullet \to S^m \vee S^n \to X$$

defines then uniquely an element of $\pi_{m+n-i}(X)$ independent of the maps f, g chosen in the elements $u, v \in \pi_n(X)$. So, we can lay down the following:

Definition: The element of $\pi_{m+n-1}(X)$ determined by any map $(f \vee g)h_0$ as above is called the **Whitehead product** of the elements u and v to be denoted by

$$[u, v] \in \pi_{m+n-1}(X).$$

Now, suppose that X is a simply-connected space of finite type and let

$$\tau : I^*(X) \approx \mathrm{Hom}_{\boldsymbol{Q}}(\pi_*(X), \boldsymbol{Q})$$

be the isomorphism as graded-vector space as described in §IV.3. For $m, n \geqslant 2$ let

$$V_m = \mathrm{Vect}_m(I^*(X)) = \mathrm{Vect}(x_i),$$
$$V_n = \mathrm{Vect}_n(I^*(X)) = \mathrm{Vect}(y_j),$$
$$V_{m+n-1} = \mathrm{Vect}_{m+n-1}(I^*(X)) = \mathrm{Vect}(z_k)$$

with i, j, k running over certain index sets. For the case $m = n$ it is to be understood that $V_m \equiv V_n$ with (x_i) coincident with (y_j).

Let

$$dz_k = \Sigma a_k^{ij} x_i y_j + \text{other terms},$$

so that $\Sigma a_k^{ij} x_i y_j$ is the quadratic part of dz_k involving elements of degrees m, n. Then, the main object of this section is to prove the following theorem, due to Sulivan [1]:

Theorem: The Whitehead product of the simply-connected space of finite type is completely determined by the quadratic part of the differential of the I^*-measure $I^*(X)$ of X. More precisely, for any elements

$$u \in \pi_m(X), \quad v \in \pi_n(X).$$

their Whitehead product $[u, v]$ is determined by

$$\tau z_k([u, v]) = -\Sigma a_k^{ij} \tau x_i(u) \cdot \tau y_j(v).$$

For the proof we shall first make some preparations. Consider thus the diagram (D_1) again and let us realize the spaces and maps as simplicial ones, so that we have the following diagram (D_2) of de-Rham-Sullivan measures A^* and induced DGA-morphisms:

(D_2)

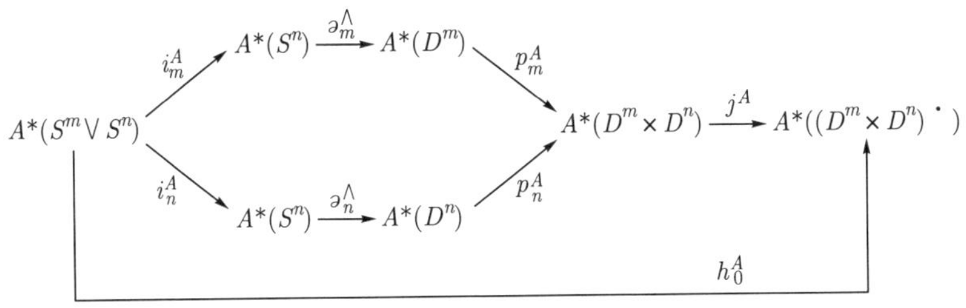

Define now

$$\xi, n \in A^*(S^m \vee S^n)$$

by

$$\begin{aligned} &d\xi = 0, && d\eta = 0, \\ &\deg \xi = m, && \deg \eta = n, \\ &\xi(i_m S^m) = 1, && \xi | i_n S^n = 0, \\ &\eta | i_m S^m = 0, && \eta(i_n S^n) = 1. \end{aligned}$$

As $A^*(D^m)$ and $A^*(D^n)$ are homologically trivial, so we have

$$\partial_m^A i_m^A \xi = d\alpha,$$
$$\partial_n^A i_n^A \eta = d\beta$$

for some elements $\alpha \in A^*(D^m)$, $\beta \in A^*(D^n)$, with deg $\alpha = m - 1$, deg $\beta = n - 1$.

Lemma 1: For the element

$$\gamma = j^A(\rho_m^A \alpha \cdot \rho_n^A d\beta) \in A^{m+n-1}((D^m \times D^n)^\bullet)$$

we have

$$\gamma((D^m \times D^n)^\bullet) = 1.$$

Proof: By direct calculation we have

$$\begin{aligned} \gamma((D^m \times D^n)^\bullet) &= \int_{(D^m \times D^n)^\bullet} \gamma \\ &= \int_{j(D^m \times D^n)^\bullet} \rho_m^A \alpha \cdot \rho_n^A d\beta = \int_{D^m \times D^n} d(\rho_m^A \alpha \cdot \rho_n^A d\beta) \\ &= \int_{D^m \times D^n} \rho_m^A \partial_m^A i_m^A \xi \cdot \rho_n^A \partial_n^A i_n^A \eta \\ &= \int_{D^m} \partial_m^A i_m^A \xi \cdot \int_{D^n} \partial_n^A i_n^A \eta \\ &= \int_{\partial_m D^m} i_m^A \xi \cdot \int_{\partial_n D^n} i_n^A \eta \\ &= \xi(i_m S^{m-1}) \cdot \eta(i_n S^{n-1}) \\ &= 1. \end{aligned}$$

Let

$$\varphi : I^*((D^m \times D^n)^\bullet) \to A^*((D^m \times D^n)^\bullet),$$
$$\psi : I^*(S^m \vee S^n) \to A^*(S^m \vee S^n)$$

be some associated minimal morphisms which both are H-isomorphisms. Then, there will be elements

$$x, y \in I^*(S^m \vee S^n)$$

with

$$\deg x = m, \quad \deg y = n,$$

such that $I^*(S^m \vee S^n)$ is freely generated by x, y in degrees m, n respectively for $m \neq n$ or freely generated by x, y together in degree m for $m = n$, and moreover

$$\psi(x) \sim \xi, \quad \psi(y) \sim \eta.$$

Replacing ξ, η by some homologous elements we may assume without loss of generality that

$$\varphi(x) = \xi, \quad \varphi(y) = \eta.$$

For the isomorphism

$$\tau_S : I^*(S^m \vee S^n) \approx \mathrm{Hom}_{\boldsymbol{Q}}(\pi_*(S^m \vee S^n), Q)$$

we have then

$$\tau_s \times (\widetilde{\iota}_m) = 1, \quad \tau_s y(\widetilde{\iota}_n) = 1.$$

Furthermore $\varphi(xy) = \varphi(x)\varphi(y) = \xi n = 0$ in $A^*(S^m \vee S^n)$ implies that xy in $I^*(S^m \vee S^n)$ so that

$$xy = dz$$

for some $z \in I^*(S^m \vee S^n)$ with $\deg z = m + n - 1$.

Take now

$$f \in u \in \pi_m(X), \quad g \in v \in \pi_n(X)$$

as before. Then, for induced morphisms

$$\begin{aligned} f_\pi &: \pi_m(S^m) \to \pi_m(X), \\ g_\pi &: \pi_n(S^n) \to \pi_n(X) \end{aligned}$$

we have

$$f_\pi \tau_m = u, \quad g_\pi \iota_n = v.$$

Moreover we have

Lemma 2:

$$\begin{aligned} (f \vee g)^I x_i &= \tau x_i(u) \cdot x, \\ (f \vee g)^I y_j &= \tau y_j(v) \cdot y. \end{aligned}$$

Proof: From the diagram

$$\begin{array}{lcl} I^*(X) \underset{\approx}{\xrightarrow{\tau}} \mathrm{Hom}_{\boldsymbol{Q}}(\pi_m(X), \boldsymbol{Q}) \\ f^I \downarrow & & \downarrow f_\pi^* \\ I^*(S^m) \underset{\approx}{\xrightarrow{\tau_S}} \mathrm{Hom}_{\boldsymbol{Q}}(\pi_m(S^m), \boldsymbol{Q}) \end{array}$$

we get

$$\tau_s f^I x_i(\iota_m) = \tau x_i(f_\pi \iota_m) = \tau x_i(u).$$

Similarly

$$\tau_s g^I y_j(\iota_m) = \tau y_j(v).$$

Consider now the diagram

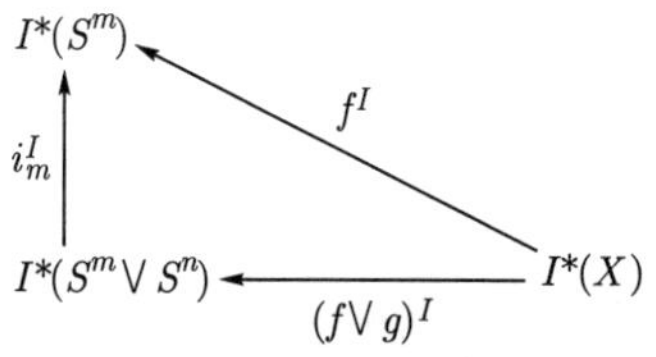

We have then

$$\tau_s(f \vee g)^I x_i(\widetilde{\iota}_m) = \tau_s f^I x_i(\iota_m) = \tau x_i(u)$$
$$= \tau x_i(u) \cdot \tau_s x(\widetilde{\iota}_m).$$

Whence

$$(f \vee g)^I x_i = \tau x_i(u) \cdot x.$$

Similarly, for $(f \vee g)^I y_j$, as to be proved.

Now, according to §II.4, there will be, in writing

$$A = A^*((D^m \times D^n)^\bullet), \quad B = I^*((D^m \times D^n)^\bullet)$$

for simplicity, a commutative diagram of DGA-morphisms arising from h_0 as below:

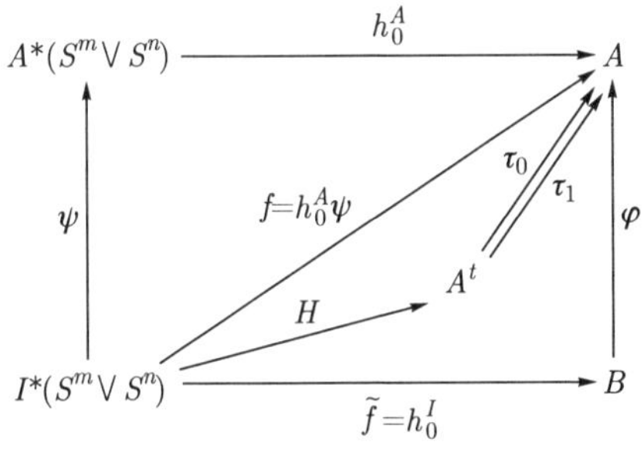

Let us take $w \in B$ such that deg $w = m + n - l$, $dw = 0$, and $\varphi w \sim \gamma$. Then it is clear by Lemma 1 that, for τ_{m+n-1} as the canonical generator of

$$\pi_{m+n-1}((D^m \times D^n)^\bullet), \quad \tau_s w(\iota_{m+n-1}) = 1.$$

Lemma 3: The induced DGA-morphism h_0^I is such that

$$h_0^I z = -w.$$

Proof: With h_0^A, φ, ψ and hence $f = h_0^A \psi$ supposed given, we can determine stepwise h_0^I and H according to the procedure described in the proof of the Lifting Lemma of §II.4, in the following manner.

Set

$$f = h_0^A \psi, \quad \widetilde{f} = h_0^I.$$

Then, we have

$$f_x = d_j^A \rho_m^A \alpha \sim 0 \text{ in } A,$$
$$f_y = d_j^A \rho_n^A \beta \sim 0 \text{ in } A,$$

and also

$$\widetilde{f}_x = 0, \quad \widetilde{f}_y = 0.$$

According to the procedure described in §II.4 we have then

$$Hx = fx - d(tj^A \rho_m^A \alpha),$$
$$Hy = fy - d(tj^A \rho_n^A \beta).$$

Proceeding further, we have

$$\widetilde{f}dz = \widetilde{f}(xy) = \widetilde{f}x \cdot \widetilde{f}y = 0 = db,$$

where b may be simply taken to be 0. Then

$$\begin{aligned}\varphi b - fz - IHdz =& - IH(xy) = -I(Hx \cdot Hy)\\ =& - I[(fx - d(tj^A p_m^A \alpha))(fy - d(tj^A p_n^A \beta))]\\ =& - I[(fx - tdj^A p_m^A \alpha - dt \cdot j^A p_m^A \alpha)\\ &(fy - tdj^A p_n^A \beta - dt \cdot j^A p_n^A \beta)]\\ =& - I[(1-t)^2 dj^A p_m^A \alpha \cdot dj^A p_n^A \beta\\ &- (1-t) \cdot dt \cdot j^A p_m^A \alpha \cdot dj^A p_n^A \beta\\ &- (-1)^{\deg \alpha + 1} \cdot (1-t)dt \cdot dj^A p_m^A \alpha \cdot j^A p_n^A \beta]\\ =& \int_0^1 (1-t)(j^A p_m^A \alpha \cdot dj^A p_n^A \beta\\ &+ (-1)^{\deg \alpha+1} \cdot dj^A p_m^A \alpha \cdot j^A p_n^A \beta)dt\end{aligned}$$

$$=\frac{1}{2}(j^A p_m^A \alpha \cdot dj^A p_n^A \beta + (-1)^{\deg \alpha+1} \cdot dj^A p_m^A \alpha \cdot j^A p_n^A \beta)$$
$$=j^A(p_m^A \alpha \cdot dp_n^A \beta) - \frac{1}{2}(-1)^{\deg \alpha} \cdot dj^A(p_m^A \alpha \cdot p_n^A \beta)$$
$$\sim \varphi w \text{ in } A.$$

According to §II.4, we may then take

$$\widetilde{f} z = b - w = -w,$$

i. e.,

$$h_0^I z = -w,$$

as to be proved.

We are now in a position to prove the Theorem about the Whitehead product, as follows.

Proof of Theorem: Use the same notations as before with

$$f \in u \in \pi_m(X)$$

and

$$g \in v \in \pi_n(X).$$

We have then the following diagram of maps with $h = (f \vee g)h_0$:

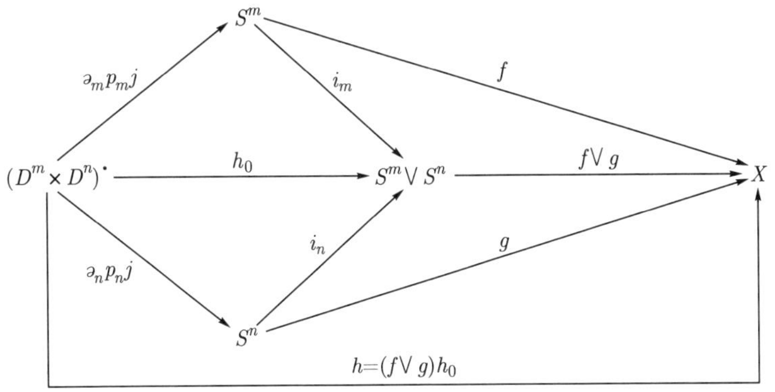

It follows that

$$d(f \vee g)^I z_k = (f \vee g)^I dz_k = \Sigma a_k^{ij} (f \vee g)^I x_i y_j,$$

the terms in dz_k besides the quadratic part in x, y make no contributions owing to degree considerations. By Lemma 2 we have therefore

$$\begin{aligned} d(f \vee g)^I z_k &= \Sigma a_k^{ij} \tau x_i(u) \cdot \tau y_j(v) \cdot xy \\ &= \Sigma a_k^{ij} \tau x_i(u) \cdot \tau y_j(v) \cdot dz, \end{aligned}$$

so that

$$(f \vee g)^I z_k - \Sigma a_k^{ij} \tau x_i(u) \cdot \tau y_j(v) \cdot z$$

is a cycle in $I^*(S^m \vee S^n)$. Since $I^*(S^m \vee S^n)$ has no non-zero cycles in degree $m+n-1$ we get then

$$(f \vee g)^I z_k = \Sigma a_k^{ij} \tau x_i(u) \cdot \tau y_j(v) \cdot z.$$

Whence

$$\begin{aligned} h^I z_k &= h_0^I (f \vee g)^I z_k \\ &= \Sigma a_k^{ij} \tau x_i(u) \cdot \tau y_j(v) \cdot h_0^I z. \end{aligned}$$

Now, by definition we have

$$h_{0\pi} \iota_{m+n-1} = [\widetilde{\iota}_m, \widetilde{\iota}_n],$$

and

$$h_\pi \iota_{m+n-1} = (f \vee g)\pi [\widetilde{\iota}_m, \widetilde{\iota}_n] = [u, v].$$

Consequently

$$\begin{aligned} \tau z_k([u, v]) &= \tau z_k(h_\pi \iota_{m+n-1}) \\ &= \tau_s h^I z_k(\iota_{m+n-1}) \\ &= \Sigma a_k^{ij} \tau x_i(u) \cdot \tau y_j(v) \cdot \tau_s h_0^I z(\iota_{m+n-1}) \\ &= -\Sigma a_k^{ij} \tau x_i(u) \cdot \tau y_j(v). \end{aligned}$$

This completes the proof of the theorem.

Chapter V I^*-Measure of a Homogeneous Space —— The Cartan Theorem

V.1 DGA of Left-Invariant Forms on a Lie Group

We shall recapitulate some well-known facts about the DGA of left-invariant forms on a Lie group to be used in the present Chapter. Those proofs which can be found in standard textbooks on Lie groups or related subjects will be omitted. To fix the ideas, we shall adopt the following notations held throughout the whole chapter.

G is a connected Lie group of dimension r.

$\boldsymbol{g}$ is the Lie algebra of G, formed of all left-invariant vector fields on G.

$i, j, k, \cdots, =$ indices with range in $1, 2, \cdots, r$.

L_g(resp R_g) for any $g \in G$ is the left-(resp. right-) translation of G defined by

$$L_g x = gx, \quad (x \in G)$$
$$(\text{resp.} R_g x = xg)$$

Int_g for any $g \in G$ is the interior **transformation** of G defined by

$$\text{Int}_g = L_g R_{g-1} = R_{g-1} L_g,$$

or

$$\mathrm{Int}_g x = g \times g^{-1}, \quad x \in G.$$

$X_i (i = 1, \cdots, r)$ is a fixed basis of $\boldsymbol{g}$ with Lie brackets [,] and structural constants c_{ij}^k verifying the following conditions:

$$\begin{aligned} &[X_i, X_j] = c_{ij}^k X_k, \\ &c_{ij}^k = -c_{ji}^k, \\ &c_{is}^p c_{jk}^s + c_{js}^p c_{ki}^s + c_{ks}^p c_{ij}^s = 0. \end{aligned}$$

$A^*(G)$ is the DGA of all differential forms on G.

$A^L(G)$ is the subalgebra of $A^*(G)$ formed of all left-invariant differential forms on G, i.e., forms α for which

$$L_g^* \alpha = \alpha$$

for any $g \in G$.

$\{\omega^i\}$ form the basis of left-invariant forms dual to $\{X_i\}, (i = 1, \cdots, r)$:

$$\omega^i(X_j) = \delta_{ij}.$$

Then, $A^L(G)$ is a free exterior DGA on generators ω^i with degree

$$\deg \omega^i = 1.$$

The differential will satisfy the following Maurer-Cartan equations

$$d\omega^k = -\frac{1}{2} c_{ij}^k \omega^i \wedge \omega^j,$$

in which $\wedge$ means the usual exterior multiplication occasionally omitted in what follows.

Ad is the adjoint representation of G defined by

$$Ad: \begin{cases} G \to GL(\boldsymbol{g}), \\ g \to (\mathrm{Int}_g)_*. \end{cases}$$

As usual, we denote for any $g \in G$ the corresponding general linear transformation of $GL(\boldsymbol{g})$ by Ad_g instead of $Ad(g)$, viz.

$$Ad_g = \mathrm{Int}_{g^*} : \boldsymbol{g} \to \boldsymbol{g}.$$

ad is the adjoint representation of $\boldsymbol{g}$ on $GL(\boldsymbol{g})$ induced by Ad,

$$ad = Ad_* : \boldsymbol{g} \to gl(\boldsymbol{g}).$$

Again, as usual, we denote for any $X \in g$, the corresponding linear transformation of $gl(\boldsymbol{g})$ by ad_X instead of $ad(X)$.

For any $g \in G$ the interior transformation Int_{g-1} will induce a DGA-automorphism of $A^*(G)$ which will also be denoted as

$$Ad_g = \mathrm{Int}^*_{g-1}.$$

Then

$$Ad : \begin{cases} G \to \mathrm{DGA} - \mathrm{Aut}\ A^*(G), \\ g \to (Ad_g). \end{cases}$$

is a group-morphism which will induce for any $X \in \boldsymbol{g}$ a **derivation** ad_X of $A^*(G)$. The term **derivation** means that for any differential form $\alpha, \beta \in A^*(G)$ we have

$$ad_X(\alpha \wedge \beta) = ad_X\alpha \wedge \beta + \alpha \wedge ad_X\beta.$$

Moreover, for any $g \in G$, Ad_g is not only a DGA-automorphism of $A^*(G)$, but also one of $A^L(g)$, so that for any $X \in g$, ad_X is not only a derivation of $A^*(G)$, but also one of $A^L(G)$.

With respect to the chosen basis $\{X_i\}$ of g and its dual basis $\{\omega^i\}$ of $A^L(G)$ let us write for simplicity

$$ad_i = ad_{X_i}.$$

Then, we have the following properties:

P1. For any $X, Y \in \boldsymbol{g}$,

$$ad_X Y = [X, Y].$$

P2.

$$ad_i \omega^K = -c_{ij}^K \omega^i.$$

P3. For any $\alpha \in A^L(G)$,

$$d\alpha = \frac{1}{2}\omega^i \wedge ad_j \alpha.$$

P 4.

$$dad_i = ad_i d \text{ on } A^L(G).$$

P5. For any $X, Y \in g$ and any $\omega \in A^L(G)$ with $\deg \omega = 1$,

$$(ad_X \omega)Y = -\omega(ad_X Y).$$

The Lie algebra $\boldsymbol{g}$ of a compact Lie group G is called a **compact Lie algebra**. It is characterized by possessing a positive definite Euclidean metric (,) on $\boldsymbol{g}$ which is invariant under Ad_g for any $g \in G$:

$$(Ad_g X, Ad_g Y) = (x, y), \quad X, Y \in \boldsymbol{g}.$$

This implies that for any $X, Y, Z \in \boldsymbol{g}$:

$$(ad_Z X, Y) + (X, ad_Z Y) = 0.$$

In what follows, G will now be specialized to be a **compact** Lie group with its compact Lie algebra $\boldsymbol{g}$. In this case, invariant integration on G may then be defined and will be used freely in what follows. The basis $\{X_i\}$ will also be specialized to be an orthonormal one with respect to the Ad-invariant positive definite metric (,) in $\boldsymbol{g}$, with $\{\omega^i\}$ the dual basis to $\{X^i\}$. For any forms in $A^L(G)$,

$$\alpha = a_{i_1 \cdots i_S} \omega^{i_1 \wedge \cdots \wedge} \omega^{i_S}, \quad \beta = b_{j_1 \cdots j_S} \omega^{i_1 \wedge \cdots \wedge} \omega^{i_S}$$

of same degree s, we shall set as definition:

$$(\alpha, \beta) = a_{i_1 \cdots i_S} b_{j_1 \cdots j_S} \delta^{i_1 \cdots i_S}_{j_1 \cdots j_S},$$

in which $\delta^{i_1 \cdots i_S}_{j_1 \cdots j_S}$ is $+1$ or -1 according to $(j_1, \cdots, j_S)$ being an even or odd permutation of $(i_1, \cdots, i_S)$ and otherwise 0.

A simple consequence of the existence of an adjoint-invariant positive definite metric is the following:

With respect to an orthonormal basis $\{X_i\}$ of $\boldsymbol{g}$. the structural constants c^k_{ij} are skew-symmetric in all 3 indices i, j, k.

Besides the usual differential operator d, let us introduce now some other linear operators in the DGA $A^L(G)$ for the compact Lie group G:

O1. For any

$$\alpha = \omega^i \wedge \beta$$

with β not involving ω^i, we define

$$\partial^i \alpha = \beta,$$

which is $\frac{\partial \alpha}{\partial \omega^i}$ in the old notation of E. Cartan.

O2. For any a we define

$$\sigma^i \alpha = \omega^i \wedge \alpha.$$

O3. For any α of degree $s > 0$ we define a form $\partial \alpha$ of degree $s - 1$ by

$$(\partial \alpha, \beta) = (\alpha, d\beta)$$

for any β of degree $s - 1$.

Below, we list a few of the properties about these operators for which the proofs are all quite simple ($\alpha, \beta \in A^L(G)$ with due degrees):

$$\begin{aligned}
d\alpha &= \frac{1}{2} \sigma^i ad_i \alpha, \\
\partial \alpha &= -\frac{1}{2} \partial^i ad_i \alpha, \\
ad_i \omega^i &= 0 \text{ (no summation)}, \\
ad_i \omega^K &= -c^k_{ij} \omega^j, \\
ad_i(\alpha \wedge \beta) &= ad_i \alpha \wedge \beta + \alpha \wedge ad_i \beta,
\end{aligned}$$

$$d(\alpha \wedge \beta) = d\alpha \wedge \beta + (-1)^{\deg \alpha} \cdot \alpha \wedge d\beta,$$
$$\partial^i(\alpha \wedge \beta) = \partial^i \alpha \wedge \beta + (-1)^{\deg \alpha} \cdot \alpha \wedge \partial^i \beta,$$
$$\sigma^i(\alpha \wedge \beta) = \sigma^i \alpha \wedge \beta + (-1)^{\deg \alpha} \cdot \alpha \wedge \sigma^i \beta,$$
$$(\alpha, \partial^k \beta) = (\sigma^k \alpha, \beta),$$
$$(\partial \alpha, \beta) = (\beta, d\beta),$$
$$(ad_i \alpha, \beta) + (\alpha, ad_i \beta) = 0.$$

Remark: $\partial(\alpha \wedge \beta) \neq \partial\alpha \wedge \beta \pm \alpha \wedge \partial\beta$ in general.

In the vector space $A^{L,s}(G)$, spanned by forms of degree s in $A^L(G)$, we shall denote by $\mathrm{Im}^s d$ the subspace spanned by all these elements in the image of d. Similarly, for $\mathrm{Im}^s \partial$, $\mathrm{Ker}^s \sigma$, and $\mathrm{Ker}^s \partial$. Then, we have the following orthogonal decomposition of the vector space $A^L(G)$:

Theorem 1: The vector space $A^{L,s}(G)$ is the direct sum of 3 subspaces mutually orthogonal to each other, viz.

$$A^{L,s}(G) = \mathrm{Im}^s d \oplus Im^s \partial \oplus \mathrm{Ker}^s d \cap \mathrm{Ker}^s \partial.$$

Moreover,

$$\mathrm{Ker}^s d = \mathrm{Im}^s d \oplus \mathrm{Ker}^s d \cap \mathrm{Ker}^s \partial$$
$$\mathrm{Ker}^s \partial = \mathrm{Im}^s \partial \oplus \mathrm{Ker}^s\ d \cap \mathrm{Ker}^s \partial$$

The subspaces appearing in the decomposition are again orthogonal to each other.

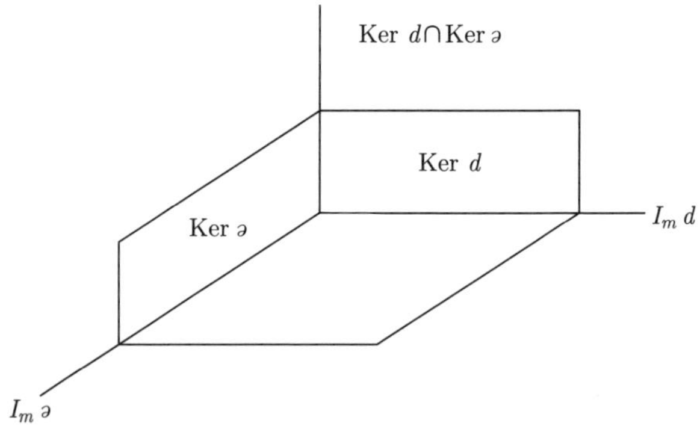

The proof follows directly from the above formulae about the various operators and will be omitted. When no misunderstanding can occur, we shall also simply write Im d instead of $\mathrm{Im}^s d$, etc.

Definition: A left-invariant differential form $\alpha \in A^L(G)$ is called simply an **invariant form** if it is also right-invariant, or what is the same, if any one of the following 3 equivalent conditions is true:

$$R_g^* \alpha = \alpha, \text{ for any } g \in G,$$
$$\text{or } Ad_g \alpha = \alpha, \text{ for any } g \in G,$$
$$\text{or } ad_k \alpha = 0, \text{ for any } k.$$

From the formulae listed before we see that the set of all invariant forms is naturally forming a sub-DGA of $A^L(G)$ and will be denoted henceforth by $A^I(G)$.

Theorem 2: $A^I(G) = \text{Ker } d \cap \text{Ker } \partial$.

Proof: For any $\gamma \in A^I(G)$ we have by definition $ad_k \gamma = 0$ for any k. Hence, $d\alpha = \frac{1}{2}\delta^k ak_k \alpha = 0$ and

$$\partial \alpha = -\frac{1}{2}\delta^k ad_k \alpha = 0, \text{ or}$$
$$\gamma \in \text{Ker } d \cap \text{Ker } \partial.$$

Conversely, let $\gamma \in \text{Ker } d \cap \text{Ker } \partial$.

Then, $\gamma \in \text{Ker } d$ implies

$$\gamma \sim \int_G Ad_g \gamma dg = \gamma^I \in A^I(G).$$

By what we have already proved

$$\gamma^I \in \text{Ker } d \cap \text{Ker } \partial.$$

Hence, $\gamma \sim \gamma^I$ implies

$$\gamma - \gamma^I \in (\text{Ker } d \cap \text{Ker } \partial) \cap \text{Im } d.$$

By Theorem 1 Im d is orthogonal to Ker $d \cap$ Ker ∂.

Hence, $\gamma = \gamma^I \in A^I(G)$.

q.e.d.

Notation: The orthogonal projection of $A^L(G)$ onto $A^I(G) =$ Ker $d \cap$ Ker ∂ wil be denoted by π.

Theorem 3: The projection

$$\pi : \text{Ker } d \to A^I(G)$$

is an **algebraic** epimorphism.

Proof: For $\alpha, \beta \in$ Ker d we have by Theorems 1,2

$$\alpha = \pi\alpha + d\alpha', \quad \beta = \pi\beta + d\beta'$$

for some α', β'. Then

$$\alpha \wedge \beta = \pi\alpha \wedge \pi\beta + d(\alpha' \wedge \pi\beta \pm \pi\alpha \wedge \beta' + \alpha' \wedge d\beta').$$

Moreover, $\pi\alpha \wedge \pi\beta \in A^I(G)$ since $A^I(G)$ is a DGA.

Consequently

$$\pi\alpha \wedge \pi\beta = \pi(\alpha \wedge \beta)$$

or π is an algebraic morphism. That π is an epimorphism follows directly from Theorem 2.

V.2 Homogeneous Space and Invariant Forms: Method of E. Cartan

In what follows, let G be again a connected Lie group of dimension r, as before. Besides, let H be a closed connected subgroup of G and

$$M = G/H$$

be the homogeneous space consisting of all left-cosets of H in G. The natural projection of G to H will be denoted by π, we also suppose $\dim M = n$ so that $\dim H = r - n$.

Now, the following notations will be adopted:

$$i, j, k, \cdots = \text{indices among } 1, 2, \cdots, r,$$

$$a, b, c, \cdots = \text{indices among } 1, 2, \cdots, n,$$

$$\alpha, \beta, \gamma, \cdots = \text{indices among } n+1, \cdots, r.$$

For the basis $X_1, \cdots, X_r$ of the Lie algebra g, we shall choose in the way that $X_{n+1}, \cdots, X_r$ at identity e of H and G will span the tangent space of H at e. For the structural constants we have then

$$c^a_{\alpha\beta} = 0.$$

Now, to each $g \in G$ there is a left-translation T_g of M defined by $T_g(g'H) = gg'H$ for any $g'H \in M$. Thus, G operates transitively on M with H as the isotropy group at 0, the projection of the identity e on M. The following definition is now fundamental:

Definition: A differential form $a \in A^*(M)$ will be called an **invariant form** if it is invariant under all left-translations T_g, i.e. if $T_g^*\alpha = \alpha$ for all $g \in G$. The collection of all such invariant forms clearly form a sub-DGA of $A^*(M)$ and will be denoted by $A^L(M)$.

The importance of the notion of invariant forms may be seen from the following theorem of E. Cartan:

Theorem 1: If G is compact, then the inclusion of $A^L(M)$ in $A^*(M)$ is an H-isomorphism.

The proof follows simply from the existence of an invariant measure, so that invariant integration is possible for a **compact** group and will be omitted. We remark only that the theorem is not true in the case **non-compact** of groups, as seen from the following example given by E. Cartan himself.

Ex. Let G be the group D_N of displacements in an Euclidean N-space R^N and H be the subgroup O_N of rotations about a fixed point $O \in R^N$. Then, the homogeneous space $M = G/H$ is just the euclidean space R^N. With a coordinate system $(x_1, \cdots, x_N)$ about 0 in R^N, it can be easily verified that there exist no invariant forms on R^N in degrees > 0 and $< N$, while there is one $\neq 0$ in the degree N, viz.

$$\omega = dx_1 \wedge \cdots \wedge dx_N.$$

Since $d\omega = 0$ and $\omega \neq d\alpha$ for any invariant form α, the inclusion $A^L(R^N) \subset A^*(R^N)$ cannot be an H-isomorphism.

In a further step, the method of E. Cartan consists in reducing $A(M)$ to some DGA's easier to deal with. For this purpose, let us introduce the collection W_B^I of differential forms ξ in $A^*(G)$ verifying the following conditions:

1°. $L_g^*\xi = \xi$ for any $g \in G$,

2°. $R_h^*\xi = \xi$ for any $h \in H$,

where R_h is the right-translation in G defined by $R_h g = gh$ for any $g \in G$.

3°. For any $g \in G$ and any tangent vector $\tilde{x}_1^g, \cdots, \tilde{x}_s^g$ of G at g where $s = \deg \xi$,

$$\varepsilon(x_1^g, \cdots, \tilde{x}_s^g) = 0$$

whenever some of $\widetilde{X}_i^g$ lie in the tangent subspace of gH at g.

It is easy to verify that the projection $\pi : G \to M$ will induce a module isomorphism

$$\pi^* : A^L(M) \approx W_B^I.$$

The next step consists then in introducing some differential in W_B^I to turn it into a DGA such that π^* becomes a DGA-isomorphism. In fact, the condition 1° shows that any $\xi \in W_B^I$ of degree s is expressible in the form

$$\xi = x_{i_1 \cdots i_S}\omega^{i_1} \wedge \cdots \wedge \omega^{i_S}$$

with $x_{i_1 \cdots i_S}$ real constants. The condition 3° implies further that any form ω^α cannot occur in the expression of ξ, or ξ should be of the form

$$\xi = x_{a_1 \cdots a_S} \omega^{a_1} \wedge \cdots \wedge \delta^{a_S}. \tag{1}$$

Now, the differential d in $A^L(G)$ is determined by the Maurer-Cartan equations

$$d\omega^k = -\frac{1}{2} c^k_{ij} \omega^{i\wedge} \omega^j,$$

in particular

$$d\omega^a = -\frac{1}{2} c^a_{bc} \omega^{b\wedge} \omega^c + \zeta^a,$$

where

$$\zeta^a = -\frac{1}{2} c^a_{\beta\gamma} \omega^{\beta\wedge} \omega^\gamma - c^a_{b\gamma} \omega^{b\wedge} \omega^\gamma.$$

Since

$$\pi^* : A^L(M) \to A^L(G)$$

preserves differential $d\xi \in \pi^* A^L(M) = W^I_B$ too for any $\xi \in \pi^* A^L(M) = W^I_B$. Hence, if we introduce an operator d_B in $A^L(G)$ given by

$$d_B \omega^a = -\frac{1}{2} c^a_{bc} \omega^b \wedge \omega^c, \tag{2}$$

then the same $d\xi \in W^I_B$ will be obtained by calculations using d_B insted of d. Note that ω^a itself is in general not in W^I_B. Moreover, let us denote by the same letter d_B the differential in W^I_B induced by the above d_B. Then, the DGA W^I_B with this differential will be in DGA-isomorphism with $A^L(M)$ under π^*. Hence, we have the following

Theorem 2: Let W^I_B be the sub-DGA of $A^L(G)$ consisting of all forms ξ generated by ω^a with coefficients x all real constants, as given by (1), and a differential d_B based on calculations given by (2). Then

$$\pi^* : A_L(M) \to W^I_B$$

is a DGA-isomorphism.

In combining Theorems 1 and 2, we get the following theorem about the I^*-measure of a homogeneous space arising from a **compact** Lie group:

Theorem 3: The I^*-measure on a real field of a homogeneous space $M = G/H$ with G connected compact and H closed connected is given by

$$I^*(M) \approx \min W_B^I.$$

Thus, $I^*(M)$ and in particular $H_{\boldsymbol{R}}^*(M) = H(I^*(M))$ is completely determined by the structural constants c_{bc}^a.

The above theorem reduces the determination of the I^*-and thus also the $H_{\mathbf{R}}^*$-measure of a homogeneous space $M = G/H$ with G compact to a purely algebraic problem. A further reduction is possible in the case of the so-called symmetric spaces. We recall first its definition.

Let G be a connected Lie group, as before. An automorphism σ of G is said to be **involutive** if $\sigma^2 =$ identity (we assume σ itself is not the identity). Let H be the subgroup of G consisting of elements invariant under σ. Then, the homogeneous space $M = G/H$ is called a **symmetric space** with a **symmetry** given by $\sigma(gH) = (\sigma g)H$.

Let the indices $i, a, \alpha, \cdots$, etc. be as before. Then, for a symmetric space $M = G/H$ with symmetry σ we can choose the bas is $\{X_i\}$ such that the linear transformation $\sigma_* : \boldsymbol{g} \to \boldsymbol{g}$ induced by σ will be given by

$$\sigma_*(X_a) = -X_a,$$
$$\sigma_*(X_a) = +X_a.$$

Lemma: With respect to the above basis the structural constants will satisfy the relations:

$$c_{ab}^c = 0,$$
$$c_{\alpha\beta}^a = 0,$$

and

$$c_{\alpha a}^{\beta} = 0.$$

Proof: Let us prove e.g. the first relation. We have in fact

$$\begin{aligned}\sigma_* [x_a, x_b] &= c_{ab}^k \sigma_* x_k = c_{ab}^{\alpha} x_{\alpha} - c_{ab}^c x_c, \\ [\sigma_* x_a, \sigma_* x_b] &= [-x_{a_1} - x_b] = c_{ab}^k x_k \\ &= c_{ab}^{\alpha} x_{\alpha} + c_{ab}^c x_c.\end{aligned}$$

Since σ_* preserves bracket operations, or $\sigma_* [x_a, x_b] = [\sigma_* x_a, \sigma_* x_b]$, we get by comparison $c_{ab}^c = 0$. The proofs of other relations are similar.

Theorem 4: For a symmetric space $M = G/H$ all invariant forms are closed, i.e., $d\alpha = 0$ for any $\alpha \in A^L(M)$.

Proof: Let us choose the basis $\{X_i\}$ in $\boldsymbol{g}$ as above. By Theorem 2, it is sufficient to prove that $d_B \xi = 0$ for any form $\xi \in W_B^I$. Consider therefore any such form

$$\xi = x_{a_i \cdots a_s} \omega^{a_1} \wedge \cdots \wedge \omega^{a_s},$$

with x all real constants. Now, by the above lemma the equation for which the differential d_B in W_B^I is based becomes

$$d_B \omega^a = -\frac{1}{2} c_{bc}^a \omega^b \wedge \omega^c = 0.$$

This proves that $d_B = 0$ in W_B^I and the theorem is thus proved.

Combining the above theorem with Theorems 2 and 3, we get then the following

Theorem 5: For a symmetric space $M = G/H$ with G connected compact not only the $H_{\boldsymbol{R}}^*$-measure of M is determined by the I^*-measure of M but also conversely the I^*-measure is determined by the $H_{\boldsymbol{R}}^*$-measure, viz.

$$I^*(M) \approx \min H_{\boldsymbol{R}}^*(M) \quad (\boldsymbol{k} = \boldsymbol{R} \text{ here}).$$

V.3 The Well Algebra

Let G be a compact connected Lie group and H be a closed connected subgroup with notations as before. In the preceding section we have reduced the determination of the I^*-measure (on real field) of the corresponding homogeneous space $M = G/H$ to a purely algebraic problem via some sub-DGA W_B^I of $A_L(G)$ consisting of constant-coefficient forms (henceforth, the symbol $\wedge$ will be dropped).

$$\xi = x_{a_1\cdots a_s}\omega^{a_1}\wedge\cdots\wedge\omega^{a_s} = x_{a_1\cdots a_s}\omega^{a_1}\cdots\omega^{a_s}, \tag{1}$$

which are Ad_h-invariant, i.e.,

$$Ad_h\xi = \xi, \text{ for any } h\in H, \text{ or} \tag{2}$$

$$ad_\alpha\xi = 0. \tag{3}$$

The differential d_B in W_B^I is based on the formula

$$d_B\omega^a = -\frac{1}{2}c^a_{bc}\omega^b\omega^c. \tag{4}$$

In fact, H being a subgroup implies $c^a_{\alpha\beta} = 0$. For the differential d in $A^L(G)$ we have therefore

$$d\omega^a = -\frac{1}{2}c^a_{ij}\omega^i\omega^j = -\frac{1}{2}c^a_{bc}\omega^b\omega^c - c^a_{\alpha b}\omega^\alpha\omega^b = d_B\omega^a + \omega^\alpha ad_\alpha\omega^a.$$

For any ξ given as above we have then

$$\begin{aligned} d\xi &= \sum(-1)^{K-1}x_{a_1\cdots a_s}\omega^{a_1}\cdots(d\omega^{a_k})\cdots\omega^{a_s} \\ &= \sum(-1)^{K-1}x_{a_1\cdots a_s}\omega^{a_1}\cdots(d_B\omega^{a_k} + \omega^\alpha ad_\alpha\omega^{a_k})\cdots\omega^{a_s}, \end{aligned}$$

or

$$d\xi = d_B\xi + \omega^\alpha ad_\alpha\xi.$$

For $\xi\in W_B^I$ we have $ad_\alpha\xi = 0$, so that $d_B\xi = d\xi$ is just the differential induced in W_B^I from d in $A^L(G)$.

In this section, we shall reduce the study of I^*-measure of $M = G/H$ with G compact, by one step, from W_B^I to some other DGA, viz. the so-called **Weil algebra** associated to the pair (G, H). First, we introduce the Weil algebra of the Lie group G itself:

Definition: For the Lie group G we define a DGA

$$\mathrm{Weil}(G) = \mathrm{Free}(\omega^i, \omega^{-i}) \tag{5}$$

with

$$\begin{cases} \deg\, \omega^i = 1, \\ \deg\, \omega^{-i} = 2, \end{cases} \tag{6}$$

and differential d_W given by

$$\begin{cases} d_W \omega^i = \omega^{-i}, \\ d_W \omega^{-i} = 0. \end{cases} \tag{7}$$

Change the basis of Weil (G) in introducing new elements ω^i given by

$$\frac{1}{2}\Omega^i = \omega^{-i} + \frac{1}{2}c^i_{jk}\omega^j\omega^k. \tag{8}$$

Then, we can also write

(5)′ Weil $(G) = \mathrm{Free}(\omega^i, \Omega^i)$, with

$$\begin{cases} \deg\, \omega^i = 1, \quad \deg\, \Omega^i = 2, \\ d_W \omega^i = -\dfrac{1}{2}c^i_{ij}\omega^j\omega^k + \dfrac{1}{2}\Omega^i, \\ d_W \Omega^i = c^i_{jk}\Omega^j\omega^k. \end{cases} \tag{9}$$

Now, for any $g \in G$ let us define a linear operator Ad_g acting on Weil (G), such that $Ad_g\omega^i$ is the same as in $A^L(G)$, and $Ad_g\omega^{-i}$ as in $Ad_g\omega^i$, with each ω^j replaced by ω^{-j}. Similarly, we define for any $x \in g$, the derivation ad_X on Weil (G) which is the same as in $A^L(G)$ for $ad_X\omega^i$, and also the same for $ad_X\omega^{-i}$ with each ωj replaced by ω^{-j}.

Then

$$\begin{cases} ad_k\omega^i = -c^i_{kj}\omega^j, \\ ad_k\omega^{-i} = -c^i_{kj}\omega^{-j}. \end{cases} \tag{10}$$

From these, it follows that in Weil (G)

$$ad_k\omega^i = -c^i_{kj}\omega^j, \text{ and} \tag{11}$$

$$Ad_g d_W = d_W Ad_g, \text{ or} \tag{12}$$

$$ad_k d_W = d_W ad_k. \tag{12'}$$

Lemma 1: For any $h \in H$, the linear subspaces of Weil (G) spanned by ω^a, by ω^α and by Ω^α are each invariant under Ad_h. Moreover, we have

$$\begin{cases} ad_\beta\omega^a = -c^a_{\beta b}\omega^b, \\ ad_\beta\omega^\alpha = -c^\alpha_{\beta\gamma}\omega^\gamma, \\ ad_\beta\Omega^\alpha = -c^\alpha_{\beta\gamma}\Omega^\gamma. \end{cases} \tag{13}$$

Proof: These follow directly from the facts that H is a subgroup so that $c^a_{\alpha\beta} = 0$, and G is compact so that c^k_{ij} is anti-symmetric in all three indices i, j, k.

Now, in Weil (G) let us consider the sub-algebra weil^I (G) consisting of all elements ξ which are Ad_g-invariant or $\mathrm{A}d_k\xi = \xi$ for all $g \in G$ or $Ad_g\xi = 0$ for all indices k. Since $ad_k d_W = d_W ad_k$, Weil$^I(G)$ is in fact a sub-DGA of Weil (G).

Lemma 2: Both, Weil (G) and Weil$^I(G)$ are homologically trivial.

Proof: The assertion about Weil (G) follows directly from its very definition. Let ξ be a cycle of Weil$^I(G)$, then it is also a cycle of Weil (G), so that $\xi = d_W\eta$ for some $\eta \in$ Weil(G). Since ξ is Ad_g-invariant for any $g \in G$ and G is compact, $\xi = \int_G \boldsymbol{A}d_g\xi dg = d_W \int_G \boldsymbol{A}d_g\eta dg = d_W\eta^1$, where $\eta^1 = \int_G Ad_g\eta dg$, being Ad_g-invariant, $\in$ Weil$^I(G)$, and the lemma is also proved for Weil$^I(G)$. For latter use, we shall introduce a differential in $\mathrm{Weil}^I(G)$ as follows. For the differential d_W in Weil(G) let us rewrite it in the following form:

$$d_W\omega^i = -\frac{1}{2}c^i_{jk}\omega^j\omega^k + \frac{1}{2}\Omega^i = \frac{1}{2}c^i_{jk}\omega^j\omega^k + \frac{1}{2}\Omega i + \omega^j ad_j\omega^i,$$
$$d_W\Omega^i = c^i_{jk}\Omega^j\omega^k = -c^i_{jk}\omega^j\Omega^k = 0 + \omega^j ad_j\Omega^i.$$

If we introduce d_G and d_Ω by setting

$$d_G\omega^i = -\frac{1}{2}c^i_{jk}\omega^j\omega^k,$$
$$d_G\Omega^i = \frac{1}{2}\Omega^i,$$

with all the other differentials equal to 0, then we have

$$d_W = -d_G + d_\Omega + \omega^j ad_j.$$

Like in the beginning of this section about the differential in W^I_B, we see that in $\mathrm{Weil}^I(G)$ we can use $-d_G + d_\Omega$ instead of d_W for the determination of its homology. We also remark that d_G operating on $A^I(G) \subset \mathrm{Weil}^I(G)$ in the same way as the differential in $A^I(G)$ is considered a DGA by itself. Remark, however, that $A^I(G)$ is not a sub-DGA of $\mathrm{Weil}^I(G)$.

Now, we come to the pair of a compact Lie group G and its subgroup H, as before.

Definition: For the pair (G, H) we define Weil (G, H) as the sub-DGA of Weil (G) generated by $\omega^a, \omega^\alpha, \Omega^\alpha$ alone:

$$\mathrm{Weil}(G, H) = \mathrm{Free}(\omega^a, \omega^\alpha, \Omega^\alpha) = \mathrm{Free}(\omega^a) \otimes \mathrm{Weil}(H).$$

We define the **Weil algebra** $\mathrm{Weil}^I(G, H)$ as the sub-DGA of Weil (G, H) consisting of forms invariant under Ad_h for all $h \in H$ or those ξ with

$$ad_\alpha\xi = 0$$

for all indices α.

Lemma 3: The linear operator

$$d_W^1 = -d_G + d_\Omega$$

will also induce a differential in $\mathrm{Weil}^I(G, H)$.

Proof: The d_{W^1} can be expressed in a more explicit form as follows:

$$\begin{aligned} d_{W^1}\omega^a &= \frac{1}{2}c^a_{jk}\omega^j\omega^k, \\ d_{W^1}\omega^a &= \frac{1}{2}c^\alpha_{jk}\omega^j\omega^k + \frac{1}{2}\Omega^\alpha, \\ d_{W^1}\Omega^a &= 0. \end{aligned}$$

Only $d^2_{W^1} = 0$ requires proof. Now, by direct calculation we find

$$\begin{aligned} d^2_{W^1}\omega^i &= -\frac{1}{2}\Omega^\beta ad_\beta\omega^i, \\ d^2_{W^1}\Omega^\alpha &= 0. \end{aligned}$$

Since elements ξ in $\mathrm{Weil}^I(G, H)$ are such that $ad_\beta\xi = 0$, we see, like in the beginning of this section, that $d^2_{W^1} = 0$ in Weil (G, H), as to be proved.

Henceforth, we shall understand $\mathrm{Weil}^I(G, H)$ to be a DGA with differential, induced by the above d_{W^1}. From the very definition we have then

Lemma 4: The module-morphism

$$\sigma : \mathrm{Weil}^I(G) \to \mathrm{Weil}^I(G, H)$$

obtained by sending all Ω^a to 0 is a DGA-morphism.

To go further, let us put the d_{W^1} in another form by using various properties of c^k_{ij}:

$$\begin{aligned} d_{W^1}\omega^a &= \frac{1}{2}c^a_{jk}\omega^j\omega^k \\ &= \frac{1}{2}c^a_{bc}\omega^b\omega^c + c^a_{\beta b}\omega^\beta\omega^b \\ &= \frac{1}{2}c^a_{bc}\omega^b\omega^c - \omega^\beta ad_\beta\omega^a, \end{aligned}$$

$$\begin{aligned}
d_{W^1}\omega^\alpha &= \frac{1}{2}c^\alpha_{jk}\omega^j\omega^k + \frac{1}{2}\Omega^a \\
&= \frac{1}{2}c^\alpha_{bc}\omega^b\omega^c + \frac{1}{2}c^a_{\beta\gamma}\omega^\beta\omega^\gamma + \frac{1}{2}\Omega^\alpha \\
&= \frac{1}{2}c^a_{bc}\omega^b\omega^c - \frac{1}{2}c^\alpha_{\beta\gamma}\omega^\beta\omega^\gamma + \frac{1}{2}\Omega^a - \omega^\beta ad_\beta\omega^a, \\
d_{W^1}\Omega^\alpha &= 0 \\
&= -c^\alpha_{\beta\gamma}\omega^\beta\Omega^\gamma - \omega^\beta ad_\beta\Omega^a.
\end{aligned}$$

We have then

$$d_{W^1} = d_H + d_B - \omega^\beta ad_\beta$$

in which d_H, d_B are given by

$$\begin{aligned}
d_B\omega^a &= \frac{1}{2}c^a_{bc}\omega^b\omega^c, \\
d_B\omega^\alpha &= \frac{1}{2}c^\alpha_{bc}\omega^b\omega^c, \\
d_H\omega^\alpha &= -\frac{1}{2}c^\alpha_{\beta\gamma}\omega^\beta\omega^\gamma + \frac{1}{2}\Omega^\alpha, \\
d_H\Omega^\alpha &= -c^\alpha_{\beta\gamma}\omega^\beta\Omega^\gamma
\end{aligned}$$

with other d_B and d_H equal to 0. Like in the beginning of this section, we can then also replace d_{W^1} by

$$d_{W^2} = d_H + d_B$$

which gives the same final result as d_{W^1} in $\mathrm{Weil}^I(G, H)$. We also remark that in comparison with formulae (9), the d_H restricted on $\mathrm{Weil}(H) \subset \mathrm{Weil}^I(G, H)$ is just the same as d_W in Weil (H).

Define now a module-morphism

$$j_B : W^I_B \to \mathrm{Weil}^I(G, H)$$

by

$$j_B(\omega^a) = -\omega^a$$

which is legitimate, since Ad_h-invariant elements will be sent to Ad_h-invariant elements for any $h \in H$. From the differentials d_B in W_B^I and d_{W^2} in $\mathrm{Weil}^I(G, H)$ we see that j_B is in fact a DGA-morphism.

The main object of this section is to prove the following

Theorem: The DGA-morphism j_B is an H-isomorphism.

It is clear that the theorem is a direct consequence of the following

Lemma 5: For any $\xi \in \mathrm{Weil}^I(G, H)$ with $d_{W^2}\xi \in \mathrm{Im}\ j_B$, we have

$$\xi = d_{W^2}\eta + \varsigma$$

for some $\eta \in \mathrm{Weil}^I(G, H)$ and $\zeta \in \mathrm{Im}\ j_B$.

Proof: For any $\xi \in \mathrm{Weil}^I(G, H)$ we shall denote by $\deg_H\xi$ the maximum of total degree in ω^α and Ω^α of the terms of ξ. Now, we shall prove the lemma by induction on $\deg_H\xi$ which is trivial in case $\deg_H\xi = 0$, i.e., for $\xi \in \mathrm{Im} j_B$.

Consider thus $\xi \in \mathrm{Weil}^I(G, H)$ and suppose that the lemma has been proved for elements of $\deg_H <$ that of ξ. Write for this purpose

$$\xi = \xi_0 + \xi^1$$

with $\deg_H$ of each term in ξ_0, equal to $\deg_H\xi > \deg_H\xi^1$. As Ad_h clearly preserves $\deg_H$ and ξ is Ad_h-invariant so ξ_0 is also Ad_h-invariant for all $h \in H$ or $\xi_0 \in \mathrm{Weil}^I(G, H)$, cf.(13).

Now,

$$d_{W^2}\xi = d_H\xi_0 + (d_B\xi_0 + d_{W^2}\xi^1) \in \mathrm{Im} j_B$$

or $\deg_H d_{W^2}\xi = 0$ by hypothesis. Since $\deg_H$ of the element in the bracket is $<$ that of $d_H\xi_0$ if the latter is not 0, we necessarily have $d_H\xi_0 = 0$.

Let

$$\xi_0 = \omega^{a_1} \cdots \omega^{a_S}\xi_{a_1\cdots a_s}$$

with $\xi_{a_1\cdots a_s} \in \mathrm{Free}(w^\alpha, \Omega^\alpha)$. Then we have

$$d_H\xi_0 = (-1)^S\omega^{a_1} \cdots \omega^{a_s} d_H\xi_{a_1\cdots a_S} = 0$$

and therefore

$$d_H \xi_{a_1 \cdot a_s} = 0.$$

By what we have remarked, Weil$(H) \subset$ Weil^I (G, H) and is homologically trivial, so that

$$\xi_{a_1 \cdots a_s} = d_H \eta^1_{a_1 \cdots a_S}$$

for some $\eta^1_{a_1 \cdots a_S} \in$ Weil(H). Hence,

$$\xi_0 = d_H(\pm \omega^{a_1} \cdots \omega^{a_s} \eta^1_{a_1 \cdots a_s}) = d_H \eta^1, \text{ say.}$$

Since ξ_0 is Ad_h-invariant

$$\begin{aligned}\xi_0 &= \int_H Ad_h \xi_0 dh = d_H \int_H Ad_h \eta^1_0 dh \\ &= d_H \eta_0,\end{aligned}$$

where

$$\eta_0 = \int_H Ad_h \eta^1_0 dh$$

is Ad_h-invariant or $\eta_0 \in$ Weil$^I(G, H)$.

It follows that

$$\xi - d_{W^2} \eta_0 = \xi^1 - d_B \eta_0 \in \text{Weil}^I(G, H)$$

too and has a $\deg_H <$ that of ξ. Moreover, $d_{W^2}(\xi - d_{W^2}\eta_0) = d_{W^2}\xi \in \text{Im} j^I_B$. By induction hypothesis we have therefore

$$\xi - d_{W^2} \eta_0 = d_{W^2} \eta_1 + \zeta_1$$

for some $\eta_1 \in$ Weil$^I(G, H)$ and $\zeta_1 \in \text{Im} j^I_B$.

Hence, $\xi = d_{W^2}(\eta_0 + \eta_1) + \zeta_1$ with $\eta_0 + \eta_1 \in$ Weil$^I(G, H)$ and $\zeta_1 \in \text{Im}\ j^I_B$. This proves the lemma and, thus, also the theorem.

V.4 The Cartan Algebra and the Theorem of Cartan

In the preceding section, we have introduced the Weil algebra $\mathrm{Weil}^I(G,H)$ which is H-isomorphic to W_B^I under a DGA-morphism J_B. In this section, we shall study more in detail the structure of $\mathrm{Weil}^I(G,H)$, reducing this further to a sub-DGA called **Cartan algebra** to which it is again H-isomorphic under a certain DGA-morphism. For this purpose, we shall first introduce some important conceptions and state without proof the theorem of Hopf, et al as follows.

Definition: A form

$$p = p_{i_1\cdots i_s}\omega^{i_1}\cdots\omega^{i_s} \in A^L(G), \quad s \geqslant 1.$$

is said to be **primitive** if

1° $p \in A^I(G)$, or $ad_i p = 0$ for all indices i.

2° $\partial_{i_1}\cdots\partial_{i_m}p$ is orthogonal to $A^I(G)$

for all m-tuples $(i_1,\cdots,i_m)$ with $1 \leqslant m \leqslant s-1$.

Theorem of Hopf: The primitives of $A^L(G)$ span a finite dimensional linear space $P(G)$ with a basis

$$p_1, p_2, \cdots, p_N$$

for which all p_i are of odd degree and

$$\deg p_1 \leqslant \deg p_2 \leqslant \cdots \leqslant \deg p_N.$$

Moreover, $A^I(G)$ is an exterior algebra over these primitives as free generators

$$A^I(G) \approx \mathrm{Extr}(p_1,\cdots,p_N).$$

Cor.: For a compact Lie group

$$H_R^*(G) \approx \mathrm{Extr}\ (p_1,\cdots,p_N).$$

Definintion: In the Weil algebna of G:

$\mathrm{Weil}^I(G) \subset \mathrm{Weil}(G) = \mathrm{Free}(\omega^i, \Omega^i)$, an element ξ will be said to be of $\deg_\omega \xi = k$ if the maximum of total degrees in ω^i of terms in ξ is equal to k.

Write any such element ξ in the form

$$\xi = \xi_k + \xi_{k-1} + \cdots + \xi_0$$

for which each ξ_i. consists of terms of $\deg_\omega$ equal to i. Then, ξ_k will be called the **Lead** of ξ:

$$\xi_k = \mathrm{Lead}\ \xi.$$

Definition: A form $\xi \in A^I(G) \subset \mathrm{Weil}^I(G)$ is said to be **transgressive** if there is some form $\eta \in \mathrm{Weil}^I(G)$, such that

$$\mathrm{Lead}\ \eta = \xi$$

and

$$\deg_\omega d_W \eta = 0,$$

or $d_W \eta$ is generated by Ω^i alone. In that case $d_W \eta$ is called a **transgression** of ξ.

Notation: $S^I(G)$ = sub-algebra of $\mathrm{Weil}^I(G)$ consisting of forms generated by Ω^i alone, or of forms with $\deg_\omega$ equal to 0.

Theorem of Cartan-Chevalley-Weil:

Consider $A^I(G)$ as a sub-GA of $\mathrm{Weil}^I(G)$. Then, a form in $A^I(G)$ is transgressive if and only if it is primitive. Moreover, for each primitive, its transgressions are unique up to decompasables. If we choose for each primitive p_μ a fixed transgression $s_\mu \in S^I(G)$ so that

$$\begin{cases} p_\mu = \mathrm{Lead}\ q_\mu, \\ d_W q_\mu = s_\mu \end{cases} \tag{1}$$

for some $q_\mu \in \mathrm{Weil}^I(G)$,then $S^I(G)$ is a polynomial algebra on s_μ as free generators.

Consider now the Weil-algebra associated to the pair (G, H), viz.

$$\mathrm{Weil}^I(G, H) \subset \mathrm{Weil}(G, H) = \mathrm{Free}(\omega^i, \Omega^\alpha).$$

As already shown in Lemma 4 of §V.3, the morphism

$$\sigma : \mathrm{Weil}^I(G) \to \mathrm{Weil}^I(G, H)$$

obtained by sending Ω^a to 0 while keeping the other ω^i and Ω^α will induce a DGA-morphism. Moreover, it is clear that

$$\sigma(S^I(G)) \subset S^I(H),$$

and σ is identity on $A^I(G)$ which is a sub-GA (but not sub-DGA) of both $\mathrm{Weil}^I(G)$ and $\mathrm{Weil}^I(G, H)$.

Now, for the compact Lie group $HA^I(H)$ is also an exterior algebra with some primitives (degrees all odd in non-decreasing order)

$$p_{H1}, p_{H2}, \cdots, p_{HM}$$

as free generators. To each such primitive $P_{H\lambda}$ we may choose a fixed transgression $s_{H\lambda}$ such that

$$\begin{cases} p_{H\lambda} = \mathrm{Lead}\; q_{H\lambda}, \\ d_{W,H} q_{H\lambda} = s_{H\lambda} \end{cases} \tag{2}$$

for some $q_{H\lambda} \in \mathrm{Weil}^I(H)$, where d_W, H is the differential in $\mathrm{Weil}^I(H)$ as d_W in $\mathrm{Weil}^I(G)$. Since $\sigma(S^I(G)) \subset S^I(H)$ and $S^I(G)$, $S^I(H)$ are polynomial algebras with s_μ and $s_{H\lambda}$ respectively as free generators, we have

$$\sigma s_\mu = p_\mu(s_{H\lambda})$$

for some polynomials in μ in $s_{H\lambda}$.

Definition: The **Cartan algebra** C associated to the pair (G,H) is the graded algebra

$$C = \mathrm{Polym}(s_{H\lambda}) \otimes \mathrm{Extr}(p_\mu)$$

with a differential d_C given by

$$\begin{cases} d_C p_\mu = \sigma s_\mu = p_\mu(s_{H\lambda}), \\ d_C s_{H\lambda} = 0. \end{cases} \tag{3}$$

We come now to the main theorem of this section, which is due to H. Cartan.

Theorem: Let the transgressions s_μ be determined from the primitives p_μ as in (1). Then, there is a DGA-morphism

$$j_C : C \to \mathrm{Weil}^I(G,H)$$

defined by

$$\begin{cases} j_C p_\mu = \sigma q_\mu, \\ j_C s_{H\lambda} = s_{H\lambda} \end{cases} \tag{4}$$

which is also an H-isomorphism.

Proof: Remark first that j_C is a monomorphism since the lead of each q_μ is just p_μ. That j_C induces a DGA-morphism is quite clear from the very definition. That j_C is an H-isomorphism follows clearly from the following

Lemma: For any $\xi \in \mathrm{Weil}^I(G,H)$ with $d_{W^1}\xi \in \mathrm{Im}\, j_C$, we have

$$\xi = d_{W^1}\eta + \zeta$$

for some $\eta \in \mathrm{Weil}^I(G,H)$ and $\zeta \in \mathrm{Im}\, j_C$.

Proof: Let us use the expression

$$d_{W^1} = -d_G + d_\Omega$$

for the differential in $\mathrm{Weil}^I(G,H)$ as given in Lemma 3 of §V.3. We remark also that d_G on $A^I(G) \subset \mathrm{Weil}^I(G,H)$ is just the same differential in $A^I(G)$ considered as a DGA by itself.

We shall prove now the Lemma by induction ond $\deg_\omega \xi$. For $\deg_\omega \xi$ equal to 0 there is nothing to prove. Consider therefore an element $\xi \in \mathrm{Weil}^I(G,H)$ with $\deg_\omega \xi = k > 0$, assuming that the lemma is already proved for elements of $\deg_\omega$ less than k.

Write now ξ in the form

$$\xi = \xi_0 + \xi'$$

with

$$\xi_0 = \mathrm{Lead}\ \xi, \quad \deg \omega\xi' < k.$$

It follows that

$$d_{W^1}\xi = -d_G\xi_0 + \xi''$$

with

$$\xi'' = d_\Omega \xi_0 + d_{W^1}\xi'$$

of $\deg_\omega$ less than $\deg_\omega d_G\xi_0$ if $d_G\xi_0$ is not 0.

It is clear that Ad_h preserves $\deg_\omega$ so that ξ_0 is Ad_h-invariant as ξ for any $h \in H$. Let

$$\xi_0 = s_\tau \xi_{0\tau}$$

with $s_\tau \in \mathrm{Polym}(\Omega^\alpha)$ and $\xi_{0\tau} \in \mathrm{Extr}(\omega^i)$ where τ runs over some index set. Furthermore, $d_{W^1}\xi \in \mathrm{Im}\ j_C$ by hypothesis would imply that $d_G\xi_0$ is of the form

$$d_G\xi_0 = s_\tau d_G \xi_{D\tau} = s_{Hv}\pi_v$$

with

$$s_{Hv} \in \mathrm{Polym}(\Omega^\alpha), \quad \pi_v \in \mathrm{Extr}(p_\mu)$$

and ν running over some index sets.

Comparing the right hand sides we see that for each $\nu, \pi_v = d_G\xi_{0\tau}$ for some τ, so that $\pi_\nu \sim 0$ in $A^I(G)$, and hence by Theorem of Hopf each π_ν is itself 0. We have then $d_G \xi_{D\tau} = 0$ for each τ and, again by Theorem of Hopf, we have

$$\xi_{0\tau} = d_G \eta_{0\tau} + \pi'_\tau$$

for some $\eta_{0\tau} \in \mathrm{Extr}(\omega^i)$ and $\pi'_\tau \mathrm{Extr}(p_\mu)$.

Consequently

$$\xi_0 = d_G(s_\tau \eta_{0\tau}) + s_\tau \pi'_\tau.$$

Since ξ_0 is Ad_H-invariant we get then

$$\xi_0 = d_G \eta_0 + \zeta_0 + \zeta'_0,$$

where

$$\begin{aligned} \eta_0 &= \int_H Ad_h(s_\tau \eta_{0\tau}) dh \in \mathrm{Weil}^I(G, H), \\ \zeta_0 &= \int_H (Ad_h s_\tau) dh \cdot \rho_\tau \in \mathrm{Im}\, j_C, \\ \zeta'_0 &= \int_H (Ad_h s_\tau) dh \cdot (\pi'_\tau - \rho_\tau), \end{aligned}$$

in which ρ_τ is obtained from π'_τ in replacing each p_μ by σq_μ, and

$$\deg_\omega \zeta'_0 < k.$$

Now, $\xi + d_{W^1}\eta_0 - \zeta_0 = d_\Omega \eta_0 + \xi' + \zeta'_0$ has a $\deg_\omega$ less than k and clearly

$$d_{W^1}(\xi + d_{W^1}\eta_0 - \zeta_0) \in \mathrm{Im}\, j_C$$

so that by induction hypothesis

$$\xi + d_{W^1}\eta_0 - \zeta_0 = d_{W^1}\eta_1 + \zeta_1$$

with $\eta_1 \in \mathrm{Weil}^I(G, H)$ and $\zeta_1 \in \mathrm{Im}\, j_C$.

Then,

$$\xi = d_{W^1}(\eta_1 - \eta_0) + \zeta_0 + \zeta_1$$

with $\eta_1 - \eta_0 \in \mathrm{Weil}^I(G, H)$ and $\zeta_0 + \zeta_1 \in \mathrm{Im}\ j_C$.

This completes the induction and the Lemma as well as the above Theorem of Cartan are proved.

In combining together the above theorem and the results in preceding sections we have a diagram below of DGA-morphisms which are all H-isomorphisms:

$$\begin{array}{ccccc} C & \xrightarrow{j_C} & \mathrm{Weil}^I(G,H) & \xleftarrow{j_B} & N_B^I \\ \uparrow{\scriptstyle \rho_C} & & & & \uparrow{\scriptstyle \pi^*} \\ I^*(M) & \xrightarrow{\rho_M} & A^*(M) & \xleftarrow{\text{incl.}} & A^L(M) \end{array}$$

By Chap. II, there will then exist a DGA-morphism $P_C : I^*(M) \to C$ which is an H-isomorphism too so that we get the following main theorem of this chapter:

Theorem of H. Cartan: For the homogeneous space $M = Gt/H$ with G a compact connected Lie group and H a closed connected subgroup of G we have

$$I^*(M) \approx \min C \text{ and } H^*_{IR}(M) \approx H(C)$$

where C is the Cartan algebra associated to the pair (G, H).

We add now an alternative treatment of the Cartan theorem, as follows. To each compact connected Lie group G there is a **classifying space** B_G which is the base space of an universal fibration

$$(\mathcal{G}) \quad G \underset{u}{\subset} E_G \underset{g}{\to} B_G$$

with fiber G and contractiblefiber space E_G. Now, for G we have $I^*(G) \approx H^*(G)$, so we may identify these two and we have ($H^* = H^*_{\mathbf{R}}$, below)

$$H^*(G) = I^*(G) \approx \mathrm{Extr}(p_1, \cdots, p_N)$$

where p_μ are the primitive elements spanning a linear space p_G. It is known that all p_μ are transgressive elements and $H^*(B_G) \approx I^*(B_G)$

are polynomial algebras generated by the transgressions of p_μ In more details, let us identify $H^*(B_G) = I^*(B_G)$ and denote their quotient with respect to the subalgebra D_G of their decomposables by Q_G. Then, there is some isomorphism

$$\lambda_G : P_G \approx Q_G.$$

Denote by $P_G : H^*(B_G) \to Q_G$ the natural projection and take for each p_μ an element $s_\mu \in H^*(B_G)$ such that $p_G s_\mu = \lambda_G p_\mu$.

Then, $\tau_G : p_G \to H^*(B_G)$ defined by $\tau_G(p_\mu) = s_\mu$ is a transgression and

$$H^*(B_G) \approx I^*(B_G) \approx \text{Polym}(s_1, \cdots, s_N).$$

Similarly, for the closed connected subqroup H of G, we shall have $H^*(H) \approx I^*(H) \approx \text{Extr}(P_{H_1}, \cdots, p_{HL})$ where $p_{H\lambda}$ are primitives spanning a linear subspace P_H etc. so that we have a commutative diagram below:

$$\begin{array}{ccccccc}
\text{Extr}\,(p_\mu) \approx I^*(B_G) \supset & P_G & \xrightarrow[\approx]{\lambda_G} & Q_G & \xleftarrow{P_G} & I^*(B_G) \approx \text{Polym}\,(s_\mu) \\
\downarrow i^I & \downarrow i^I & & \downarrow g^I & & \downarrow g^I \\
\text{Extr}\,(p_{H\lambda}) \approx I^*(H) \supset & P_H & \xrightarrow[\lambda_H]{\approx} & Q_H & \longleftarrow & I^*(B_H) \approx \text{Polym}\,(s_{H\lambda})
\end{array}$$

In the diagram $i : H \subset G$ is the inclusion and $i^I(p_G)$ or $i^H(p_G) \subset p_H$ follows from a theorem of Samalson. The morphism $g^I : I^*(B_G) \to I^*(B_H)$ or $g^H : H^*(B_G) \to H^*(B_H)$ is induced by the projection g in some natural fibration

$$G/H \subset B_H \underset{g}{\to} B_G.$$

In fact, the elements s_μ and $s_{H\lambda}$ may be identified to those of the Weil algebra $\text{Weil}^I(G, H)$ in §V.3, 4. Hence, the Cartan algebra C associated to the homogeneous space $M = G/H$ mayzalso be put in the following form:

$$C = H^*(B_H) \otimes H^*(G)$$

or

$$\begin{aligned} C &= I^*(B_H) \otimes I^*(G) \\ &\approx \text{Polym } (s_{H\lambda}) \otimes \text{Extr } (p_\mu), \end{aligned}$$

with differential d_C given by

$$\begin{aligned} &d_C p_\mu = g^I \tau_G p_\mu = g^I s_\mu, \\ &d_C s_u = 0. \end{aligned}$$

Chapter VI Effective Computation and Axiomatic System of I^*-Measure

VI.1 An Extension Theorem

The aim of this section is to prove the following theorem, which is at the basis of many considerations about I^*-measures, in particular for their calculability with respect to union-and cone-constructions, as described in later sections of this Chapter. The usefulness may also be seen from the Proposition of §II.5.

Extension Theorem: Let K be any connected countable simplicial complex in weak topology and L a connected subcomplex with inclusion $i : L \subset K$. Then, the DGA-morphism

$$i^A : A^*(k) \to A^*(L)$$

of the deRham-Sullivan algebras is onto.

To prove the theorem let us first make some preparations. Let Δ^n be an n-simp-lex with vertices $v_0, v_1, \cdots, v_n$.

Denote by $\dot{\Delta}^n$ the boundary of Δ^n. Let v be a new vertex and $v\Delta^n, v\dot{\Delta}^n$ be the complex obtained from Δ^n and $\dot{\Delta}^n$ by adjoining such a new vertex, i.e., the cone erected over Δ^n and $\dot{\Delta}^n$ with vertex at v.

Then, the Extension Theorem will follow clearly from the following two lemmas:

Extension Lemma 1: The DGA-morphism

$$A^*(v\Delta^n) \to A^*(v\dot{\Delta}^n)$$

induced by the inclusion $v\dot{\Delta}^n \subset v\Delta^n$ is onto.

Extension Lemma 2: The DGA-morphism $A^*(v\dot{\Delta}^n) \to A^*(\dot{\Delta}^n)$ induced by the inclusion $\dot{\Delta}^n \subset v\dot{\Delta}^n$ is onto.

For the proofs we shall first introduce some notations. We shall denote by N the index set

$$N = \{0, 1, \cdots, n\}.$$

For any subset I of N the complementary set in N will then be denoted by $N-I$. For any non-empty sub-set $I = (i_0, i_1, \cdots, i_m)$ of N the simplex spanned by the vertices $v_{i_0}, v_{i_1}, \cdots, v_{i_m}$ will be denoted by Δ_I which is of dimension $|I| - 1$, where $|I|$ is the number of indices in the set I. In particular, for any $k \in N$, $\Delta_{\{k\}}$ will be denoted simply by Δ_k, similarly for others. For any non-empty subset $I \subset N$ let us define a projection

$$\pi_I : \Delta^n \to v\Delta_{N-I}$$

as the linear map determined by:

$$\begin{aligned}
\pi_I(v_i) &= v, \quad i \in I, \\
\pi_I(v_j) &= v_j, \quad j \in N - I, \\
\pi_I(v) &= v.
\end{aligned}$$

We also denote by i_I the inclusion

$$i_I : v\Delta_{N-I} \subset v\Delta^n.$$

Proof of Lemma 1: Consider an arbitrary element $w \in A^*(v\dot{\Delta}^n)$ which is a compatible collection of differential forms on each subsimplex of $v\dot{\Delta}^n$. For any non-empty subset $I \subset N$, let the differential form on $v\Delta_{N-I}$ in this collection be w_I^v. Define now a differential form w^v on the simplex $v\Delta^n$ by setting

$$w^v = \Sigma(-1)^{|I|+1} \cdot \pi_k^A w_I^v,$$

the summation being over all non-empty subsets I of N. Then clearly it is sufficient to prove that for any index $k \in N$, the restriction of w^v on each simplex $v\Delta_{N-\{k\}}$ is $w_k^v = w_{\{k\}}^v$.

For this purpose let us write w^v for each given $k \in N$ in the form

$$w^v = \pi_k^A w_k^v + \Sigma'(-1)^{|I|+1} \cdot [\pi_I^A w_I^v - \pi_{IU\{k\}}^A w_{IU\{k\}}^v]$$

in which Σ' runs over all non-empty subsets I of N not containing k. Consider now the following diagram of inclusions and projections in which the part with solid lines is clearly commutative:

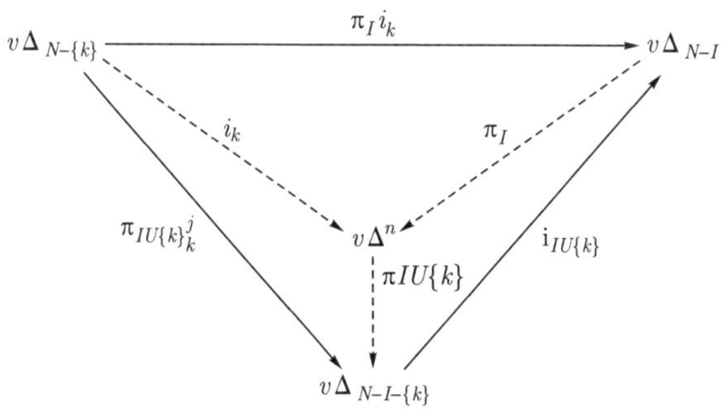

For the restrictions of forms we have

$$\begin{aligned}
\pi_I^A w_I^v | v\Delta_{N-\{k\}} &= i_k^A \pi_I^A w_I^v = (\pi_I i_k)^A w_I^v, \\
\pi_{IU\{k\}}^A w_{IU\{k\}}^v | v\Delta_{N-\{k\}} &= i_k^A \pi_{IU\{k\}}^A w_{IU\{k\}}^v \\
&= i_k^A \pi_{IU\{k\}}^A i_{IU\{k\}}^A w_I^v \\
&= (i_{IU\{k\}} \pi_{IU\{k\}} i_k)^A w_I^v.
\end{aligned}$$

By the above-mentioned commutativity of the diagram we have therefore

$$\pi_I^A w_I^v - \pi_{IU\{k\}}^A w_{IU\{k\}}^v | v\Delta_{N-\{k\}} = 0.$$

It follows that

$$\begin{aligned} w^v|v\Delta_{N-\{k\}} &= \pi_k^A w_k^v|v\Delta_{N-\{k\}} \\ &= i_k^A \pi_k^A w_k^v = (\pi_k i_k)^A w_k^v \\ &= w_k^v, \end{aligned}$$

since $\pi_k i_k$ is identity on $v\Delta_{N-\{k\}}$.

Thus, the lemma is proved.

Proof of Lemma 2: Let the barycentric coordinate functions in the simplex $v\Delta^n$ corresponding to the vertices $v, V_i (0 \leqslant i \leqslant n)$ be respectively t and t_i. We shall put

$$\begin{aligned} &T = t_0 + t_1 + \cdots + t_n, && T_k = T - t_k \\ &T^v = t + T, && T_k^v = t + T_k, \\ &dT = dt_0 + dt_1 + \cdots + dt_n, && \\ &dT_k = dT - dt_k, && \\ &dT^v = dt + dT, && dT_k^v = dt + dT_k. \end{aligned}$$

Consider now any differential form w in $A^*(\dot{\Delta}^n)$ which is a compatible collection of forms on each simplex of $\dot{\Delta}^n$. The form on $\Delta_{N-\{k\}}$ in the collection will be, as before, denoted by w_k.

Let the degree of w be m. Then, we can take a formal expression of w_k in the k form of

$$w_x^F = \Sigma g_{i_1 \cdots i_m} dt_{i_1} \cdots dt_{i_m},$$

in which the summation is over m-tuple of indices $(i_1, \cdots, i_m)$ none equal to k and $g_{i_1 \cdots i_m}$ are polynomials in $t_0, \cdots, \widehat{t_k}, \cdots, t_n$. Note that w_k^F is not unique but is only determined up to multipliers of $T_k - 1$ and dT_k.

Let the maximum of the degrees of the polynomials $g_{i_1 \cdots i_m}$ in $t_0, \cdots, \widehat{t_k}, \cdots, t_m$ be n_k, and let $M > \operatorname*{Max}_k (n_k + 2m)$. Let $\widetilde{g}_{i_1 \cdots i_m}$ be the polynomial obtained from $g_{i_1 \cdots i_m}$ by replacing each t_i in it by $\dfrac{t_i}{1-t}$, clearing fractions, and then multiplying by $(1-t)^{n_k}$. We define now a formal form in $v\Delta_{N-\{k\}}$ by

$$\widetilde{w}_k^F = (1-t)^{M-n_k-2m} \cdot \Sigma \widetilde{g}_{i_1 \cdots i_m}((1-t)dt_{i_1} + t_{i_1}dt) \cdots ((1-t)dt_{i_m} + t_{i_m}dt).$$

First, let us show that $\widetilde{w}_k^F$ is well-defined on $v\Delta_{N-\{k\}}$ as far as M is chosen sufficiently large. In fact, let $w_k'^F$ be another formal expression of w_k.

Then

$$w_k'^F - w_k^F = \xi_k^F \cdot dT_k + (T_k - 1)\eta_k^F$$

for certain forms ξ_k^F, η_k^F. In forming $\widetilde{w}_k'^F - \widetilde{w}_k^F$ we have to replace dT_k by

$$\sum_{i \neq k} [(1-t)dt_i + t_i dt] = (1-t)dT_k^v + (T_k^v - 1)dt$$

and $T_k - 1$ by

$$\sum_{i \neq k} t_i - (1-t) = T_k^v - 1$$

multiplied eventually by certain powers of $1-t$. It follows that $\widetilde{w}_k'^F$ and $\widetilde{w}_k^F$ differ by multiples of dT_K^v and $T_k^v - 1$, so that $\widetilde{w}_k^F$ determines a well-defined form $\widetilde{w}_k$ on $v\Delta_{N-\{k\}}$ from w_k, independent of the chosen form w_k^F. Now, the restriction of $\widetilde{w}_k^F$ to $\Delta_{N-\{k\}}$ is obtained by setting $t=0, dt=0$, and thus clearly is w_k^F. As the forms $w_k, k \in N$ are compatible, so are also $\widetilde{w}_k$ as far as M is sufficiently large. Thus, $\{\widetilde{w}_k\}$ will determine a differential form in $A^*(v\dot{\Delta}^n)$ which extends the given form w in $A^*(\dot{\Delta}^n)$. This proves Lemma 2.

Remark: We have restricted the whole theory of DGA to the case that the basic field $\boldsymbol{k}$ is of **characteristic 0.** In fact, if $\boldsymbol{k}$ is of a non-zero characteristic p, then the Extension Theorem will no more be true, whatever the DGA corresponding to the deRham-Sullivan algebra, supposed to verify the deRham-Sullivan theorem, and some reasonable properties, may be. This may be seen from the following counter example, due to A. Borel, Cf. Coho des espaces lac. compacts d'apres Leray, *Lecture Notes in Math.* No.2 (1957):

Suppose that a certain DGA $A_p^*(K)$ on $\boldsymbol{Z}_p$ exists for any complex K, such that

$A_p^*(K) \xrightarrow{i^A} A_p^*(L) \to 0$ is exact for the inclusion

$i: L \subset K$ of a subcomplex L in a complex K. (1)

$H_{\boldsymbol{Z}_p}^*(K) \approx H(A_p^*(K))$ is an algebraic isomorphism. (2)

Assertion: $x^p = 0$ for any $X \in H_{\boldsymbol{Z}_p}^{2S}(K), s > 0$.

In fact, consider X as an element in $H_{2S}(A^*(K))$ by (2) and take $x \in X$. By (1) there will be some $x' \in A_p^{2S}(vK)$ such that $i^A x' = x$, where vK is the cone over K from a new vertex v, and $i : K \subset vk$ is the inclusion. Now, $dx'^p = px'^{p-1} = 0$, so that $x'^p = da'$ for some $a' \in A_p^*(vK)$, the complex vK being contractible. Then,

$$x^p = i^A x'^p = i^A da' = d(i^A a') \sim 0 \text{ in } K$$

so that $x^p = 0$ in $H(A_p^*(K)) \approx H_{\boldsymbol{Z}_p}^*(K)$.

This proves the assertion.

Now, take K to be the complex projective space CP_n with $n \geqslant p$ and $x \in H_{\boldsymbol{Z}_p}^2(CP_n)$ the generator of the ring $H_{\boldsymbol{Z}_p}^*(CP_n)$. Then $x^p \neq 0$ in $H_{\boldsymbol{Z}_p}^*(CP_n)$ which leads to a contradiction to the assertioin.

VI.2 Union of Complexes Along a Common Subcomplex

Let K', K'' be two connected simplicial complexes with a connected subcomplex $L = K' \cap K''$ in common. For the deRham-Sullivan's A^*-measures we have then a diagram

$$A^*(K') \xrightarrow{i'^A} A^*(L) \xleftarrow{i''^A} A^*(K'') \tag{1}$$

in which the DGA-morphisms i'^A, i''^A induced by the inclusions are both onto by §VI.1. Let K be the union of K' and K'' along the common subcomplex L to be denoted as

$$K = K'UK''. \tag{2}$$

Then, any element $\alpha \in A^*(K)$ can be identified asa pair of elements (α', α''), with $\alpha' \in A^*(K'), \alpha'' \in A^*(K'')$ the restrictions of α to K', K'' such that

$$i'^A\alpha' = i''^A\alpha'' \in A^*(L).$$

This leads to the

Definition 1: For a pair of DGA's A', A'' over a basic field $\boldsymbol{k}$ of characte-ristic 0 we define a DGA $A = A' \oplus A''$ to be the one with

$$A_p = A'_p \oplus A''_p$$

for each $p \geqslant 0$. The algebraic operations in A are defined by

$$\begin{aligned}
&(a'_1, a''_1) + (a'_2, a''_2) = (a'_1 + a'_2, a''_1 + a''_2),\\
&(a'_1, a''_1) \cdot (a'_2, a''_2) = (a'_1a'_2, a''_1a''_2),\\
&k(a', a'') = (ka', ka''), \quad k \in \boldsymbol{k}.
\end{aligned}$$

The differential d in A is defined by

$$d(a', a'') = (da', da'').$$

It is easily verified that A is really a DGA over the same basic field $\boldsymbol{k}$ and will be called the **direct sum** of the DGA's A' and A''.

Definition 2: Let A', A'', B be a triple of DGA's with connecting DGA-morphisms f', f'' as in the diagram below:

$$A' \xrightarrow{f'} B \xleftarrow{f''} A''.$$

Let $A = A' \oplus A''$ be the direct sum of A' and A'' For each $p \geqslant 0$ let C_p be the sub-module of A_p consisting of al elements (a', a'') with $a' \in A'_p$, $a'' \in A''_p$ such that

$$f'a' = f''a''.$$

Then, the direct sum of all these C_p with algebraic operations and differentiations inherited from A will generate a sub-DGA C of A which will be called the **union** of A', A'' **along** B **unden** f', f'' and will be denoted as

$$C = U(f', f'').$$

From these definitions the following proposition is quite clear:

Proposition 1: The A^*-measure is calculable with respect to the union constnuction of two complexes along a common subcomplex. Mone precisely, let K be the union of two complexes K', K'' along a common subcomplex L, then $A^*(K)$ is completely determined by the $A^*(K'), A^*(K''), A^*(L)$ as well as the OGA-mor-phisms induced by the natural inclusions, viz. from the diagram (1). The explicit determination is given by

$$A^*(K) = U(i'^A, i''^A).$$

Now, according to what we have explained in §I.3, the A^*-measure, though calcu-lable with respect to centain geometrical constructions including the union along a common part, cannot be said to be a satisfactory one in that it is transfinite and non-invariant in characten. For this reason, we shall replace it by I^*-measure which will meet all the three requirements as stated in §I.3. For this purpose, let us make first some preparations.

Proposition 2: Let (D) below be a **commutative** diagram of DGA's and DGA-morphisms:

$$(D)\qquad \begin{array}{ccccc} A' & \xrightarrow{f'} & B & \xleftarrow{f''} & A'' \\ {\scriptstyle g'}\uparrow & & \uparrow{\scriptstyle g} & & \uparrow{\scriptstyle g''} \\ M' & \xrightarrow{\varphi'} & N & \xleftarrow{\varphi''} & M'' \end{array}$$

Then, the pair $\widetilde{g} = (g', g'')$ will define naturally a DGA-morphism

$$\widetilde{g} : U(\varphi', \varphi'') \to U(f', f'')$$

by

$$\widetilde{g}(m', m'') = (g'm', g''m''), \quad m' \in M', \quad m'' \in M''.$$

Suppose that in the diagram (D) the DGA-morphisms f', f'', φ' and φ'' are all onto, and the DGA-morphisms g', g'', g are all H-isomorphisms. Then $\widetilde{g}$ is also an H-isomorphism.

Proof: Consider A', A'' all as chain complexes in neglecting the multiplicative structures. Then we havea commutative diagram (D') of chain complexes and chain maps, as shown below, for which the two horizontal lines both are exact sequences:

$$(D') \qquad \begin{array}{ccccccccc} 0 & \longrightarrow & U(f', f'') & \longrightarrow & A' \oplus A'' & \xrightarrow{\alpha} & B & \longrightarrow & 0 \\ & & \uparrow{\scriptstyle \widetilde{g}} & & \uparrow{\scriptstyle (g', g'')} & & \uparrow{\scriptstyle g} & & \\ 0 & \longrightarrow & U(\varphi', \varphi'') & \longrightarrow & M' \oplus M'' & \xrightarrow{\mu} & N & \longrightarrow & 0 \end{array}$$

In the diagram, the morphism α is defined by $\alpha(a', a'') = f'a' - f''a''$, similarly for μ. This diagram will induce a commutative diagram (D''), as shown below, between the various H-group measures and the connecting group-morphisms by the classical algebraic-topological procedure

$$(D'') \qquad \begin{array}{ccccccccccc} \cdots \to & H_{q-1}(A' \oplus A'') & \to & H_{q-1}(B) & \to & H_q(U(f', f'')) & \to & H_q(A' \oplus A'') & \to & H_q(B) & \to \cdots \\ & \uparrow{\scriptstyle (g', g'')_H} & & \uparrow{\scriptstyle g_H} & & \uparrow{\scriptstyle \widetilde{g}_H} & & \uparrow{\scriptstyle (g', g'')_H} & & \uparrow{\scriptstyle g_H} & \\ \cdots \to & H_{q-1}(M' \oplus M'') & \to & H_{q-1}(N) & \to & H_q(U(\varphi', \varphi'')) & \to & H_q(M' \oplus M'') & \to & H_q(N) & \to \cdots \end{array}$$

By hypothesis the vertical arrows, except the middle one, are all group-isomor-phisms. By the five lemma this will also be true for the vertical arrow in the middle, so that $\widetilde{g}$ induces an H-group-isomorphism. As $\widetilde{g}$ is clearly a morphism as graded algebras, so g is an H-isomorphism of DGA's, This proves the proposition.

Remark: lowe the above proof to Prof. L. Taylor of the University of Notre Dame. The originial proof is elementary and direct, with no use of these machineries of classical algebraic topology.

Proposition 3: For DGA's A', A'', B and homotopic DGA-morphisms

$$f_0' \simeq f_1' : A' \to B$$

and

$$f_0'' \simeq f_1'' : A'' \to B$$

with f_0', f_1', f_0'', f_1'' all onto we have

$$\min U(f_0', f_1'') \approx \min U(f_1', f_1'').$$

Proof: In the notations of §II.2 $f_0' \simeq f_1'$ implies the existence of a commutative diagram of DGA's and DGA-morphisms as shown below:

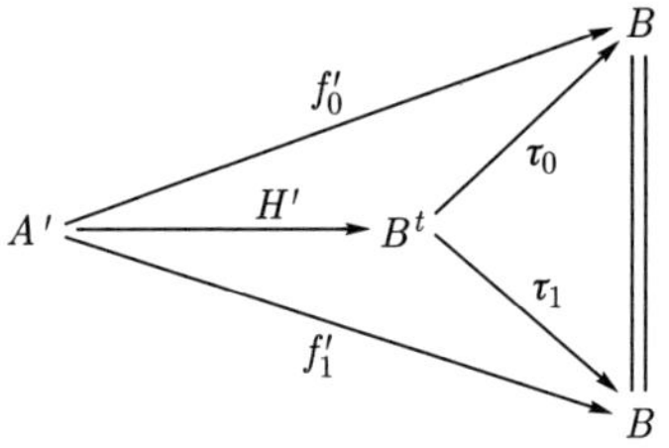

The morphism H' is in general not onto. However, let us form A'^t, and extend H' to a DGA-morphism H'^t which sends t and dt in A'^t to t and dt in B^t. Then the above diagram can be extended to the following commutative one with H'^t onto:

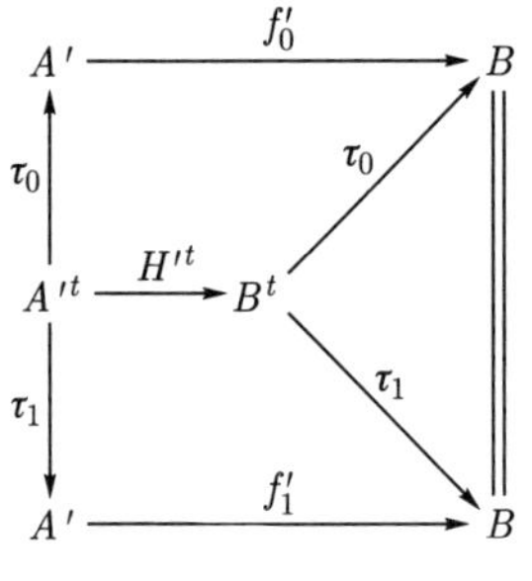

Similarly, for the case $f_0'' = f_1''$. It follows that we have a commutative diagram

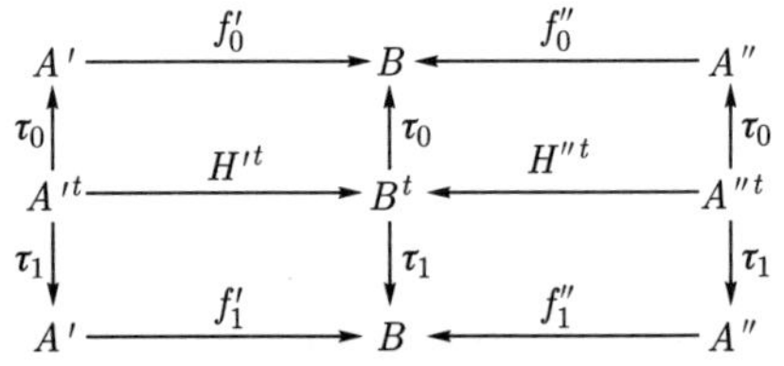

In the above diagram all the horizontal DGA-morphisms are onto and all the vertical ones are H-isomorphisms. By Prop.2 the DGA-morphisms

$$\widetilde{\tau}_0 = (\tau_0, \tau_0) : U(H'^t, H''^t) \to U(f'_0, f''_0)$$

and

$$\widetilde{\tau}_1 = (\tau_1, \tau_1) : U(H'^t, H''^t) \to U(f'_1, f''_1)$$

both are H-isomorphisms. Hence,

$$\min U(f'_0, f''_0) \approx \min U(H'^t, H''^t) \approx \min U(f'_1, f''_1)$$

as to be asserted.

Consider now the union $K = K' \cup K''$ of two complexes K', K'' along a common subcomplex L with inclusions $i' : L \subset K', i'' : L \subset K''$ as in the beginning of this section. Let

$$\begin{aligned} &A' = A^*(K'), \quad A'' = A^*(K''), \quad B = A^*(L), \\ &M' = I^*(K'), \quad M'' = I^*(K''), \quad N = I^*(L) \end{aligned}$$

and $g : N \to B$ be some associated minimal morphism. By theorem in §II.5 we can then define, in starting from i'^A, i''^A and g, some associated minimal morphisms $g' : M' \to A', g'' : M'' \to A''$ and also i'^I, i''^I to get a strictly commutative diagram below

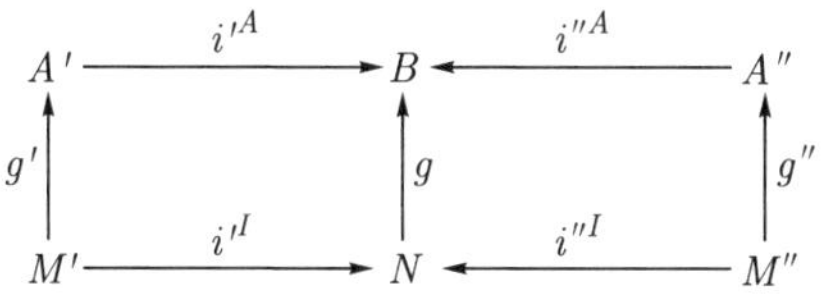

Now, both i'^A, i''^A are onto, but i'^I, i''^I are generally not so that Prop. 2 cannot be applied. In order to apply Prop.2 we now use the following device.

Definition: For any free DGA F with free generators u_i let F^{tr} be the free DGA with free generators u_i^0, u_i^+, and degrees and differentials below:

$$\begin{aligned} &\deg u_i^0 = \deg u_i, \quad &&\deg u_i^+ = \deg u_i + 1, \\ &du_i^0 = u_i^+, &&du_i^+ = 0. \end{aligned}$$

Define also a DGA-morphism

$$tr : F^{tr} \to F$$

by $tr(u_i^0) = u_i, tr(u_i^+) = du_i$. The DGA F^{tr} will be called the **trivialization** of F and tr the corresponding **trivializing-morphism.**

Definition: For any DGA's $F, \mathcal{G}$ with F free and a DGA-morphism

$$g : \mathcal{G} \to F$$

we set $\mathcal{G} \otimes F^{tr} = \mathcal{G}_F$. The DGA-morphism

$$g_F = g \otimes tr : \mathcal{G}_F \to F$$

will then be called the **trivial extension** of g, which is an epimorphism.

Remark: I owe this trick of turning a DGA morphism to an epimorphism by introducing trivial extensions, to Prof. J. Morgan of Columbia University in New York.

Theorem 1: The I^*-measure is calculable with respect to the union construction of two complexes along a common subcomplex. More precisely, let $K = K' \underset{L}{\cup} K''$ be the union of K', K'' along a common subcomplex L with inclusions

$$i' : L \subset K', \quad i'' : L \subset K''.$$

Set $M' = I^*(K')$, $M'' = I^*(K'')$, $N = I^*(L)$ and replace the diagram

$$(D_I) \quad M' \xrightarrow{i'^I} N \xleftarrow{i''^I} M''$$

by the diagram

$$M'_N \xrightarrow{i'^I_N} N \xleftarrow{i''^I_N} M''_N$$

in forming trivial extensions. Then

$$I^*(K) \approx \min \cup (i'^{I}_{N}, i''^{I}_{N}).$$

Proof: Let $A' = A^*(K')$, etc. and consider the commutative diagram

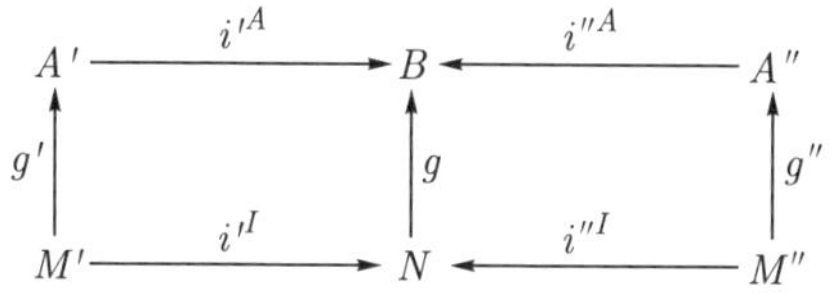

as before. Since i'^A, i''^A both are onto, we can clearly extend g', g'' to DGA-morphisms

$$\widetilde{g}' : M'_N \to A',$$
$$\widetilde{g}'' : M''_N \to A'$$

so that the following diagram is commutative

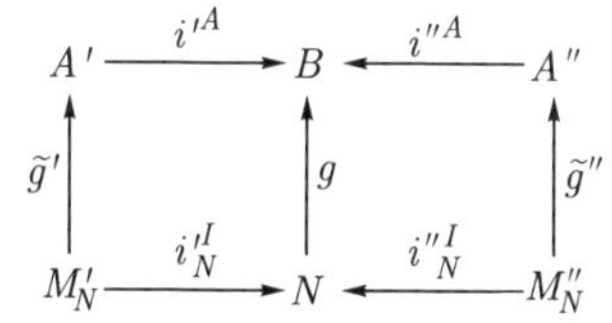

From Prop. 1 and 2 we have then

$$I^*(K) \approx \min U(i'^A, i''^A)$$
$$\approx \min U(i'^I, i''^I),$$

as to be proved.

Remark: The DGA-morphisms i'^I, i''^I are unique only up to homotopy. However, they will lead to the same $I^*(K)$ in view of Prop. 3.

Theorem 2: Let $K = K' \underset{L}{\cup} K''$ be the union of K', K'' along L as in Theorem 1. Then the minimal morphisms

$$I^*(K) \to I^*(K') \text{ resp. } I^*(K'')$$

induced by the inclusions $i' : K' \subset K, i'' : K'' \subset K$ are completely determined by the diagram

$$(D_I) \quad I^*(K') \xrightarrow{i'^I} I^*(L) \xleftarrow{i''^I} I^*(K'').$$

Proof: Using the notations as before $U(i'^A, i''^A)$ is a sub-DGA of $A^*(K') \oplus A^*(K'')$.

Then the projection p' of $A^*(K') \oplus A^*(K'')$ onto $A^*(K')$, when restricted on $U(i'^A, i''^A)$ will give rise to a DGA-morphism, still denoted by p', viz.

$$p' : U(i'^A, i''^A) + A^*(K').$$

In a similar manner, there will be a DGA-morphism induced by inclusion followed by projection, say $(N = I^*(L))$

$$q' : U(i'^I_N, i''^I_N) \to M'_N.$$

We will clearly have a commutative diagram

$$\begin{array}{ccc} A^*(K) \approx U(i'^A, i''^A) & \xrightarrow{p'} & A^*(K') \\ \uparrow \tilde{g} & & \uparrow \tilde{g}' \\ U(i'^I_N, i''^I_N) & \xrightarrow{q'} & M'_N \end{array}$$

in which $\widetilde{g}'$ and $\widetilde{g}' = (\widetilde{g}', \widetilde{g}'')$ are a.s before. Since

$$\min M'_N \approx \min M' \approx I^*(K')$$

and

$$\min U(i'^I_N, i''^I_N) \approx I^*(K)$$

by Theorem 1, we clearly get the present Theorem.

Corollary: For the union $K = K' \underset{L}{\cup} K''$ of K', K'' along L, as before, the cohomology ring H^*-measure $H^*_{\boldsymbol{k}}(K) \approx H^*(K)$ of K on $\boldsymbol{k}$ is completely determined by diagram (D_I), i. e. by the I^*-measures of K', K'', and L as well as the associated minimal DGA-morphisms induced from the inclusions of L in K', K'':

$$H^*(K) \approx H(U(i'^I_N, i''^I_N)).$$

Remark: As shown by examples in §1.3, the $H^*(K)$ cannot be determined by the corresponding knowledge in H^* alone, viz. from the diagram (D_H) below alone:

$$(D_H) \quad H^*(K') \xrightarrow{i'^H} H^*(L) \xleftarrow{i''^H} H^*(K'').$$

VI.3 Some Particular Cases Cone-Construction and Suspension

Let us consider the particular case of a union

$$K = K' \underset{L}{\cup} K''$$

of two complexes K', K'' along a common sub-complex L for which K'' is the cone over L, by adjoining a new vertex, say v. In this case, $I(K'')$ is trivial and the determination of $I^*(K)$ from the diagram

$$I^*(K') \xrightarrow{i'^I} I^*(L) \xleftarrow{i''^I} I^*(K'') \approx \boldsymbol{k}$$

becomes much simpler than that one given in §V1.2. To explain it, let us first introduce some general notions.

Definition: For any DGA's A, B and a DGA-morphism

$$f : A \to B$$

let $C_0 =$ the basic field $\boldsymbol{k}$, and

$$C_p = \mathrm{Ker}[f : A_p \to B_p], \quad p > 0.$$

With algebraic operations, degree and differential inherited from those of A, the direct sum $\sum\limits_{p\geqslant 0} C_p$ naturally will become a sub-DGA of A which will be called the **kernel** of f and will be denoted by $\mathrm{Ker}\, f$.

Consider now a pair of a complex K and a subcomplex L with inclusion $i : L \subset K$. As in §I.3, let us form the cone-construction by erecting a cone C_L over L by adjoining some new vertex and forming the union $K \underset{L}{\cup} C_L$ which is denoted by $\Delta_L(K)$ or simply Δ in what follows. Let $j : L \subset C_L, \widetilde{j} : C_L \subset \Delta, \widetilde{i} : K \subset \Delta$ be all inclusions. We have then the following

Proposition: Let $\Delta = \Delta_L(K)$ be the union $K \underset{L}{\cup} C_L$ with C_L the cone erected over a subcomplex L of K. Then

$$I^*(\Delta) \approx \min \ker i^A.$$

Moreover, the minimal morphisms

$$I^*(\Delta) \to I^*(K)$$

associated to the inclusion

$$\widetilde{i} : K \subset \Delta$$

are induced from the natural inclusion

$$\ker i^A \subset A^*(K).$$

Proof: Let us cons ider the following diagram of DGA's and DGA-morphisms:

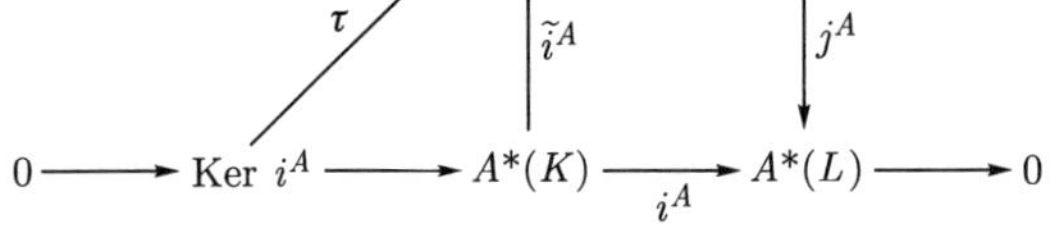

In the diagram, by the Extension Theorem of §VI.1, the two horizontal lines both are exact sequences, except for the case of degree 0 for the lower horizontal line. The morphism T is to be defined as follows.

Consider any $x \in \operatorname{Ker} i^A$. If deg $x = 0$ or, that x is an element of the basic field $\boldsymbol{k}$, then $\tau x \in A^0(\Delta)$ will be that differential form which will take on the constant-valued 0-form x on each simplex in Δ. For deg $x > 0$, the restriction $i^A x$ will be a form 0 on each simplex in L. Hence, we naturally may extend x to a form in $A^*(\Delta)$ such that it is a form 0 on each simplex in C_L. It is clear that τ induces a DGA-morphism which makes the above diagram a commutative one.

Now, let us prove that τ is an H-isomorphism. In fact, in degree 0 there is nothing to prove. Consider now a form $\widetilde{x} \in A^*(\Delta)$ with deg $\widetilde{x} > 0$ and $d\widetilde{x} = 0$. Since C_L is homologically trivial, there will be some $y \in A^*(C_L)$ such that $\widetilde{j}^A\widetilde{x} = dy$ in C_L. Since $\widetilde{j}^A$ is onto, there will be some $\widetilde{y} \in A^*(\Delta)$ such that $\widetilde{j}^A\widetilde{y} = y$. Set $\widetilde{z} = \widetilde{x} - d\widetilde{y}$, then $\widetilde{j}^A\widetilde{z} = 0$. Hence, $i^A\widetilde{i}^A\widetilde{z} = j^A\widetilde{j}^A\widetilde{z} = 0$ or $\widetilde{i}^A\widetilde{z} \in \operatorname{Ker} i^A$.

Now, $\tau\widetilde{i}^A\widetilde{z} = \widetilde{z} = \widetilde{x} - d\widetilde{y} \sim \widetilde{x}$ and $d\widetilde{i}^A\widetilde{z} = 0$. Consequently τ_H is an epimorphism. Consider now any $z \in \operatorname{Ker} i^A$ with deg $z > 0, dz = 0$ and $\tau z = d\widetilde{a}$ for some $\widetilde{a} \in A^*(\Delta)$. Since $d\widetilde{j}^A\widetilde{a} = \widetilde{j}^A d\widetilde{a} = \widetilde{j}^A\tau z = 0$, C_L is homologically trivial, and $\widetilde{j}^A$ is onto, there exists $\widetilde{b} \in A^*(\Delta)$ with $\widetilde{j}^A\widetilde{a} = d\widetilde{j}^A\widetilde{b}$. Then, $\widetilde{i}^A(\widetilde{a} - d\widetilde{b}) \in \operatorname{Ker} i^A$ and $z = d\widetilde{i}^A(\widetilde{a} - d\widetilde{b}) \sim 0$ in $\operatorname{Ker} i^A$. Hence, τ_H is a monomorphism.

It follows that τ is an H-isomorphism so that

$$I^*(\Delta) \approx \min A^*(\Delta) \approx \min \operatorname{Ker} i^A.$$

Furthermore, the minimal morphisms $I^*(\Delta) \to I^*(K)$ will be induced from the inclusion $\operatorname{Ker} i^A \subset A^*(K)$ since they are induced from $\widetilde{i}^A$: $A^*(\Delta) \to A^*(K)$.

Similar to the proof of Theorem 1 in the last section, we get from the above Proposition the following

Theorem 1: The I^*-measure is calculable with respect to the cone-construction over a subcomplex. More precisely, with the same notations as in the Proposition, the I^*-measure of $\Delta = \Delta_L(K)$ is completely determined from

$$i^I : I^*(K) \to I^*(L) \approx N$$

as

$$I^*(\Delta) \approx \min \operatorname{Ker} i_N^I,$$

where

$$i_N^I = (i^I)^{tr} : I^*(K)_N = I^*(K)_{I^*(L)} \to I^*(L)$$

is the DGA-epimorphism, as defined in §VI.2. Moreover, the minimal morphisms

$$I^*(\Delta) \to I^*(K)$$

will be induced from the inclusion $\operatorname{Ker} i_N^I \subset I^*(K)_{I^*(L)}$. Since

$$\min I^*(K)_{I^*(L)} \approx I^*(K).$$

Notation: Henceforth, the minimal morphism $I^*(\Delta) \to I^*(K)$ will be denoted by $\gamma(i)$ which is deduced from the inclusion $i : L \subset K$.

From the proof we see that the following theorem is true:

Theorem 2: The determination of $I^*(\Delta_L(K))$ from $I^*(K)$ is functorial in the sense that for complexes $L \subset K \subset K'$ with inclusions $i : L \subset K, i' : L \subset K'$ we have a $\approx$ $-$commutative or even commutative diagram of DGA-morphisms

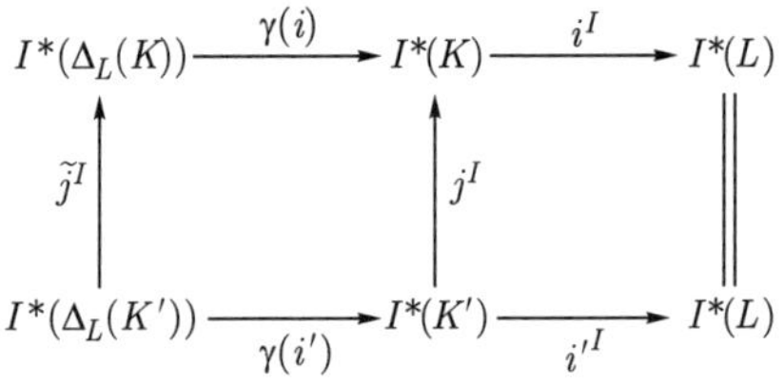

in which $j : K \subset K', \widetilde{j} : \Delta_L(K) \subset \Delta_L(K')$ are also inclusions.

As a corollary of Theorem we further have the following

Theorem 3: The I^*-measure is calculable with respect to the suspension-construction for connected complexes. More precisely, let $\widetilde{K}$

be the suspension of a connected complex K. Then, $I^*(\widetilde{K})$ is completely determined by $I^*(K)$ as

$$I^*(\widetilde{K}) \approx \min \ker tr,$$

where

$$tr : I^*(K)^{tr} \to I^*(K)$$

is the trivializing-morphism of $I^*(K)$.

Below, we give some example to illustrate the applications of the preceding Theorems.

Example: I^*-measure of a sphere.

Proposition: For a sphere S^n of dimension $n \geqslant 1$ the I^*-measure is given by: For n odd,

$$I^*(S^n) \approx \text{Extr}(x)$$

with

$$\deg x = n \text{ odd}, \ dx = 0.$$

For n even,

$$I^*(S^n) \approx \text{Polym}(y) \otimes \text{Extr}(x)$$

with

$$\begin{aligned} &\deg y = n \text{ even}, \quad &&\deg x = 2n - 1, \\ &dy = 0, &&dx = y^2. \end{aligned}$$

Proof: For $n = 1$ it is trivial. We prove the general case by induction on n. In fact, let S^{n-i} be the equator-sphere of S^n, then S^n is the suspension of S^{n-1}, so that Theorem 3 may be applied.

To facilitate the calculations let us form a DGA J_{n-1} of a single generator s with

$$\deg s = n - 1, \quad ds = 0, \text{ and } s^2 = 0.$$

It is clear that the minimal model of J_{n-1} is $I^*(S^{n-1})$, and we may apply Theorem 3 to J_{n-1} instead of $I^*(S^{n-1})$ to get $I^*(S)$. This will greatly simplify the calculations in the case $n =$ odd.

Construct thus the trivialization of J_{n-1} and the corresponding trivializing morphism, viz.

$$tr : \mathrm{Free}(s^0, s^+) \to J_{n-1}$$

with

$$\begin{aligned} &\deg s^0 = n-1, \quad &&\deg s^+ = n,\\ &ds^0 = s^+, &&ds^+ = 0,\\ &tr(s^0) = s, &&tr(s^+) = 0. \end{aligned}$$

The positive degree part of the DGA Ker tr considered as a module, has then a basis below.

For n odd:

$$s^+, s^+s^0, s^+(s^0)^2, \cdots, (s^0)^2, (s^0)^3, \cdots.$$

For n even:

$$s^+, (s^+)^2, (s^+)^3, \cdots, s^0s^+, s^0(s^+)^2, \cdots.$$

Now, in case n odd, we have

$$d(s^0)^k = ks^+(s^0)^{k-1}, \quad k \geqslant 2$$

and in case n even, we have

$$d(s^0(s^+)^k) = (s^+)^{k+1}, \quad k \geqslant 1.$$

Hence, in any case the minimal model of Ker tr is easily seen to be the same as that of the DGA consisting of a single generator t with

$$\deg t = n, \quad dt = 0, \quad t^2 = 0.$$

The corresponding minimal model is clearly $I^*(S^n)$, as described above.

VI.4 Effective Computation and Axiomatic System of I^*-Measure

The 1-dimensional skeleton K_0 of a connected finite complex K has the same homotopy type as the union of a finite set of 1-spheres, joined at a single point. By either Chap. III or the preceding sections, the I^*-measure of K_0 can be computed effectively. As any finite complex can be obtained from its 1-dimensional skeleton by successively adding higher-dimensional simplexes of which each step is homotopically equivalent to a cone construction, Theorem 1 of §VI.2 furnishes us with a means to compute the I^*-measure of any connected finite complex effectively.

In more details, let us represent any connected finite simplicial complex K in the form

$$K = K_m \supset \cdots \supset K_1 \supset K_0.$$

In this sequence, K_0 is the 1-dimensional skeleton of K, and K_r is the union of K_{r-1} with an additional simplex Δ_r, the boundary of which is

$$\dot{\Delta}_r = L_{r-1} \subset K_{r-1}$$

so that

$$K_r = K_{r-1} \underset{L_{r-1}}{\cup} \Delta_r = \Delta_{L_{r-1}}(K_{r-1})$$

in the notation of §VI.3.

Let

$$i_{r-1} : L_{r-1} \subset K_{r-1}$$

be the inclusion and

$$i_{r-1}^I : I^*(K_{r-1}) \to I^*(L_{r-1})$$

be any of the associated morphisms of I^*-measures. Now, we have the following

Lemma: If we know how to compute $I^*(L'_{r-1}), I^*(L''_{r-1})$ and the associated DGA-morphisms

$$k^I_{r-1} : I^*(L'_{r-1}) \to I^*(L''_{r-1})$$

for any connected subcomplexes $L''_{r-1} \subset L'_{r-1}$ of K_{r-1} with k_{r-1} as the inclusion, then we also know how to compute $I^*(L'_r), I^*(L''_r)$ and the associated DGA-morphisms

$$k^I_r : I^*(L'_r) \to I^*(L''_r)$$

for any connected subcomplex $L''_r \subset L'_r$ of K_r with inclusion k_r.

Proof: We consider three cases separately.

Case 1: $L''_r \subset L'_r \subset K_{r-1}$. In this case, $I^*(L'_r), I^*(L''_r)$ and $k^I_r : I^*(L'_r) \to I^*(L''_r)$ are already known by hypothesis.

Case 2: $L''_r \subset K_{r-1}$ but $L'_r \not\subset K_{r-1}$. In that case, L'_r contains Δ_r as a subsimplex and may be considered as the cone construction over L_{r-1} of some subcomplex $\overline{L}'_r$ of $K_{r-1}(L'_r = \Delta_{L_{r-1}}(\overline{L}'_r)$, while L''_r is a subcomplex of $\overline{L}'_r$. It follows from Theorem 1 of §VI.3 that $I^*(L')$ is determined by the DGA-morphism

$$j^I_r : I^*(\overline{L}'_r) \to I^*(L_{r-1}),$$

already known by hypothesis, with $j_r : L_{r-1} \subset \overline{L}'_r$ the inclusion. The associated DGA-morphisms

$$I^*(L'_r) \to I^*(L''_r)$$

are then the composition

$$I^*(L'_r) \xrightarrow{\gamma(j_r)} I^*(\overline{L}'_r) \to I^*(L''_r)$$

of which the morphism on the right is again known by hypothesis.

Case 3: $L''_r \not\subset K_{r-1}$. In this case, L'_r, L''_r both contain Δ_r, as a sub-simplex and can be considered as cone constructions over L_{r-1} :

$$L''_r = \Delta_{L_{r-1}}(\overline{L}''_r), \quad L'_r = \Delta_{L_{r-1}}(\overline{L}'_r).$$

Now, $\overline{L}''_r \subset \overline{L}'_r \subset K_{r-1}$, so that $I^*(\overline{L}'_r), I^*(\overline{L}''_r)$ and $\overline{k}^I_{r-1} : I^*(\overline{L}'_r) \to I^*(\overline{L}'_r)$ with inclusion $\overline{k}_{r-1} : \overline{L}''_r \subset \overline{L}'_r$ are known by hypothesis; thus

$$I^*(L'_r), \quad I^*(L''_r) \text{ and } k^I_r : I^*(L'_r) \to I^*(L''_r)$$

can be determined by Theorem 2 of §VI.3.

In view of §III.5, the theorems in the preceding sections and the Lemma above we have the following

Theorem 1: There is an algorithmic procedure permitting us to compute effectively the I^*-measure of any connected finite complex up to any prescribed degree. The same considerations also furnish us immediately with an axiomatic system for the I^*-measure over the category of connected finite complexes (or polytopes) as follows.

To each complex K in the categorya minimal DGA $I^*(K)$ is associated, and to each pair of complex K and subcomplex K' with inclusion $k : K' \subset K$ there is associated a set of DGA-morphisms determined up to homotopy:

$$k^I : I^*(K) \to I^*(K').$$

These DGA algebras and morphisms are characterized by the following axiomatic system (Wu [6,9]):

Axiom 1: I^* is a homotopy measure, in other words, for K, K' having the same homotopy type in the category, we have $I^*(K) \approx I^*(K')$.

Axiom 2: If $K'' \subset K' \subset K$ are complexes, all in the above category and

$$k^I : I^*(K) \to I^*(K'), \quad k'^I : I^*(K') \to I^*(K'')$$

are associated DGA-morphisms for the pairs $K' \subset K$ and $K'' \subset K'$, then $k'^I k^I : I^*(K) \to I^*(K'')$ are also associated DGA-morphisms for the pair $K'' \subset K$.

Axiom 3: If $\Delta = \Delta_L(K)$ is the cone construction over a subcomplex L of K, both being in the above category, then $I^*(\Delta)$ is given by

$$I^*(\Delta) \approx \min \operatorname{Ker} \widetilde{j}^I,$$

where

$$j^I : I^*(K) \to I^*(L)$$

is any of the associated DGA-morphisms of the pair $L \subset K$ with inclusion j, and $\widetilde{j}^I = j^I \otimes tr : I^*(K) \otimes I^*(L)^{tr} \to I^*(L)$ is determined by j^I.

Axiom 4: For the cone construction $\Delta = \Delta_L(K)$, as in Axiom 3, the associated DGA-morphisms of the pair $K \subset \Delta$ with inclusion j are given by the natural DGA-morphisms

$$\gamma(j) : I^*(\Delta) \to I^*(K).$$

Axiom 5: The I^*-measure $I^*(\Delta)$ and the morphism $\gamma(j)$ in Axioms 3 and 4 are functorial in character. In other words, if we have pairs $L \subset K$ and $L' \subset K'$ in the category with L', K' as subcomplexes of L and K respectively, then we have the following homotopically commutative diagram with evident DGA-morphisms:

$$\begin{array}{ccc} I^*(\Delta) & \longrightarrow & I^*(K) \\ \downarrow & & \downarrow \\ I^*(\Delta') & \longrightarrow & I^*(K') \end{array}$$

Axiom 6: For any two complexes K', K'' in the category we have

$$I^*(K' \vee K'') \approx \min(I^*(K') + I^*(K''))$$

and the associated DGA-morphisms

$$I^*(K' \vee K'') \to I^*(K')$$

are determined by the composition

$$I^*(K' \vee K'') \to I^*(K') \oplus I^*(K'') \to I^*(K').$$

Axiom 7: For a 1-sphere S' the I^*-measure is given by

$$I^*(S') \approx \text{Free}(x) \text{ with } \deg x = 1, \quad dx = 0.$$

We have restricted our considerations to finite complexes which, however, can easily be extended to infinite ones, in the following manner.

Let K be a connected complex which is the union of an increasing sequence of connected finite complexes:

$$K_1 \underset{i_1}{\subset} K_2 \underset{i_2}{\subset} \cdots \subset K_m \underset{i_m}{\subset} \cdots ,$$

the $i'_m s$ all being inclusions. We have then a sequence of DGA's and DGA-mor-phisms for the A^*-measures:

$$(D_A) \quad A^*(K_1) \xrightarrow{i_1^A} A^*(K_2) \xleftarrow{I_2^A} \cdots \leftarrow A^*(K_m) \xleftarrow{i_m^A} \cdots$$

By §VI.1, all the DGA-morphisms i_m^A are onto.

Hence, by §11.5 we can complete the sequence (D_A) to a strictly commutative diagram (D_I^A) of DGA-morphisms shown below:

$$(D_I^A) \qquad \begin{array}{ccccccc} A^*(K_1) & \xleftarrow{i_1^A} & A^*(K_2) & \xleftarrow{i_2^A} \cdots \leftarrow & A^*(K_m) & \xleftarrow{i_m^A} & \cdots \\ \uparrow{\scriptstyle \rho_1} & & \uparrow{\scriptstyle \rho_2} & & \uparrow{\scriptstyle \rho_m} & & \\ I^*(K_1) & \underset{i_1^I}{\longleftarrow} & I^*(K_2) & \underset{i_2^I}{\longleftarrow} \cdots \leftarrow & I^*(K_m) & \underset{i_m^I}{\longleftarrow} & \cdots \end{array}$$

In the diagram (D_I^A) all ρ_m are respective minimal morphisms. The I^*-measure of the infinite complex K is then just the minimal model of the inverse limit as a DGA of the sequence

$$(D_I) \quad I^*(K_1) \underset{i_1^I}{\leftarrow} I^*(K_2) \underset{i_2^I}{\leftarrow} \cdots \leftarrow I^*(K_m) \underset{i_m^I}{\longleftarrow}$$

This is easily proved, since we are always working in the case of fields of characteristic 0. Cf. Eilenberg-Steenrod, Foundations of Algebraic Topology, Vol. 1 Chap. VIII, §6, cf. also Kahn [1].

VI.5 Some Applications to Fibrations: Fiber Space Theorem

We consider only locally trivial fibrations.

Consider a fibration

$$(F) \quad F \subset E \xrightarrow{g} B$$

in which F is the fiber, E the fiber space, and B the base space. We shall suppose that the fibration is **simplicial** in the following sense.

Definition: The fibration (F) is called **simplicial** if all the spaces F, E, B are simplicial complexes, if the inclusion $i : F \subset B$ and the projection $g : E \to B$ both are simplicial maps, and if $\pi_1(B)$ acts trivially on the homology of fibers.

Remark: It seems that the fibration under consideration is quite restrictive. However, it already contains the important case of **differential fibration** in which all the spaces are differentail manifolds, and i and g both are differential, owing to known theorems of J.H.C. Whitehead [1] on triangulations of differential manifolds. A second important example of simplicial fibration is furnished by the $K(\pi, n-1)$-bundle induced by the universal fibration

$$(K) \quad K(\pi, n-1) \underset{i}{\subset} P(\pi, n) \underset{g}{\to} K(\pi, n)$$

in which π is a countable abelian group and $P(\pi, n)$ is contractible. In fact, according to Milgram [1] and Steenrod [2], we can realize the above fibration with all spaces involved by CW-complexes and all maps, the inclusion i and projection g, as skeletal ones. As already pointed out in §1.4, $K(\pi, n-1)$ and $K(\pi, n)$ both possess simplicial subdivisions. We can then easily subdivide $P(\pi, n)$ simplicially, such that $K(\pi, n-1)$ will become a simplicial subcomplex of $P(\pi, n)$ and g will also be a simplicial map. The fibration (K) becomes then a simplicial one, as desired. Let

B be any simplicial complex and $f : B \to K(\pi, n)$ be a continuous map. By further subdivision of B and simplicial approximation of f by some simplicial map s, the induced fibration f^*K over B will then be homotopically equivalent to the simplicial fibration s^*K over B.

The simplicial fibrations are thus quite usual, as well as natural. Moreover, theorems proved for such simplicial fibrations can easily be extended to more general cases of various kinds of fibrations by either following the same pattern of proofs exhibited for the simplicial ones or by simple generalizations depending mainly on different kinds of homology theory which have been used. So we shall restrict our considerations to simplicial fibrations in this and the next section as well as in the following chapter.

One of the most important problems concerning the study of a fibration is the determination of a certain measure of the fiber space E in terms of those of the fiber F, and the base B. In the case of the cohomology-ring H^*-measure, a powerful method frequently used is furnished by various kinds of spectral sequences connected with the fibration. When the spectral sequences collapse, which will only occur under quite restrictive conditions, then we may achieve the end by arriving at a complete determination of the H^*-measure in question. However, in general this is not the case, and it is even impossible in view of the calculability. An alternative method of dealing with the problem is suggested by E.H. Brown [1] by proving that

$$H_{\oplus}(E) \approx H(S(B) \underset{\tau}{\otimes} S(F)) \tag{1}$$

in which $S(X)$ means the group of singular chains of a space X and $\underset{\tau}{\otimes}$ means certain somewhat **twisted** boundary operators have been introduced in the tensor product. Though the expression is explicit and concise, it can hardly be applied, since the measure S is not an adequate one in view of the second requirement discussed in §1.3. However, if we replace the S-measure by the I^*-measure then we shall get for the complete determination of the I^*-measure, and hence also the H^*-measure, of E in terms of the I^*-measures (but not at all the H^*-measures) of B and F in an explicit form, similar to that of E.H. Brown. In fact, we have the following

Theorem (Fiber Space Theorem): For a simplicial fibration (F) the I^*-measure of the fiber space E is given by

$$I^*(E) \approx \min(I^*(B) \underset{\tau}{\otimes} I^*(F)), \tag{2}$$

in which $I^*(B) \underset{\tau}{\otimes} I^*(F)$ is the tensor product with a certain **twisted** differential

$$d = d_\otimes + d_\tau. \tag{3}$$

Here $d_\otimes = d_B \otimes 1 \pm 1 \otimes d_F$ is the usual differential as a tensor product determined by the differentials d_B in $I^*(B)$ and d_F in $I^*(F)$, while d_τ is an additional **twisted** part.

Remark: The Fiber-Space Theorem gives the determination of the I^*-measure of the fiber space in terms of those of the base B and the fiber F in an explicit and also concise form. The only defect is, that for the twisted differential d_τ only the existence has been shown, but no constructive means has been indicated. In certain important cases the twisted differential can in fact be given constructively, which, however, will be postponed to the next chapter, besides the case considered in the next section.

Proof: In view of the remarks made at the end of the last section we shall restrict ourselves to the case of B being a finite connected complex, considered one obtained by adjoining successive simplexes. Thus, we shall prove the theorem by induction, which can easily seen to be true for B connected and of dimension 1. Now, let B be the union $B_1 \cup \Delta$, where $\Delta = B_2$, is a simplex of dimension n adjoined to B_1 with its boundary $\dot{\Delta} = B_0$ an $(n-1)$-dimensional combinatorial sphere in B_1, and suppose that the theorem has already been proved for the fibration over B_1. We have to show that the theorem remains true for the fibration over B.

Denote for this purpose the parts of the fibration (F) over $B_1, \dot{\Delta}, \Delta$ by (F_1), (F_0), (F_2) with fiber spaces E_1, E_0, E_2 and projections g_1, g_0, g_2 respectively. Then, we have to consider the $\simeq$-commutative diagram below:

$$
(D) \qquad \begin{array}{ccccc}
I^*(E_1) & \xrightarrow{\tilde{f}_1^I} & I^*(E_0) & \xleftarrow{\tilde{f}_2^I} & I^*(E_2) \\
\uparrow{\scriptstyle g_1^I} & & \uparrow{\scriptstyle g_0^I} & & \uparrow{\scriptstyle g_2^I} \\
I^*(B_1) & \xrightarrow{f_1^I} & I^*(B_0) & \xleftarrow{f_2^I} & I^*(B_2)
\end{array}
$$

In the diagram $f_i, \tilde{f}_i$ are all inclusions, and $B_0 = \dot{\Delta}$, $B_2 = \Delta$. By induction we have

$$I^*(E_1) \approx I^*(B_1) \underset{\tau_1}{\otimes} I^*(F) \tag{4$_1$}$$

with a twisted differential $d_{\otimes} + d_{\tau_1}$, while the differentials in

$$I^*(E_0) \approx I^*(B_0) \otimes I^*(F) \text{ and} \tag{4$_0$}$$

$$I^*(E_2) \approx I^*(B_2) \otimes I^*(F) \approx I^*(F) \tag{4$_2$}$$

are ordinary ones, since the fibrations (F_0) and (F_2) both are trivial. By the theorems in §VI.2 the I^*-measure of B is to be determined by the lower horizontal line of diagram (D) and that of $E = E_1 \underset{E_0}{\cup} E_2$ by the upper line. To facilitate the calculations we shall introduce some auxiliary DGA's, as follows.

Let S be the DGA with a single generator s such that

$$s^2 = 0, \quad ds = 0, \quad \deg s = n - 1. \tag{5}$$

Let $J_1 (i = 1, 2)$ be the DGA with two generators s_i and t_i such that

$$\begin{cases} s_i^2 = 0, & s_i t_i = 0, \quad t_i^2 = 0, \\ ds_i = t_i, & dt_i = 0, \\ \deg s_i = n - 1, & \deg t_i = n. \end{cases} \tag{6}$$

Then, J_i are homologically trivial and

$$tr_i : \begin{cases} s_i \to s, \\ t_i \to 0 \end{cases} \tag{7}$$

are DGA-morphisms of J_i onto S. The minimal model of S is $I^*(B_0) = I^*(\dot{\Delta})$ and the associated minimal morphism $I^*(B_0) \to S$ will be denoted by ρ_0. For $i = 1, 2$, let us write for simplicity $f_i = \rho_0 f_i^I$, $\tilde{f}_i = (\rho_0 \otimes 1)\tilde{f}_i^I$ and

$$\begin{cases} J_i \otimes I^*(B_i) = A_i, \quad S = A_0, \\ J_i \otimes I^*(E_i) = \tilde{A}_i, \quad S \otimes I^*(F) = \tilde{A}_0, \\ tr_i \otimes f_i = f_i^{\mathrm{tr}} : A_i \to A_0, \\ tr_i \otimes \tilde{f}_i = \tilde{f}_i^{\mathrm{tr}} : \tilde{A}_i \to \tilde{A}_0. \end{cases} \tag{8}$$

By theorems in the preceding sections we have then

$$I^*(B) \approx \min U(f_1^{tr}, f_2^{tr}), \tag{9}$$

$$I^*(E) \approx \min U(f_1^{tr}, f_2^{tr}). \tag{10}$$

in which $U(f_1^{tr}, f_2^{tr})$ and $U(\tilde{f}_1^{tr}, \tilde{f}_2^{tr})$ are to be determined respectively by the two diagrams below.

(D_0)

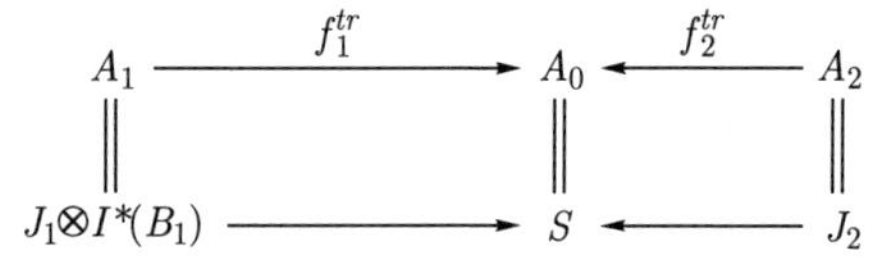

$(\tilde{D}_0)$

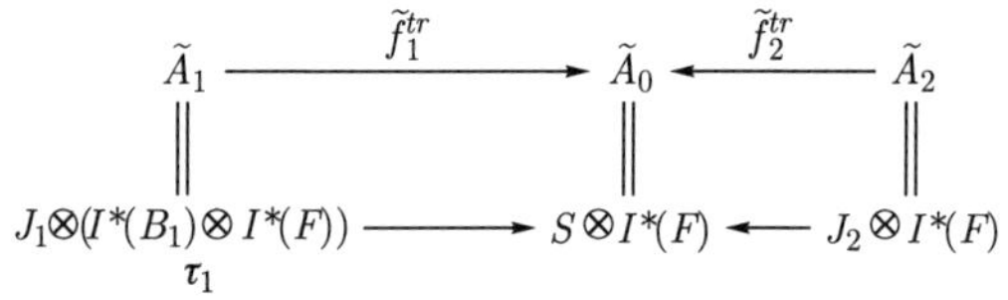

To avoid confusions in the various differentials involved, we shall use for differentials d_i in $\tilde{A}_i$, and d_F in $I^*(F)$. For any $x \in I^*(F)$ we have then

$$d_2 x = d_F x, \tag{11}$$

while

$$d_1x = d_Fx + d_\tau x = d_Fx + \Sigma b_i x_i + \Sigma b'_j x'_j \tag{12}$$

with x_i, $x'_j \in I^*(F)$, b_i, $b'_j \in I^*(B_1)$ and

$$\deg b_i = \deg s, \tag{13}$$

$$\deg b'_j > 0, \quad \deg b'_j \neq \deg s. \tag{14}$$

It is clear that under $\tilde{f}$ we should have:

$$\tilde{f}_1 x = x + s\delta_1 x \text{ for } x \in i^*(F) \text{ and some } \delta_1 x \in I^*(F), \tag{15$_1$}$$

$$\tilde{f}_1 b = 0 \text{ for } b \in I^*(B_1), \quad \deg b > 0, \quad \deg b \neq \deg s, \tag{15$_2$}$$

$$\tilde{f}_1 b = |b| s \text{ for } b \in I^*(B_1), \quad \deg b = \deg s, \tag{15$_3$}$$

and some $|b| \in \boldsymbol{k}$.

Form $\tilde{f}_1(xy) = \tilde{f}_1(x)\tilde{f}_1(y)$ for $x, y \in I^*(F)$ we get

$$\delta_1(xy) = \delta_1 x \cdot y + (-1)^{\deg s \cdot \deg x} \cdot x\delta_1 y. \tag{15$_4$}$$

From $d_0 \tilde{f}_1 x = \tilde{f}_1 d_1 x$ for $x \in I^*(F)$ with $d_1 x$ given as before, we get

$$(-1)^{\deg s} \cdot d_F \delta_1 x = \delta_1 \delta_F x + \Sigma |b_i| x_i. \tag{15$_5$}$$

Similarly, for $\tilde{f}_2$ we have

$$\tilde{f}_2 x = x + s \cdot \delta_2 x, \tag{16$_1$}$$

$$\delta_2(xy) = \delta_2 x \cdot y + (-1)^{\deg s \cdot \deg x} \cdot x\delta_2 y, \tag{16$_2$}$$

$$(-1)^{\deg s} \cdot d_F \delta_2 x = \delta_2 d_F x, \tag{16$_3$}$$

in which $x, y \in I^*(F)$ and $\delta_2 x$, $\delta_2 y \in I^*(F)$ too.

By definition, $U(\tilde{f}_1^{tr}, \tilde{f}_2^{tr})$ is consisting of elements of the form

$$\alpha = (\alpha_1, \alpha_2)$$

with $\alpha_1 \in \tilde{A}_1$, $\alpha_2 \in \tilde{A}_2$, $\tilde{f}_1^{tr}\alpha_1 = \tilde{f}_2^{tr}\alpha_2$.

Similarly, for $U(f_1^{tr}, f_2^{tr})$. It is thus clear that the following are all elements of $U(\tilde{f}_1^{tr}, \tilde{f}_2^{tr})$:

$$\xi = (x, x + s_2(\delta_1 x - \delta_2 x)), \quad x \in I^*(F). \tag{17$_1$}$$

$$\beta' = (b', 0), \quad b' \in I^*(B_1), \quad \deg b' > 0, \quad \deg b' \neq \deg s \tag{17$_2$}$$

$$\beta = (b, |b| s_2), \quad b \in I^*(B_1), \quad \deg b = \deg s. \tag{17$_3$}$$

$$\sigma = (s_1, s_2). \tag{17$_4$}$$

$$\tau_1 = (t_1, 0). \tag{17$_5$}$$

$$\tau_2 = (0, t_2). \tag{17$_6$}$$

The elements $\beta', \beta, \sigma, \tau_1, \tau_2$ are in fact also elements of $U(f_1^{tr}, f_2^{tr})$ which may be considered a sub-DGA of $U(\widetilde{f_1^{tr}}, \widetilde{f_2^{tr}})$ by natural inclusion. From the above formulae we see that the set of all elements of type ξ with $x \in I^*(F)$ form a sub-GA of $U(\widetilde{f_i^{tr}}, \widetilde{f_s^{tr}})$ isomorphic as GA to $I^*(F)$ under the morphism

$$h : x \to (x, x + s_2(\delta_1 x - \delta_2 x)). \tag{18}$$

Introduce now a differential d_F in this GA by setting

$$d_F(x, x + s_2(\delta_1 x - \delta_2 x)) = (d_F x, d_F x + s_2(\delta_1 d_F x - \delta_2 d_F x)). \tag{19}$$

Then, this GA will become a DGA and the above morphism h will become a DGA-isomorphism.

Now, as a GA, $U(\widetilde{f_1^{tr}}, \widetilde{f_2^{tr}})$ is in fact the tensor product of $U(f_1^{tr}, f_2^{tr})$ and $hI^*(F)$ which may be seen as follows. We have for $x \in I^*(F)$,

$b, b' \in I^*(B)$, deg b = deg s, deg $b' > 0$, deg $b' \neq$ deg s:

$$\begin{cases} (s_1 x, s_2 x) = (s_1, s_2)(x, x + s_2(\delta_1 x - \delta_2 x)), \\ (bx, |b| s_2 x) = (b, |b| s_2)(x, x + s_2(\delta_1 x - \delta_2 x)), \\ (b' x, 0) = (b', 0)(x, x + s_2(\delta_1 x - \delta_2 x)), \\ (t_1 x, 0) = (t_1, 0)(x, x + s_2(\delta_1 x - \delta_2 x)), \\ (s_1 b', 0) = (s_1, s_2)(b, |b| s_2), \\ (s_1 b', 0) = (s_1, s_2)(b', 0), \\ (0, t_2 x) = (0, t_2)(x, x + s_2(\delta_1 x - \delta_2 x)), \text{ etc.} \end{cases} \tag{20}$$

In these formulae each right-hand side is an expression formed from elements in $U(f_1^{tr}, f_2^{tr})$ and $hI^*(F)$ by algebraic operations. Thus, it follows easily as a GA:

$$U(\widetilde{f_1^{tr}}, \widetilde{f_2^{tr}}) \approx U(f_1^{tr}, f_2^{tr}) \otimes hI^*(F).$$

Consider now any element

$$\xi = (x, x + s_2(\delta_1 x - \delta_2 x)) \in hI^*(F),$$

with $d_1 x = d_F x + \Sigma b_i x_i + \Sigma b'_j x'_j$ as before. As element of $U(\widetilde{f_1^{tr}}, \widetilde{f_2^{tr}})$, the differential of ξ, using (15)–(20), will be given by

$$\begin{aligned} d\xi &= (d_1 x, d_2 x + t_2(\delta_1 x - \delta_2 x) + (-1)^{\deg s} \cdot s_2 d_2(\delta_1 x - \delta_2 x)) \\ &= \xi_1 + \xi_2 + \xi_3, \end{aligned}$$

where

$$\begin{aligned} \xi_1 &= d_F \xi \in hI^*(F), \\ \xi_2 &= \Sigma(b_i x_i, s_2 |b_1| x_i) + \Sigma(b'_j x'_j, 0), \\ \xi_3 &= (0, t_2(\delta_1 x - \delta_2 x)). \end{aligned}$$

It follows that the differential d in $U(\widetilde{f_1^{tr}}, \widetilde{f_2^{tr}})$ consists of two parts:

$$d = d_\otimes + d_\tau.$$

The first part $d_\otimes$ is the usual one for a tensor product, while the second twisted part is given by

$$d_\tau \xi = \xi_2 + \xi_3, \quad \xi \in hI^*(F).$$

Hence, we may write as a DGA-isomorphism,

$$U(\widetilde{f_1^{tr}}, \widetilde{f_2^{tr}}) \approx U(f_1^{tr}, f_2^{tr}) \underset{\tau}{\otimes} hI^*(F).$$

Now, by theorems in §VI.2,

$$I^*(B) \approx \min \cup (f_1^{tr}, f_2^{tr}).$$

Using the theorems of §11.6, we can construct a DGA $I^*(B) \underset{\tau}{\otimes} I^*(F)$ with a certain twisted differential $d = d_\otimes + d_\tau$ as well as a DGA-morphism

$$\widetilde{\rho}: I^*(B) \underset{\tau}{\otimes} I^*(F) \to U(f_1^{tr}, f_2^{tr}) \underset{\tau}{\otimes} hI^*(F)$$

which will induce an H-isomorphism. It follows that

$$\begin{aligned}\min(I^*(B) \underset{\tau}{\otimes} I^*(F)) &\approx \min(U(f_1^{tr}, f_2^{tr}) \underset{\tau}{\otimes} hI^*(F)) \\ &\approx \min U(\widetilde{f_1^{tr}}, \widetilde{f_2^{tr}}) \approx I^*(E).\end{aligned}$$

This completes the induction and, thus, proves the theorem.

Remark: From the proof we see that the twisted part of the differential consits of two parts viz., ξ_2, inherited from the previous twisted part in the fibration E_1 over B_1, and ξ_3, a new one arisen from the adjoining of E_2 over B_2 to E_1 along E_0 with a twist. This accounts for the twisted part in the final result.

Corollary: For a simplicial fibration (F) the H^*-measure of the fiber space E is given by

$$H^*(E) \approx H(I^*(B) \underset{\tau}{\otimes} I^*(F)). \tag{2$'$}$$

Remark: In the formulae (2) and (2)$'$ we cannot replace $I^*(B)$ or $I^*(F)$ by $H^*(B)$ or $H^*(F)$, only in quite exceptional cases. Thus, for the determination of $H^*(E)$ mere knowledgeof $H^*(B), H^*(F)$ and whatever interrelations between them are not sufficient.

On the other hand, the knowledge of $I^*(B), I^*(F)$ and their interrelations expressed in terms of the twisted differential d_τ is sufficient to determine $I^*(E)$ (and hence also $H^*(E)$) completely. This is just what we mean by **calculability** of the I^*-measure in the present case.

VI.6 Some Applications to Fibrations Transgression and a Theorem of Borel-Hirsch

As a further application of the method developed in this chapter let us consider a theorem of Borel-Hirsch for certain kind of fibrations. This theorem is of basic importance for the whole theory of the I^*-measure, as it can be seen from §IV.2. To begin with, let us consider a simplicial fibration

$$F \underset{i}{\subset} E \underset{g}{\to} B \tag{F}$$

and the associated diagram below:

$$A^*(F) \underset{i^A}{\longleftarrow} A^*(E) \underset{g^A}{\longleftarrow} A^*(B). \tag{D$_\text{A}$}$$

With a well-known definition as a prototype we now lay down the following

Definition: A cycle $u \in A^*(F)$ will be said to be **transgressive** in the fibration (F) if there exist some element $a \in A^*(E)$ and a cycle $x \in A^*(B)$ such that

$$i^A a = u \text{ and } g^A x = da.$$

In this case x will then be called a **transgression** of the transgressive element u.

Lemma: If a cycle $u \in A^*(F)$ is transgressive with a cycle $x \in A^*(B)$ as its transgression, then any cycle $u' \in A^*(F)$ homologous to u is also transgressive, and any cycle $x' \in A^*(B)$ homologous to x is a transgression of u'.

Proof: Let $a \in A^*(E)$ be as above. Let $u' = u + dv$, $x' = x + dy$ for some $v \in A^*(F)$, $y \in A^*(B)$. Since F is a subcomplex of E so that i^A is onto by §VI.1, there will be some element $b \in A^*(E)$ with $i^A b = v$. Set $a' = a + g^A y + db$. Then, we have

$$da' = da + g^A dy = g^A x',$$

and

$$i^A a' = i^A a + i^A db = u + dv = u',$$

since $i^A g^A y$ clearly is 0. This shows, that u' is transgressive with x' a transgression, as to be proved.

From the lemma we see that it is legitimate to lay down the following

Definition: A class U of $H^*(F)$ is said to be **transgressive** with a class X of $H^*(B)$ as a transgression, if there are cycles u of $A^*(F)$ and x of $A^*(B)$ belonging to U and X respectively when passing to homology, such that u is transgressive with x as a transgression.

Consider now a simplicial fibration (F) verifying the following conditions:

$I^*(F)$ is free, of finite type, and has a trivial differential. $\quad (C_1)$

Each free generator of $I^*(F) \approx H^*(F)$ is transgressive. $\quad (C_2)$

Definition: A simplicial fibration (F) verifying conditions (C_1) and (C_2) will be said to be **totally transgressive**.

For such a totally transgressive fibration we have $I^*(F) \approx H^*(F) \approx \mathrm{Free}(\widetilde{u}_j)$ with all $d\widetilde{u}_j = 0$, say. For some associated minimal morphism $\rho_F : I^*(F) \to A^*(F)$ let $u_j = \rho_F \widetilde{u}_j$. Then, each u_j is transgressive, and we may choose for u_j a transgression $x_j \in A^*(B)$. Let $\rho_B : I^*(B) \to A^*(B)$ be some associated minimal morphism. By the Lemma we may choose some cycle $\widetilde{x}_j$ in $I^*(B)$ without loss of generality, such that $\rho_B \widetilde{x}_j = x_j$ for each x_j. Form now a DGA

$$\mathcal{E} = I^*(B) \underset{\tau}{\otimes} I^*(F)$$

with a twisted differential

$$d = d_{\otimes} + d_{\tau} \tag{1}$$

of which the twisted part d_τ is given by

$$d_\tau \widetilde{u}_j = \widetilde{x}_j. \tag{2}$$

With the well-known theorem of Borel-Hirsch as a prototype we then have the following

Theorem: For a totally transgressive simplicial fibration (F) the I^*-measure of the fiber space E is given by

$$I^*(E) \approx \min(I^*(B) \underset{\tau}{\otimes} I^*(F)) \tag{3}$$

with a twisted differential defined by (1)–(2).

Proof: For $u_j = \rho_F \widetilde{u}_j$, and $x_j = \rho_B \widetilde{x}_j$ as above, u_j is transgressive with a transgression x_j in the diagram (D_A), so that we have for some $a_j \in A^*(E)$:

$$i^A a_j = u_j, \quad g^A x_j = da_j. \tag{4}$$

Form the DGA $\mathcal{E}_A = A^*(B) \underset{\tau}{\otimes} I^*(F)$ with the twisted part of a twisted differential in the tensor product given by

$$d_\tau \widetilde{u}_j = x_j. \tag{5}$$

Then, we see from known theorems of Moore in §11.6 that the natural DGA-mor-phism

$$\rho_B \otimes \text{ ident. } : I^*(B) \underset{\tau}{\otimes} I^*(F) \to A^*(B) \underset{\tau}{\otimes} I^*(F)$$

is an H-isomorphism so that

$$\min(I^*(B) \underset{\tau}{\otimes} I^*(F)) \approx \min(A^*(B) \underset{\tau}{\otimes} I^*(F)). \tag{6}$$

It follows that it will be sufficient to prove

$$I^*(E) \approx \min(A^*(B) \underset{\tau}{\otimes} I^*(F)). \tag{7}$$

For this we shall restrict ourselves to the Case of B being a finite connected complex and proceed by induction as in the last section.

Suppose therefore B be the union of two connected subcomplexes B_1, B_2, with a connected subcomplex B_0 in common. Let the parts of fibration (F) over $B_s (s = 0, 1, 2)$ be

$$F \underset{i_s}{\subset} E_s \underset{g_s}{\longrightarrow} B_s. \tag{F_s}$$

For $s = 1, 2$ let $f_s : B_0 \subset B_S$, $\widetilde{f}_s : E_0 \subset E_s$ be inclusions. Similarly, let $k_s : B_s \subset B$, $\widetilde{k}_s : E_s \subset E$ also be inclusions for each $s = 0, 1, 2$. From (4) we get then

$$i_s^A \widetilde{k}_s^A a_j = u_j, \quad g_s^A k_s^A x_j = d\widetilde{k}_s^A a_j.$$

Hence, each fibration (F_s) is totally transgressive, with $k_s^A x_j$ being a trans-gression of the cycle $u_j \in A^*(F)$. We shall suppose that the theorem has been proved for each fibration (F_s) with

$$I^*(E_s) \approx \min(A^*(B_s) \underset{\tau_s}{\otimes} I^*(F)), \tag{$\mathrm{F_s}$}$$

in which the twisted part of the twisted differential is defined by

$$d_{\tau_s} \widetilde{u}_j = k_s^A x_j.$$

Proceed now to the proof of (7) as follows. Let us set ($s = 0, 1, 2$ or

$s = 1, 2)$

$$\begin{aligned}
&\overline{A}^*(B_s) = A^*(B_s) \underset{\tau_s}{\otimes} I^*(F),\\
&\overline{I}^*(E_s) = I^*(E_0)^{tr} \otimes I^*(E_s),\\
&\overline{f}_s^A = f_s^A \otimes \text{ id.} : \overline{A}^*(B_s) \to \overline{A}^*(B_0),\\
&\overline{f}_s^I = tr \otimes \widetilde{f}_s^I : \overline{I}^*(E_s) \to I^*(E_0),\\
&\widetilde{f}_s^I : I^*(E_s) \to I^*(E_0).
\end{aligned}$$

in which

$$tr : I^*(E_0)^{tr} \to I^*(E_0)$$

is the trivializing morphism for $I^*(E_0)$.

Since the DGA-morphisms f_1^A, f_2^A in the diagram below

$$A^*(B_1) \xrightarrow{f_1^A} A^*(B_0) \xleftarrow{f_2^A} A^*(B_2)$$

both are onto, so that $\overline{f}_s^A$ are also onto, we can complete a **commutative** diagram of DGA-morphisms as shown below, with ρ_s some minimal morphisms and $\overline{\rho}_s = \varepsilon_0 \otimes \rho_s$ with $\varepsilon_0 : I^*(E_0)^{tr} \to \boldsymbol{k}$ the augmentation:

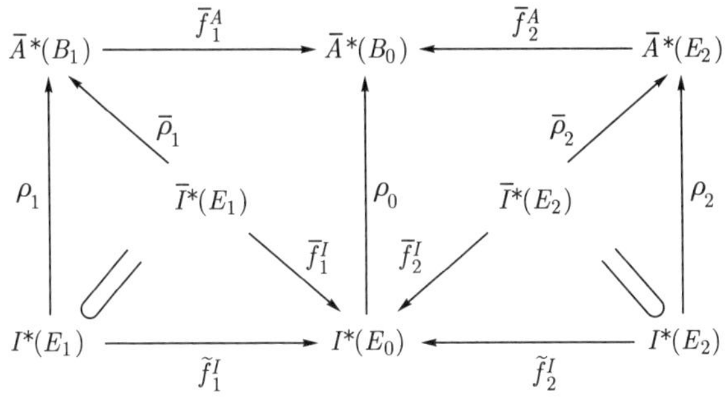

From theorems of §VI.2 we have now

$$\begin{aligned}
I^*(E) &\approx \min U(\overline{f}_1^I, \overline{f}_2^I)\\
&\approx \min U(\overline{f}_1^A, \overline{f}_2^A).
\end{aligned}$$

It is clear that

$$U(\overline{f}_1^A, \overline{f}_2^A) \approx U(f_1^A, f_2^A) \underset{\tau}{\otimes} I^*(F) \approx A^*(B) \underset{\tau}{\otimes} I^*(F)$$

with the twisted part of the twisted differential or the right-hand side, given by

$$d_\tau \widetilde{u}_j = (d_{\tau_1}\widetilde{u}_j, d_{\tau_2}\widetilde{u}_j) = (k_1^A x_j, k_2^A x_j) = x_j.$$

Whence we get (7) which completes the induction and proves the theorem.

Corollary: For a totally transgressive simplicial fibration (F) the H^*-measure of the fiber space E is given by

$$H^*(E) \approx H(I^*(B) \underset{\tau}{\otimes} H^*(F)),$$

in which the twisted differential is determined by the transgressions.

Remark: In the theorem of the last section the twisted part d_τ of the twisted differential is only shown to exist but no constructive means has been indicated. However, in the totally transgressive case of the theorem in this section the twisted part is constructively and explicitely given via the transgression. In the next chapter, further particular cases will be given, for which the twisted differential can explicitely be determined.

Chapter VII I^*-Measures Connected with Fibrations

VII.1 Some Algebraic Preparations

In this section we shall make some algebraic preparations to be used in the later sections for the study of the I^*-measures connected with various kinds of fibrations.

Definition: A DGA A will be said to be a **right**-(resp. **left**-) DGA over a DGA B or a **right**-(resp. **left**-) B-DGA if there is a DGA-morphism

$$\gamma : A \otimes B \to A$$
$$(\gamma' : B \otimes A \to A \text{ resp.})$$

We shall also say that B **operates** on the **right** (resp. **left**) on A and, if no ambiguity can occur, write ($\alpha \in A$, $\beta \in B$):

$$\gamma(\alpha \otimes \beta) = \alpha\beta,$$
$$(\gamma' : (\beta \otimes \alpha) = \beta\alpha \text{ resp.}).$$

Suppose A' be a right-DGA and A'' be a left-DGA over the same DGA B. In the tensor product $A' \otimes A''$ consider the ideal I generated by elements of the form

$$a'b \otimes a'' - a' \otimes ba''$$

with $a' \in A', a'' \in \mathcal{A}'', b \in B$. As the differential of an element in I is easily seen to be still an element of I, 50 the gradation and differentiation in $A' \otimes A''$ will also induce ones in the quotient algebra $A' \otimes A''/I$ to turn it into a DGA. Now, we use the following

Notation: The DGA $A' \otimes A''/I$ with gradation and differentiation induced from those of $A' \otimes A''$ will be denoted by $A' \underset{B}{\otimes} A''$

Definition: Give a DGA-morphism

$$f : B \to A$$

of DGA B to DGA A,

$$\gamma(\alpha \otimes \beta) = \alpha \cdot f(\beta) \text{ (or simply } \alpha\beta)$$

for $\alpha \in A$, $\beta \in B$ will naturally turn A into a right-DGA over B, which wil be said to be **induced** from f ancl will be denoted by

$$\gamma = R(f).$$

Similarly,

$$\gamma'(\beta \otimes \alpha) = f(\beta) \cdot \alpha \text{ (or simply } \beta\alpha)$$

will turn A into a left-DGA over B **induced** by f to be denoted by

$$\gamma' = L(f).$$

Given a right-DGA A over DGA B with operation induced by DGA-rnorphism $f : B \to A$ let us put

$$\Omega_n B = \underbrace{B^+ \otimes \cdots \otimes B^+}_{n},$$

$$\Omega B = \sum_{n \geqslant 0} \Omega_n B,$$

$$\mathrm{Bar}_n^{R(f)}(A) = A \otimes \Omega_n B \otimes B,$$

$$\mathrm{Bar}^{R(f)}(A) = \sum_{n \geqslant 0} \mathrm{Bar}_n^{R(f)}(A) = \sum_{n \geqslant 0} A \otimes \Omega_n(B) \otimes B.$$

In case $n = 0$, $\Omega_0 B$ will be considered generated by a single element [ ] of degree 0. An element $\xi = a \otimes b_1 \otimes \cdots \otimes b_n \otimes b$ in $\mathrm{Bar}^{R(f)}(A)$ with $a \in A$,

$b_i \in \mathcal{B}^+$, $b \in B$, will be written in the form $\xi = a[b_1|\cdots|b_n]b$, as usual. Now, introduce a gradation deg and differentiation d in $\mathrm{Bar}^{R(f)}(A)$ by setting.

$$\begin{aligned}
\deg \xi =& \deg a + \deg b + \sum_{i=1}^{n}(\deg b_i - 1),\\
d =& d_E + d_I,\\
d_E\xi =& (-1)^{d_0} \cdot ab_1[b_2|\cdots|b_n]b\\
&+ \sum_{i=1}^{n-1}(-1)^{d_i} a[b_1|\cdots|b_ib_{i+1}|\cdots b_n]b\\
&+ (-1)^{d_n} \cdot a[b_1|\cdots|b_{n-1}]b_nb,\\
d_I\xi =& da \cdot [b_1|\cdots|b_n]b - \sum(-1)^{d_{i-1}} \cdot a[b_1|\cdots|db_i|\cdots|b_n]b\\
&+ (-1)^{d_n} \cdot a[b_1|\cdots|b_n]\cdots db,
\end{aligned}$$

in which $ab_1 = af(b_1)$, and

$$d_0 = \deg a, \quad d_i = \deg a + \sum_{j=1}^{i}(\deg b_j - 1), \quad i = 1, \cdots, n.$$

It is easy to verify that

$$\begin{aligned}
d_E^2 = 0, \quad d_I^2 = 0,\\
d_Id_E + d_Ed_I = 0,
\end{aligned}$$

so that $d^2 = 0$, or d really is a differential in $\mathrm{Bar}^{R(f)}(A)$.

Using the usual shuffle multiplication which we shall not explicit here, $\Omega(B)$ and hence also $\mathrm{Bar}^{R(f)}(A)$,will become a DGA with the above-defined gradation and differentiation. Now, we lay down the following.

Definition: The DGA $\mathrm{Bar}^{R(f)}(A)$ will be called the **Bar-Construction** of A as right-DGA over B induced by the DGA-morphism $f : B \to A$.

Suppose now, we have DGA's A', A'', B and DGA-morphisms

$$f' : B \to A',$$
$$f'' : B \to A''$$

which turn A' and A'' into right- and left-DGA's over B respectively. Since it is clear that $\mathrm{Bar}^{R(f)}(A')$ will also be a right-DGA over B, induced from the natural inclusion morphism $B \to \mathrm{Bar}^{R(f')}(A')$, we can form the quotient DGA

$$\mathrm{Bar}^{R(f')}(A') \underset{B}{\otimes} A'' = \sum_{n\geqslant 0}(A'\otimes\Omega_n(B)\otimes B) \underset{B}{\otimes} A'' = \sum_{n\geqslant 0}(A'\otimes\Omega_n(B)\otimes A'').$$

Notation: The above quotient DGA will be denoted by

$$\mathrm{Bar}(f', f'') = \mathrm{Bar}^{R(f')}(A') \underset{B}{\otimes} A''.$$

In particular, if $A'' = B$ and f'' is the identity $\iota_B : B \to A''$. Then

$$\mathrm{Bar}(f', \iota_B) = \mathrm{Bar}^{R(f')}(A').$$

Definition: The homology of the above quotient DGA is called the **Tor-product** of the right- and left-DGA's A', A'' over B under f', f'' , to be denoted by

$$\mathrm{Tor}(f', f'') = H(\mathrm{Bar}(f', f'')),$$

which is $\mathrm{Tor}_B(A', A'')$ in the current notations.

Proposition 1: If $A' = B$ with $f' : B \to A'$ the identity morphism ι_B while A'' is the basic field $\boldsymbol{k}$ and $f'' : B \to \boldsymbol{k}$ is the augmentation ε_B then $\mathrm{Bar}_{(}\iota_B, \varepsilon_B)$ is homologically trivial, or

$$\mathrm{Tor}(\iota_B, \varepsilon_B) \approx \boldsymbol{k}.$$

If A', f' remain as above while $A'' = B$ with f'' the identity morphism ι_B too, then

$$\mathrm{Tor}(\iota_B, \iota_B) \approx H(B).$$

Proof: Define a module-morphism s of $\mathrm{Bar}(\iota_B, \varepsilon_B)$ lowering degree 1 by $s(b[b_1|\cdots|b_n]) = b|b_1|\cdots|b_n]$.

Then, we have by direct verification

$$ds + sd = \text{ident}.$$

From this follows the homological-triviality of $\mathrm{Bar}(\iota_B, \varepsilon_B)$ and, whence, also the other assertion.

Suppose there is a commutative diagram of DGA's and DGA-morphisms as shown below:

$$\begin{array}{ccccc} A' & \xrightarrow{f'} & B & \xleftarrow{f''} & A'' \\ \uparrow{\scriptstyle g'} & & \uparrow{\scriptstyle g} & & \uparrow{\scriptstyle g''} \\ \bar{A}' & \xrightarrow{\bar{f}'} & \bar{B} & \xleftarrow{\bar{f}''} & \bar{A}'' \end{array}$$

The triple (g', g'', g) will then induce in a natural manner a DGA-morphism

$$\widetilde{g} : \mathrm{Bar}(\bar{f}', \bar{f}'') \to \mathrm{Bar}(f', f'')$$

defined by

$$\widetilde{g}(\bar{a}'[\bar{b_1}|\cdots|\bar{b_n}]\bar{a}'') = g'\bar{a}'[g\bar{b_1}|\cdots|g\bar{b_n}] \cdot g''\bar{a}''$$

with $\bar{a}' \in \bar{A}'$, $\bar{a}'' \in \bar{A}''$, $\bar{b} \in B^+$.

Proposition 2: If in the above commutative diagram g', g'' and g all are H-isomorphisms then $\widetilde{g}$ is also an H-isomorphism, so that

$$\widetilde{g}_H : \mathrm{Tor}(\bar{f}', \bar{f}'') \approx \mathrm{Tor}(f', f'').$$

Proof: Omitted.

We have now the following theorem of Eilenberg-Moore:

Theorem 1: Let $f' : B \to A'$, $f'' : B \to A''$ be DGA-morphisms turning A', A'' into right-resp. left-DGA's over B, as before. Then, there is a filtration in $\mathrm{Bar}(f', f'')$ with

$$E_2 \approx \mathrm{Tor}(f'_H, f''_H) \Longrightarrow \mathrm{Tor}(f', f'')$$

in which $f'_H : H(B) \to H(A')$, $f''_H : H(B) \to H(A'')$ are induced by f', f'', turning $H(A'), H(A'')$ into right- and left-DGA' s over $H(B)$ respectively.

Definition: The spectral sequence of the above theorem is called the **Eilenberg-Moore spectral sequence**, associated to the DGA-morphisms f' and f''.

Consider now the special case for which B is a polynomial DGA.

$$B \approx \text{Polym}(y_1, \cdots, y_N),$$
$$\deg y_i = \text{even} > 0, \quad dy_i = 0.$$

In this case, some much simpler constructions, due to Koszul, may then replace the Bar-construction for the definition of the Tor-product.

To describe it, let A be a DGA and

$$f : B \to A$$

be a DGA-morphism turning A into a right-DGA over the polynomial DGA B. Form the tensor product

$$\text{Kosz}^{R(f)}(A) = A \otimes \text{Extr}(x_1, \cdots, x_N) \otimes B$$

with degree and differential d defined by

$$\deg x_i = \deg y_i - 1 \text{ odd},$$
$$d = d_E + d_I,$$
$$d_E(a \otimes 1 \otimes b) = 0,$$
$$d_E(a \otimes x_i \otimes b) = (-1)^{\deg a} \cdot ay_i \otimes 1 \otimes b + (-1)^{\deg a + \deg x_i} \cdot a \otimes 1 \otimes y_i b,$$
$$d_I(a \otimes 1 \otimes b) = da \otimes 1 \otimes b + (-1)^{\deg a} \cdot a \otimes 1 \otimes db$$
$$d_I(a \otimes x_i \otimes b) = da \otimes x_i \otimes b + (-1)^{\deg a + \deg x_i} \cdot a \otimes x_i \otimes db$$

in which $a \in A$, $b \in B$. then,we have $d_E^2 = 0$, $d_I^2 = 0$, $d_I d_E + d_E d_I = 0$ so that $d = d_E + d_I$ can be extended to a differential d on $\text{Kosz}^{R(f)}(A)$.

Definition: The DGA $\mathrm{Kosz}^{R(f)}(A)$ will be called the **Koszul-Construction** of A as right-DGA over the polynomial DGA B, induced by the DGA-morphism $f : B \to A$.

Notation: Let $f' : B \to A'$, $f'' : B \to A''$ be DGA-morphisms turning A', A'' into right- and left-DGA's over the polynomial DGA B respectively. Then, we shall denote the quotient DGA

$$\mathrm{Kosz}^{R(f')}(A') \underset{B}{\otimes} A'' = A' \otimes Extr(x_1, \cdots, x_N) \otimes A''$$

by $\mathrm{Kosz}(f', f'')$.

Theorem 2: Let $B \approx \mathrm{Polym}(y_1, \cdots, y_N)$ be a polynomial DGA and A', A'' be right- and left-DGA's over B, induced by DGA-morphisms $f' : B \to A'$ and $f'' : B \to A''$ respectively. Then, $x_i \to [y_i]$ will induce a DGA-morphism h of $\mathrm{Kosz}(f', f'')$ into $\mathrm{Bar}(f', f'')$ which is an H-isomorphism, so that

$$\mathrm{Tor}(f', f'') \approx H(\mathrm{Kosz}(f', f'')).$$

Proof: That $\mathrm{Kosz}(f', f'')$ and $\mathrm{Bar}(f', f'')$ have isomorphic homology follows from a general theory of resolutions which we shall not enter.

Now, define the morphism h of $\mathrm{Kosz}(f', f'')$ into $\mathrm{Bar}(f', f'')$ by

$$h(a \otimes 1 \otimes b) = a[\,]b,$$
$$h(a \otimes x_{i_1} \cdots x_{i_p} \otimes b) = \sum_S \varepsilon_S [y_{S(i_1)} | \cdots | y_{S(i_p)}]$$

in which the summation is over all permutations s of $(i_1, \cdots, i_p)$ and $\varepsilon_S = +1$ or -1 according to the permutation s being even or odd. It is easy to see that multiplication in x_i goes to shuffle multiplication in $[y_i]$ under h, so the morphism h is multiplicative. It also preserves gradation as well as differentiation, as seen from the respective formulae for differentials. Hence, h is a DGA-morphism inducing isomorphism of homology or an H-isomorphism, as to be proved.

VII.2 Simplicial Fibration and Some Spectral Sequences

Consider a fibration

$$F \underset{i}{\subset} Y \underset{g}{\to} B \tag{F}$$

in which F is the fiber, Y the fiber space, and B is the base space. We shall suppose that the fibration is **simplicial** in the sense of §VI.5-6.

Let B_q be the q-skeleton of B, $Y_q = g^{-1}(B_q)$ and $i_q : Y_q \subset Y$ be the inclusion, now, define a filtration of $A^*(Y)$ by

$$F^p A^q(Y) = \mathrm{Ker}[A^q(Y) \xrightarrow{i_{p-1}^A} A^q(Y_{p-1})] \tag{1$_\mathrm{A}$}$$

so that

$$A^*(Y) = F^0 \supset F^1 \supset \cdots \supset F^p \supset F^{p+1} \supset \cdots. \tag{2$_\mathrm{A}$}$$

Lemma 1: For the Leray spectral sequence of filtration $(1)_\mathrm{A}$ of $A^*(Y)$ we have

$$E_2^{p,q} A^*(Y) \approx H^p(B) \otimes H^q(F). \tag{3}$$

Proof: Let us introduce a filtration of $C^*(Y)$ by

$$F^p C^p(Y) = \mathrm{Ker}[C^q(Y) \xrightarrow{i_{p-1}^C} C^q(Y_{p-1})] \tag{1$_\mathrm{C}$}$$

so that

$$C^*(Y) = F^0 \supset F^1 \supset \cdots \supset F^p \supset F^{p+1} \supset \cdots. \tag{2$_\mathrm{C}$}$$

According to §III.4, there is an integration

$$\int : A^*(Y) \to C^*(Y)$$

which is a DGA morphism inducing isomorphism of H or an H-isomorphism. It is clear that

$$\int F^p A^q(Y) \subset F^P C^q(Y)$$

so that $\int$ will induce morphisms of corresponding spectral sequences

$$\int_r : E_r^{p,q} A^*(Y) \to E_r^{p,q} C^*(Y).$$

We now have a commutative diagram

$$(D)_A \qquad \begin{array}{ccccccccc}
 & & 0 & & 0 & & & & \\
 & & \downarrow & & \downarrow & & & & \\
0 & \longrightarrow & F^{p+1}A^{p+q}(Y) & = & F^{p+1}A^{p+q}(Y) & & & & \\
 & & \downarrow & & \downarrow & & & & \\
0 & \longrightarrow & F^{p}A^{p+q}(Y) & \longrightarrow & A^{p+q}(Y) & \longrightarrow & A^{p+q}(Y_{p-1}) & \longrightarrow & 0 \\
 & & \downarrow & & \downarrow & & \| & & \\
0 & \longrightarrow & A^{p+q}(Y_p,Y_{p-1}) & \longrightarrow & A^{p+q}(Y_p) & \longrightarrow & A^{p+q}(Y_{p-1}) & \longrightarrow & 0 \\
 & & \downarrow & & \downarrow & & & & \\
 & & 0 & & 0 & & & &
\end{array}$$

in which all rows and columns are exact sequences, and $A^{p+q}(Y_p, Y_{p-1})$ is introduced and defined by the exactness of the last row. The differential d in $A^*(Y_p)$ and $A^*(Y_{p-1})$ will induce one in $A * (Y_p, Y_{p-1}) = \sum A^r(Y_p, Y_{p-1})$ to make it a differential graded module.

From the diagrm $(D)_A$ we get

$$\begin{aligned} E_0^{p,q} A^*(Y) &\approx F^p A^{p+q}(Y)/F^{p+1} A^{p+q}(Y) \\ &\approx A^{p+q}(Y_p, Y_{p-1}) \end{aligned}$$

with the differential d_0 in E_0 as that d in $A^*(Y_p, Y_{p-1})$. hence,

$$E_1^{p,q} A^*(Y) \approx H_{p+q} A^*(Y_p, Y_{p-1}).$$

we may form a diagram $(D)_C$ similar to $(D)_A$, by using C instead of A. with $C^*(Y_p, Y_{p-1})$ similar defined we get then for the spectral sequence $(2)_C$

$$E_1^{p,q} C^*(Y) \approx H_{p+q} C^*(Y_p, Y_{p-1}).$$

Since the integration morphism $\int$ is Clearly functorial and $\int : A^*(Y_p) \to C^*(Y_p)$ is an (additive) H-isomorphism for all p, it will also induce an (additive) H-isomorphism

$$A^*(Y_p, Y_{p-1}) \to C^*(Y_p, Y_{p-1}).$$

Hence

$$\int_L : E_1^{p,q}A^*(Y) \approx E_1^{p,q}C^*(Y).$$

From isomorphism theorems of spectral sequences we have therefore

$$\int_r : E_r^{p,q}A^*(Y) \approx E_r^{p,q}C^*(Y), \quad r \geqslant 1.$$

As it is known that $E_2^{p,q}C^*(Y) \approx H^*(B) \otimes H^*(F)$, the same will be true for $E_2^{p,q}A^*(Y)$.

This proves the Lemma.

Introduce now a further DGA and a filtration in the following way. For each vertex v_i of B let B_i be the subcomplex of B consisting of all simplexes incident with v_i as well as all their faces. Consider now a function η on the set of vertices $V = \{v_i\}$ of B with values

$$\eta(v_i) \in A^r(B_i) \otimes A^S(g^{-1}B_i)$$

such that the following compatibility condition (C) is satisfied:

For any pair of vertices v_i, v_j spanning a 1-simplex σ_{ij} of B let B_{ij} be the subcomplex of B consisting of all simplexes with σ_{ij} as face as well as all their faces. Then, $\eta(v_i)$, $\eta(v_j)$ have the same natural restrictions in $A^r(B_{ij}) \otimes A^S(g^{-1}B_{ij})$.

Denote the k-module naturally formed of all such compatible collections of functions $\eta = \{\eta(v_i), v_i \in V/(C)\}$ by $A^{-r,s}(Y)$. Set

$$A^{-q}(Y) = \sum_{r+s=q} A^{-r,s}(Y),$$

$$A^{-*}(Y) = \sum_{q\geqslant 0} A^{-q}(Y).$$

Under usual multiplications and differentiations for differential forms $\overline{A}^*(Y)$ forms naturally a DGA-algebra. Filtrate now $\overline{A}^*(Y)$ by

$$F^p\overline{A}^*(Y) = \sum_{r\geqslant p} \overline{A}^{r,*}(Y). \tag{4}$$

Lemma 2: For the Leray spectral sequence of filtration (4) of $\overline{A}^*(Y)$ we have

$$E_2^p\overline{A}^*(Y) \approx H^p(B) \otimes H^*(F). \tag{5}$$

Proof: By direct calculation we get

$$\begin{aligned} E_0^p\overline{A}^*(Y) &\approx \overline{A}^{p,*}(Y) \\ &\approx \{\eta(v_i) \in A^p(B_i) \otimes A^*(g^{-1}B_i), \quad v_i \in V/(C_0)\}, \end{aligned} \tag{2}$$

in which (C_0) is some natural compatibility condition, as above. The differential d_0 in $E_0^p\overline{A}^*(Y)$ is given by

$$d_0 = d|A^*(g^{-1}B_i).$$

Since

$$E_1^p\overline{A}^*(Y) \approx H_p(E_0A^{-*}(Y)),$$

there will be a natural morphism

$$E_1\overline{A}^*(Y) \to H \tag{6}$$

where H is the module formed of compatible collections $\tilde{\eta}$ of functions on a set of vertices V such that

$$\tilde{\eta}(v_i) \in A^p(B_i) \otimes H^*(g^{-1}B_i), \quad v_i \in V,$$

verifying again some natural compatibility conditions $(\tilde{C})$.

We shall prove that (6) is in fact an isomorphism. Admitting this provisionally, then, as $\pi_1(B)$ acts trivially on the homology of fibers, and the fibration over each B_i is trivial the isomorphism (6) is equivalent to say

$$E_1^p\overline{A}^*(Y) \approx A^p(B) \otimes H^*(F)$$

with differential d_1 in $E_1^p\overline{A}^*(Y)$ given by

$$d_1 = d|A^*(B).$$

Since $E_2 = H(E_1)$, we get the isomorphism (5) as required.

It remains to prove that (6) is an isomorphism as modules. For this purpose let us set

$$E_0 = E_0\overline{A}^*(Y)$$

with differential d_0, and $Z(E_0)$ and $B(E_0)$ the graded sub-module of cycles and boundaries in E_0 Then, we have to prove the following

Lemma 3: The sequence of natural module-morphisms

$$0 \to B(E_0) \xrightarrow{i} Z(E_0) \xrightarrow{\pi} H \to 0$$

is exist.

Proof: Let us prove e.g. the epimorphism of π and thus consider any element $\tilde{\eta} \in H$ with $\tilde{\eta}(v_i) \in A^*(B_i) \otimes H^*(g^{-1}B_i), v_i \in V$.

For each v_i let us take an arbitrary element

$$\xi_i \in A^*(B_i) \otimes Z(A^*(g^{-1}B_i))$$

which goes to $\tilde{\eta}(v_i)$ in passing to homology. The compability condition $(\tilde{C})$ shows that for each pair of vertices v_i, v_j spanning a i-simplex of B, there is an element

$$\varphi_{ij} \in A^*(B_{ij}) \otimes A^*(g^{-1}B_{ij})$$

such that

$$\text{Rest}_{ij}\xi_i - \text{Rest}_{ij}\xi_j = d_0\varphi_{ij},$$

in which Rest_{ij} means the restriction of the corresponding element to one in $A^*(B_{ij}) \otimes A^*(g^{-1}B_{ij})$.

To φ_{ij} let us construct an element $\psi_{ij} \in A^*(B_i) \otimes A^*(g^{-1}B_i)$ as follows. Let t_j be the barycentric coordinate function in B corresponding to the vertex v_j. Write φ_{ij} in the form $\varphi_{ij} = \sum \varphi'_{ij\alpha} \otimes \varphi''_{ij\alpha}$ with $\varphi'_{ij\alpha} \in A^*(B_{ij})$, $\varphi''_{ij\alpha} \in A^*(g^{-1}B_{ij})$. Then, $t_j\varphi'_{ij\alpha}$ on simplexes of B_{ij} and 0 on simplexes in B_i, but not in B_{ij}, is a well-defined element in $A^*(B_i)$

which will still be denoted by $t_j\varphi'_{ij\alpha}$. By the Extension Theorem of §VI. 1, we can also extend $\varphi''_{ij\alpha}$ to an element in $A^*(g^{-1}B_i)$, and we shall still denote such an arbitrary one by $\varphi''_{ij\alpha}$.

As a definition we put now

$$\psi_{ij} = \sum t_j\varphi'_{ij\alpha} \otimes \varphi''_{ij\alpha} \in A^*(B_i) \otimes A^*(g^{-1}B_i)$$

and write for simplicity

$$\psi_{ij} = t_j\varphi_{ij}.$$

Then we have

$$d_0\psi_{ij} = \sum t_j\varphi'_{ij\alpha} \otimes d\varphi''_{ij\alpha} = t_j d_0\varphi_{ij}.$$

In a similar way we also define from φ_{ij} an element

$$\psi_{ji} = t_i\varphi_{ij} \in A^*(B_j) \otimes A^*(g^{-1}B_j)$$

with

$$d_0\psi_{ji} = t_i d_0\varphi_{ij}.$$

If v_i, v_j are vertices not spanning any i-simplex of B, then we simply put

$$\psi_{ij} = 0 \in A^*(B_i) \otimes A^*(g^{-1}B_i),$$

and

$$\psi_{ji} = 0 \in A^*(B_j) \otimes A^*(g^{-1}B_j).$$

Now, we replace each ξ_i by

$$\xi'_i = \xi_i \sum d_0\psi_{ik} \in A^*(B_i) \otimes A^*(g^{-1}B_i),$$

the summation being extended over all vertices v_k of B of which only a finite number of terms is non-zero.

For each pair of vertices v_i, v_j spanning a i-simplex of B we have now

$$\begin{aligned}&\mathrm{Rest}_{ij}\xi_i' - \mathrm{Rest}_{ij}\xi_j'\\ =&\mathrm{Rest}_{ij}\xi_i - \mathrm{Rest}_{ij}\xi_j - \sum \mathrm{Rest}_{ij}(t_k d_0\varphi_{ik} - t_k d_0\varphi_{jk})\\ =&\mathrm{Rest}_{ij}\xi_i - \mathrm{Rest}_{ij}\xi_j - \sum t_k(\mathrm{Rest}_{ij}\xi_i - \mathrm{Rest}_{ij}\xi_j)\\ =&0,\end{aligned}$$

since $\sum t_k = 1$ on B_{ij}.

It follows that the collection of ξ_i' for all vertices $v_i \in B$ defines an element ξ' of E_0. Moreover, $d_0\xi' = d_0\xi = 0$ so that $\xi' \in Z(E_0)$, and passing to homology it becomes $\tilde{\eta}$. Hence, π is onto. In a similar way we prove that any element in the kernel of π is in the image of i, the proof of which will be omitted.

This proves Lemma 3 and also completes the proof of Lemma 2

Now, the two spectral sequences arising from filtrations of $A^*(Y)$ and $\overline{A}^*(Y)$ are in fact isomorphis to each other. To see this, let us define a DGA-morphism

$$h : \overline{A}^*(Y) \to A^*(Y) \tag{7}$$

as follows.

Let $\eta \in \overline{A}^{r,s}(Y) \subset \overline{A}^*(Y)$. To any $\tilde{\sigma} \in Y$, let $g\tilde{\sigma} = \sigma \in B$ with $i_{\tilde{\sigma}}$ as the inclusion $\tilde{\sigma} \subset g^{-1}\sigma$ and $g_{\tilde{\sigma}}$ as the projection $\tilde{\sigma} \to \sigma$. If for some vertex v_i of B we have $\sigma \in B_i$ and

$$\eta(v_i) = \sum \alpha_j \otimes \beta_j \in A^r(B_i) \otimes A^S(g^{-1}B_i),$$

we set

$$(h\eta)(\tilde{\sigma}) = \sum g_{\tilde{\sigma}}^A \alpha_j(\sigma) \cdot \beta_j(\tilde{\sigma}) \in A^{r+s}(\tilde{\sigma}).$$

Clearly, $(h\eta)(\tilde{\sigma})$, $\tilde{\sigma} \in Y$ is chosen independent of v_i, satisfies the compatibility condition and therewith determines a welldefined element $h\eta \in A^{r+s}(Y)$. The morphism $\eta \to h\eta$ clearly is also a DGA-morphism.

Lemma 4: The DGA-morphism h of (7) is an H-isomorphism so that we have

$$I^*(Y) \approx \min \overline{A}^*(Y).$$

Proof: It is easy to see that h respects filtrations of (1) and (4), viz.

$$hF^p\overline{A}^*(Y) \subset F^pA^*(Y).$$

It follows that h induces morphisms of corresponding Leray spectral sequences

$$h_r : E_r^p\overline{A}^*(Y) \to E_r^pA^*(Y).$$

From Lemmas 1 and 2 we have

$$h_2 : E_2^p\overline{A}^*(Y) \approx E_2^pA^*(Y).$$

From the isomorphism theorem of spectral sequences we get h_H as a module-iso-morphism. Since h preserves multiplications, the isomorphism h_H is also multiplicative or h is an H-isomorphism. It follows that

$$I^*(Y) \approx \min A^*(Y) \approx \min \overline{A}^*(Y),$$

as to be proved.

VII.3 Fiber-Square-Constructions and Fiber-Square-Theorem for I^*-Measures

Definition: Give a fibration

$$F \subset Y \underset{g}{\to} B \tag{F}$$

and a continuous map

$$f : X \to B$$

which induces a fibration

$$F \subset Z \underset{\bar{g}}{\rightarrow} X \qquad (f^*F)$$

with fiber space Z. Then, the commutative diagram of maps

$$(S) \qquad \begin{array}{ccc} F\subset Z & \xrightarrow{\bar{f}} & Y \\ \bar{g}\downarrow & & \downarrow g \\ X & \xrightarrow{f} & B \end{array}$$

will be said to form a **fiber-square**, and Z will be said to be determined by the **fiber-square-construction** from fibration (F) and map f. If (F) and f both are simplicial, so that (f^*F) also is simplicial, then the fiber-square will also be said to be **simplicial.**

Notation: The fiber-square-constructed space Z is sometimes also denoted by

$$Z = X \underset{B}{\times} Y$$

meaning the subspace of the topological product $X \times Y$, consisting of points (x, y) with $x \in X$, $y \in Y$ and $f(x) = g(y)$.

For a fiber square the homology of the fiber-square-constructed space Z is related to those of X, B, Y and interrelated morphisms by a spectral sequence due to Eilenberg-Moore. In more details, for any coefficient field $\boldsymbol{k}$, there is a spectral sequence

$$E_2 \approx \mathrm{Tor}(f^H, g^H) \Rightarrow H_{\boldsymbol{k}}^*(Z).$$

In case the spectral sequence collapses, so that $E_2 \approx H_{\boldsymbol{k}}^*(Z)$, then it serves to determine $H_{\boldsymbol{k}}^*(Z)$ from the knowledge of diagram

$$(D)_H \quad H_{\boldsymbol{k}}^*(X) \xleftarrow{f^H} H_{\boldsymbol{k}}^*(B) \xrightarrow{g^H} H_{\boldsymbol{k}}^*(Y).$$

In other words, $H_{\boldsymbol{k}}^*$ will be calculable with respect to the fiber-square-construction in such collapse cases.

Cases for which the Eilenberg-Moore spectral sequence collapses, have been considered by Baum, Smith, et al, However, in general this is not true, and H^*-measure of Z cannot be determined in this manner, except for very particular cases. In other words, $H^*_{\boldsymbol{k}}$-measure is **not calculable** with respect to the fiber-square-construction. On the other hand, as we shall show in this and in the next sections, I^*-measure is calculable with respect to the fiber-square-construction, or $I^*(Z)$ is completely determined from the knowledge of diagram

$$(D)_I \quad I^*(X) \xleftarrow{f^I} I^*(B) \xrightarrow{g^I} I^*(Y).$$

Passing to homology, this implies in particular that, in the case of $\boldsymbol{k}$ being of characteristic 0, $H^*(Z) = H^*_{\boldsymbol{k}}(Z)$ will be completely determined by $(D)_I$ but not at all by $(D)_H$ alone. Moreover, explicit formulae for the determination of $I^*(Z)$ and in particular $H^*(Z)$ in terms of $(D)_I$ can be given, which is impossible by means of $(D)_H$ alone, except for very special cases.

To state the final result, let us remark that f^I and g^I in $(D)_I$ will give rise to some right resp. left operations to make $I^*(X)$ resp. $I^*(Y)$ a right-resp. a left-DGA over $I^*(B)$, defined as follows:

$$R(f^I): \begin{cases} I^*(X) \otimes I^*(B) \to I^*(X), \\ \xi \otimes \beta \to \xi \cdot f^I\beta (\text{or simply } \xi\beta). \end{cases}$$

$$L(g^I): \begin{cases} I^*(B) \otimes I^*(Y) \to I^*(Y), \\ \beta \otimes \eta \to g^I\beta \cdot \eta (\text{or simply } \beta\eta). \end{cases}$$

with $I^*(X)$ thus considered a right-DGA on $I^*(B)$, we can form-as in §VII.1 with $i : B \to B$ the identity - a DGA $\text{Bar}(f^I, i^I) \approx \text{Bar}^{R(f^I)}(I^*(X))$ which also is a right-DGA over $I^*(B)$. As in §VII.1 , form again the DGA

$$\text{Bar}(f^I, g^I) \approx \text{Bar}(f^I, i^I) \underset{I^*(B)}{\otimes} I^*(Y) \approx \text{Bar}(f^I, i^I) \otimes I^*(Y)/I,$$

in which I is the sub-OGA generated by elements of the form

$$\zeta\beta \otimes \eta - \zeta \otimes \beta\eta$$

with $\zeta \in \mathrm{Bar}(f^I, i^I)$, $\beta \in I^*(B)$ and $\eta \in I^*(Y)$.

The final result may then be stated in the following

Theorem 1: The I^*-measure is calculable with respect to the fiber-square-constructions for simplicial fiber squares. More precisely, for a simplicial fiber-square (S) $I^*(Z)$ is completely determined by the knowledge of $(D)_I$ and is explicitely given by

$$I^*(Z) \approx \min\ \mathrm{Bar}(f^I, g^I). \tag{1}$$

We shall postpone the proof of the theorem to the next section, and - for the moment - we shall restrict ourselves to the derivation of some consequences of this theorem. As an immediate corollary - by passing to homology - we get from (1) the following

Theorem 2: For a simplicial fiber square (S) the H^*-measure of the fiber-square- constructed space Z is completely determined by the I^*-measures of the various spaces as well as the interrelated DGA-morphisms, as shown in $(D)_I$. More precisely, we have

$$H^*(Z) \approx \mathrm{Tor}\ (f^I, g^I), \tag{2}$$

or in current notations,

$$H^*(Z) \approx \mathrm{Tor}_{I^*(B)}(I^*(X), I^*(Y)). \tag{2$'$}$$

Since the ordinary fibration

$$(F) \quad \mathcal{F} \subset Y \xrightarrow{g} B$$

can also be considered a fiber-square (i_0 = inclusion)

$$\begin{array}{ccc} F \subset F & \xrightarrow{i_0} & Y \\ \bar{g}\big\downarrow & & \big\downarrow g \\ \mathrm{pt.} & \xrightarrow{i_0} & B \end{array}$$

as a corollary, we get the following

Theorem 3: The I^*-measure and in particular the H^*-measure of the fiber in a simplicial fibration is completely determined by the knowledge of the DGA-morphism

$$g^I : I^*(B) \to I^*(Y)$$

by means of the following formulae:

$$I^*(F) \approx \min \ \mathrm{Bar}(i_0^I, g^I), \tag{3}$$

$$H * (F) \approx \mathrm{Tor} \ (i_0^I, g^I), \tag{4}$$

or in current notation,

$$H^*(F) \approx \mathrm{Tor}_{I^*(B)}(\boldsymbol{k}, I^*(Y)). \tag{4$'$}$$

Once again, we remark that in all the above theorems for the complete determination of $I^*(Z)$ or $I^*(F)$, even for $H^*(Z)$ or $H^*(F)$, I^*-measures, but not the H^*-measures of B, X and Y should be used. Only in certain cases I^*-measures of B, X or Y coincide with the H^*-measures; then we can replace I^*-measures by H^*-measures for the determination of those of Z or F.

Such cases occur when the space involved is e.g.

(a) A Lie group.

(b) A compact symmetric space.

(c) A homogeneous space $M = G/H$ with G a compact connected Lie group and H a closed connected sub-group of maximal rank or of deficiency 0.

(d) The classifying space of a compact Lie group.

(e) Formal spaces like kompact Kahler manifolds, etc.

We shall take advantage of these facts and deduce some consequences, as follows. Let G be a compact connected Lie group and H

a closed connected subgroup of G. For fibrations with the homogeneous space $M = G/H$ as fiber and G as structural group we have the universal one:

$$(U) \quad G/H \subset B_H \xrightarrow{g} B_G,$$

in which B_H, B_G are classifying spaces with I^*- or H^*-measures polynomial DGA's. Let

$$I^*(B_G) \approx \text{Polym}\,(s_1, \cdots, S_N), \tag{5}$$

$$I^*(B_H) \approx \text{Polym}\,(s_{H_1}, \cdots, s_{HL}), \tag{6}$$

$$I^*(G) \approx \text{Extr}\,(p_1, \cdots, p_N), \tag{7}$$

in which p_μ are primitive elements with s_μ as transgressions. Rewrite the above fibration in the form of a fiber-square

$$\begin{array}{ccc} G/H & \longrightarrow & B_H \\ \downarrow & & \downarrow g \\ \text{pt.} & \xrightarrow{i_0} & B_G \end{array}$$

Then, Theorem 3 gives

$$I^*(G/H) \approx \min\,(\text{Bar}\,(i_0^I, g^I)). \tag{8}$$

By Theorem 2 of §VII.2 there is a DGA-morphism of $\text{Kosz}(i^I, g^I)$ in $\text{Bar}(i^I, g^I)$ which induces an H-isomorphism. Hence, we also get

$$I^*(G/H) \approx \min\,(\text{Kosz}\,(i_0^I, g^I)). \tag{8$'$}$$

In the present case we see that

$$\text{Kosz}\,(i_0^I, g^I)) \approx \text{Extr}(p_1, \cdots, p_N) \otimes \text{Polym}\,(s_{H_1}, \cdots, s_{HL}) \tag{9}$$

with a differential given by

$$\begin{cases} dp_\mu = g^I s_\mu, \\ ds_{H\lambda} = 0. \end{cases} \tag{10}$$

We see that this is just the Cartan algebra associated to the homogeneous space G/H, as defined in Chap.V. Hence, we have deduced the Cartan theorem from the fiber-square theorem with an alternative formulation, in the following

Theorem 4: Let G be a compact connected Lie group and H a closed connected subgroup, then the I^*-measure of the homogeneous space G/H is given by

$$\begin{aligned} I^*(G/H) &\approx \min\,(\mathrm{Kosz}\,(i_0^I, g^I)) \\ &\approx \min\,(\mathrm{Kosz}\,(i_0^H, g^H)), \end{aligned} \tag{11}$$

where i_0 : pt. $\subset B_G$ is the inclusion and $g : B_H \to B_G$ is the projection of the universal fibration (U). In passing to homology we have in particular

$$\begin{aligned} H^*(G/H) &\approx \mathrm{Tor}\,(i_0^I, g^I) \\ &\approx \mathrm{Tor}\,(i_0^H, g^H). \end{aligned} \tag{11'}$$

Consider now a general fibration with fiber G/H and a structural group G, as before:

$$(\varepsilon)\ G/H \subset E \to B. \tag{$\mathcal{E}$}$$

Let the fibration be induced by the universal one, by a map

$$f : B \to B_G$$

so that we have a fiber square:

$$\begin{array}{ccc} G/H\subset E & \longrightarrow & B_H \\ \downarrow & & \downarrow g \\ B & \xrightarrow[f]{} & B_G \end{array}$$

By the fiber square theorem we then can determine $I^*(E)$ and $H^*(E)$ by means of the diagram

$$I^*(B) \xleftarrow{f^I} I^*(B_G) \xrightarrow{g^I} I^*(B_H),$$

as before.

Now, for the classifying spaces B_H and B_G the I^*-measure coincides with the H^*-measure. If B is certain space for which the I^*-measure coincides also with the H^*-measure, then - in the above theorem - we can replace all the I^*-measures of B_H, B_G and B by H^*-measures. Thus, we get the following results due to Baum, Smith, Wolf, et al.

Theorem 5: (Baum-Smith) If the base space of the fibration $\mathcal{E}$ is a Riemannian symmetric space then

$$I^*(E) \approx \min\ \mathrm{Bar}\ (f^H, g^H), \tag{12}$$

and

$$H^*E \approx \mathrm{Tor}\ \ (f^H, g^H) \tag{13}$$

or in current notations,

$$H^*E \approx \mathrm{Tor}\ _{H^*(B_G)}(H^*(B), H^*(B_H)). \tag{13'}$$

Theorem 6: (Wolf) If the base space of the fibration $(\mathcal{E})$ itself is a homogeneous space G'/H' of which G' is a compact connected Lie group, and H' is a closed connected subgroup of deficiency 0 or of maximal rank, then again we have (12) and (13) or $(13)'$.

VII.4 Proof of the Fiber-Square-Theorem

Consider the fiber-square

$$(S) \qquad \begin{array}{ccc} F\subset Z & \xrightarrow{\bar{f}} & Y \\ {\scriptstyle \bar{g}}\downarrow & & \downarrow{\scriptstyle g} \\ X & \xrightarrow{f} & B \end{array}$$

as in §VII.3. We have then induced DGA-morphisms

$$(D)_A \quad A^*(X) \xleftarrow{f^A} A^*(B) \xrightarrow{g^A} A^*(Y)$$

and

$$(D)_I \quad I^*(X) \xleftarrow{f^I} I^*(B) \xrightarrow{g^I} I^*(Y)$$

The idea of the proof is to get first some expression of $I^*(Z)$ in terms of diagram $(D)_A$, and then deduce the expression in terms of $(D)_I$, which is the required one.

Let $V = \{v_i\}$ and $W = \{w_j\}$ be the sets of vertices of B and X respectively.

In §VII.3 we have defined, for the fibration

$$(F) \quad F \subset Y \xrightarrow{g} B$$

and, hence, also for the induced fibration

$$(f^*F) \quad F \subset Z \xrightarrow{\overline{g}} X$$

some DGA's

$$\overline{A}^*(Y) = \sum \overline{A}^q(Y), \quad \overline{A}^q(Y) = \sum_{r+s=q} \overline{A}^{r,s}(Y),$$
$$\overline{A}^*(Z) = \sum \overline{A}^q(Z), \quad \overline{A}^q(Z) = \sum_{r+s=q} \overline{A}^{r,s}(Z),$$
$$\overline{A}^{r,s}(Y) = \{\eta(v_i) \in A^r(B_i) \otimes A^s(g^{-1}B_i), v_i \in V/(C_Y)\},$$
$$\overline{A}^{r,s}(Z) = \{\zeta(w_j) \in A^r(X_j) \otimes A^s(\overline{g}^{-1}X_j), w_j \in W/(C_Z)\},$$

in which $(C_Y), (C_Z)$ denote some natural compatibility conditions and X_j the subcomplex of X analogous to B_i of B, described in §VII.3.

Now, define a DGA-morphism

$$\imath_B : A^*(B) \to \overline{A}^*(Y)$$

simply by setting for any $\beta \in A^r(B)$ and any vertex v_i of B,

$$(\imath_B\beta)(v_i) = g^A\beta(B_i) \otimes 1 \in A^r(B_i) \otimes A^0(g^{-1}B_i).$$

By §VII.1, $\imath_B$, f^A will then turn $\overline{A}^*(Y)$ into a left-DGA and $A^*(X)$ into a right-DGA over $A^*(B)$ respectively, so that we car define a quotient DGA

$$A^*(X) \underset{A^*(B)}{\otimes} \overline{A}^*(Y)$$

from $A^*(X) \otimes \overline{A}^*(Y)$ with projection denoted by π, say.

Then, define DGA-morphisms

$$\gamma : \overline{A}^*(Y) \to \overline{A}^*(Z),$$
$$\lambda : A^*(X) \otimes \overline{A}^*(Y) \to \overline{A}^*(Z)$$

as follows.

Let $w_j \in W$, $f(w_j) = v_i \in V$. Let $\eta \in \overline{A}^*(Y)$ and $\eta(v_i) = \sum \alpha_{is} \otimes \beta_{is} \in A^*(B_i) \otimes A^*(g^{-1}B_i)$. Set by definition

$$(\gamma(\eta))(w_j) = f_j^A \alpha_{is} \otimes \overline{f}_j^A \beta_{is} \in A^*(X_j) \otimes A^*(\overline{g}^{-1} X_j),$$

in which

$$f_j : X_j \to B_i, \quad \overline{f}_j : \overline{g}^{-1} X_j \to \overline{g}^{-1} B_i$$

are simplicial maps which are restrictions of f and $\overline{f}$ to X_j and $\overline{g}^{-1}X_j$ respectively. It is clear that $\gamma(\eta)$ is a well-defined element of and $\overline{A}^*(Z)$, and γ is a DGA-morphism. For the definition of λ we simply set then

$$\lambda(\xi \otimes \eta) = \imath_X(\xi) \cdot \gamma(\eta)$$

for any $\xi \in A^*(X)$, $\eta \in \overline{A}^*(Y)$, where

$$\imath_X : A^*(X) \to \overline{A}^*(Z)$$

is defined as $\imath_B$.

With $A^*(X)$ as right DGA over $A^*(B)$ by f^A, we can construct by §VII.1 $\mathrm{Bar}^{R(f^A)}(A^*(X))$ as right-DGA over $A^*(B)$ and form the quotient algebra

$$P^* = \mathrm{Bar}^{R(f^A)}(A^*(X)) \underset{A^*(B)}{\otimes} \overline{A}^*(Y).$$

There is also a natural DGA-morphism

$$\varepsilon : \mathrm{Bar}^{R(f^A)}(A^*(X)) \to A^*(X),$$

defined by $\varepsilon(\xi[\ ]\beta) = \xi \cdot f^A\beta$, while $\varepsilon(\xi[\beta_1|\cdots|\beta_n]\beta) = 0$ for $n \geqslant 1$, in which $\xi \in A^*(X)$, $\beta_i \in (A^*(B))^+$,and $\beta \in A^*(B)$.

From λ, π and ε we can then complete the following commutative diagram by introducing natural DGA-morphisms μ and θ:

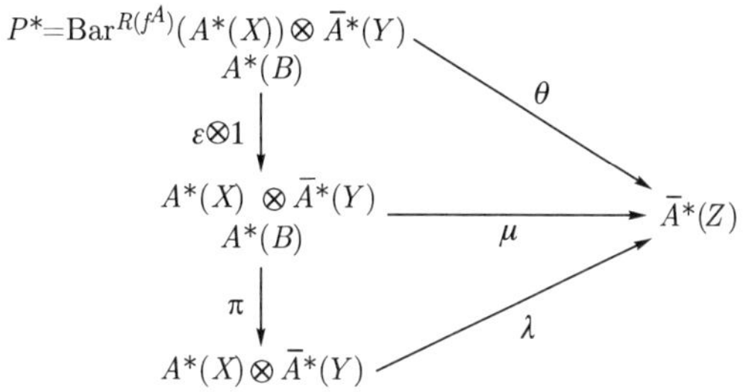

By §VII.3, associating to the fibrations (F) and (f^*F) we have filtrations

$$F^p\overline{A}^*(Y) = \sum_{r\geqslant p} \overline{A}^{r,*}(Y),$$
$$F^p\overline{A}^*(Z) = \sum_{r\geqslant p} \overline{A}^{r,*}(Z)$$

with

$$E_2^p\overline{A}^*(Y) \approx H^*(B) \otimes H^*(F) \Rightarrow H^*(Y),$$

and

$$E_2^p\overline{A}^*(Z) \approx H^p(X) \otimes H^*(F) \Rightarrow H^*(Z).$$

Now, filtrate P^* by

$$F^p P^* = \sum_i [\mathrm{Bar}^{R(f^A)}(A^*(X))]^i \underset{A^*(B)}{\otimes} F^{p-i}\overline{A}^*(Y).$$

Then we have successively:

$$E_0^p P^* \approx \sum_i [\mathrm{Bar}^{R(f^A)}(A^*(X))]^i \underset{A^*(B)}{\otimes} E_0^{p-i}\overline{A}^*(Y), d_0 = d_0|E_0\overline{A}^*(Y),$$
$$E_1^p P^* \approx \sum_i [\mathrm{Bar}^{R(f^A)}(A^*(X))]^i \underset{A^*(B)}{\otimes} A_0^{p-i}(B) \otimes H^*(F)$$
$$\approx [\mathrm{Bar}^{R(f^A)}(A^*(X))]^p \otimes H^*(F), d_1 = d|\mathrm{Bar}^{R(f^A)}(A^*(X)),$$
$$E_2^p P^* \approx H^p(X) \otimes H^*(F),$$

and

$$E_2^p P^* \Rightarrow H(P^*).$$

For the DGA-morphism $\theta : P^* \to \overline{A}^*(Z)$ we have

$$\theta F^p P^* \subset F^p \overline{A}^*(Z)$$

so that θ induces morphisms of spectral sequences

$$\theta_r : E_r P^* \to E_r \overline{A}^*(Z).$$

Since

$$\theta_2 : E_2 P^* \approx E_2 \overline{A}^*(Z)[\approx H^*(X) \otimes H^*(F)]$$

we see that additively

$$\theta_H : H(P^*) \approx H(\overline{A}^*(Z)[\approx H^{\otimes}(Z)].$$

Since θ is multiplicative, θ_H is also a multiplicative isomorphism or θ is an H-isomorphism. It follows that

$$I^*(Z) \approx \min\ \overline{A}^*(Z) \approx \min\ P^*$$

or

$$I^*(Z) \approx \min\,(\mathrm{Bar}^{R(f^A)}(A^*(X)) \underset{A^*(B)}{\otimes} \overline{A}^*(Y)).$$

In particular, we have in passing to homology,

$$H^*(Z) \approx \mathrm{Tor}\,(f^A, \imath_B) \approx \mathrm{Tor}_{\,A^*(B)}(A^*(X), \overline{A}^*(Y)).$$

The last two formulae give explicit expressions for the determination of the I^*-measure and, hence, also of the H^*-measure of Z from diagram $(D)_A$, in terms of the A^*-measures of various spaces involved. However, as we have pointed out in §I.4, A^*-measures are not desirable, so we have to replace the A^*-measures in these formulae by measures meeting the requirements stated in §I.4, here viz. the I^*-measures of the various spaces.

For this purpose, let us remark that $I^*(Y) \approx \min \overline{A}^*(Y)$ by §VII.2, and thus consider the following commutative diagram of DGA-morphisms:

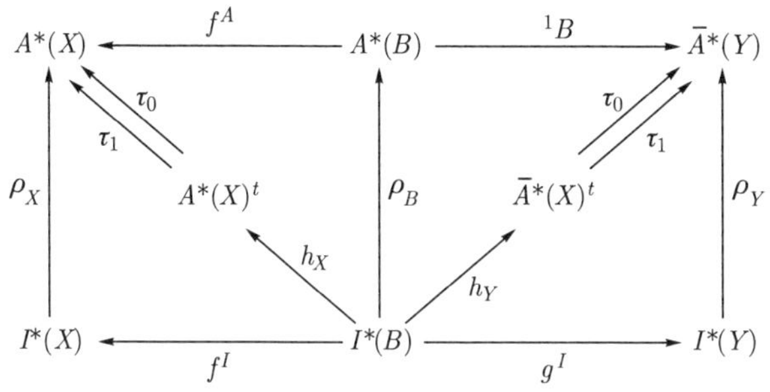

In the diagram ρ_X, ρ_B, ρ_Y are associated minimal morphisms, and h_X, h_Y, etc. arise from the $\simeq$-commutativity of the DGA-morphisms $\rho_X f^I \simeq f^A \rho_B$ and $\rho_Y g^I \approx \imath_B \rho_B$.

From the above commutative diagram of DGA-morphisms we get then the following commutative one

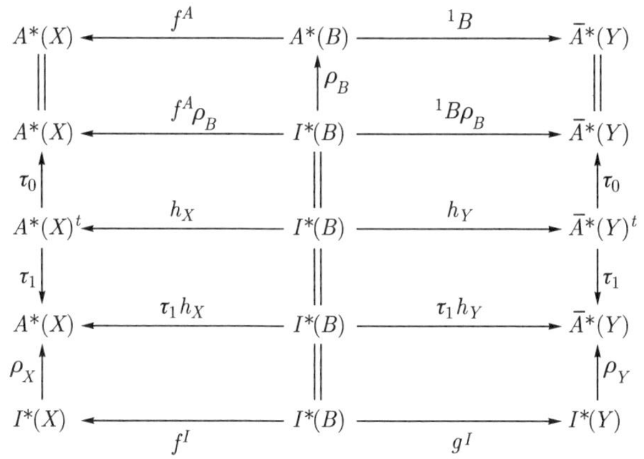

Since each vertical arrow is either an identity or an H-isomorphism, we have by §VII.1 a sequence of isomorphisms

$$\min\,(\mathrm{Bar}^{R(f^A)}(A^*(X)) \underset{A^*(B)}{\otimes} \overline{A}^*(Y))$$

$$\approx \cdots$$

$$\approx \min\,(\mathrm{Bar}^{R(f^I)}(I^*(X)) \underset{I^*(B)}{\otimes} I^*(Y))$$

in which the expressions omitted are analog to those obtained from the middle rows of the last diagram. From this we immediately get the theorem to be proved.

VII.5 Fiber-Space Theorem and Other Applications

Consider a simplicial fibration

$$(F) \quad F \subset Y \overset{g}{\to} B$$

as a fiber square

$$\begin{array}{ccc} F \subset F & \xrightarrow{\overline{f}} & Y \\ \overline{g}\big\downarrow & & \big\downarrow g \\ \text{pt.} & \xrightarrow{f} & B \end{array}$$

in which f, $\overline{f}$ are inclusions. By the fiber-square theorem we have then

$$I^*(F) \approx \min \ A^*(F), \tag{1}$$

where

$$A^*(F) \approx \text{Bar}(f^I, g^I) \approx \Omega(I^*(B)) \otimes I^*(Y). \tag{2}$$

The differential on the right-hand side, or the one in $A^*(F)$, to be written as d_F for the sake of distinguishing with the others, is in the form ($b_j \in I^*(B)$, deg $b_j > 0$, $y \in A^*(F)$) :

$$\begin{aligned} d_{\mathcal{F}}([b_1|\cdots|b_n]y) = & \sum(-1)^{d_i}[b_1|\cdots|b_ib_{i+1}|\cdots|b_n]y \\ & + (-1)^{d_n}\cdot[b_1|\cdots|b_{n-1}]b_ny \\ & - \sum(-1)^{d_{i-1}}\cdot[b_1|\cdots|db_i|\cdots|b_n]y \\ & + (-1)^{d_n}\cdot[b_1|\cdots|b_n]dy, \end{aligned} \tag{3}$$

in which

$$d_i = \sum_{j=1}^{i}(\deg b_j - 1), \quad i = 1, \cdots, n \tag{4}$$

and

$$b_n y = g^I b_n \cdot y.$$

Let $i_B : B \to B$ be the identity map inducing the identity morphism

$$i_B^I : I^*(B) \to I^*(B).$$

Then

$$\begin{aligned}\mathrm{Bar}(i_B^I, g^I) &\approx I^*(B) \otimes \mathrm{Bar}(f^I, g^I) \\ &\approx I^*(B) \otimes A^*(F) \qquad (5)\end{aligned}$$

will have a differential d in the form

$$d = d_{\otimes} + d_{\tau}, \qquad (6)$$

where $d_{\otimes}$ is just the differential in $I^*(B) \otimes A^*(F)$ as a tensor product, while d_τ is given by

$$d_\tau(b[b_1|\cdots|b_n]y) = (-1)^{\deg b} \cdot bb_1[b_2|\cdots|b_n]y. \qquad (7)$$

Such a differential d , as in §II.2, is said to be a **twisted** one in the tensor product $I^*(B) \otimes A^*(F)$ with the **twisted part** d_τ. Thus, we write the tensor product in the form $I^*(B) \underset{\tau}{\otimes} A^*(F)$ to make this fact evident. Applying the fiber-square theorem to the trivial fiber-square

$$\begin{array}{ccc} F\subset Y & \longrightarrow & Y \\ \downarrow & & \downarrow g \\ B & \xrightarrow{i_B} & B \end{array}$$

we get then

$$I^*(Y) \approx \min\ \mathrm{Bar}(i_B^I, g^I)$$

or

$$I^*(Y) \approx \min\ (I^*(B) \underset{\tau}{\otimes} A^*(F)). \qquad (8)$$

The above formula shows in a quite concise form that the I^*-measure of the fiber-space Y can be determined by the I^*-measure of B and the A^*-measure of F with a certain twisted differential in the corresponding tensor product. However, since the A^*-measure is not a desirable one, we have to replace the A^*-measure by some more adequate ones, viz. the I^*-measure of F. In fact, we have the following theorem which already has been proved in §VI.5. Here, we have an alternative proof as a consequence of the above fiber-square-theorem, by means of theorems of Moore in §II.6. Now, we restate the theorem in question, as follows.

Theorem 1: (Fiber-Space Theorem) For a simplicial fibration

$$F \subset Y \xrightarrow{g} B$$

the I^*-measure of the fiber space Y is given by

$$I^*(Y) \approx \min\,(I^*(B) \underset{\tau}{\otimes} I^*(F)), \tag{9}$$

in which $I^*(B) \underset{\tau}{\otimes} I^*(F)$ is the tensor product with a certain twisted differential

$$d = d_{\otimes} + d_{\tau}. \tag{10}$$

In particular, we have

$$H^*(Y) \approx H(I^*(B) \underset{\tau}{\otimes} I^*(F)). \tag{11}$$

The above Fiber-Space Theorem shows how the I^*-and, hence, also H^*-measure of a fiber space can be determined by the I^*-measures of the base and the fiber, as far as some twisted differential is known. In §VI.6 we have shown that, in some important cases, such twisted differentials can be determined explicitly.

Further examples will be given below. We start with the following

Definition: Consider an universal fibration

$$(U)_F \quad F \subset E_F \to B_G$$

with structural group G, classifying space B_G, and fiber F on which G operates. Let

$$(F)_F \quad F \subset E \to B$$

be the fibration induced by a map

$$f : B \to B_G$$

from the universal fibration $(U)_F$. Then, for any element $x \in I^*(B_G)$, the element $f^I x \in I^*(B)$ where $f^I : I^*(B_G) \to I^*(B)$ is a DGA-morphism induced by f will be called the **characteristic element** corresponding to the element x and the induced morphism f^I.

If $dx = 0$ then passing to homology the class of $f^I x$ in $H(B)$ is uniquely determined by the class of x in $H(B_G)$ and is the usual **characteristic class** of the fibration $(F)_F$ corresponding to the homology class of x. In particular, for a fibration with orthogonal groups as structural group, we may speak of **Euler element** and **Pontrjagin elements** corresponding to the usual Euler class and Pontrjagin classes of the fibration and, similarly, for **Chern elements** for fibrations with unitary groups as structural group.

Let G/H be a homogeneous space with G a compact connected Lie group and H a closed connected subgroup. Let

$$(F) \quad G/H \subset E \to B$$

be a fibration with fiber G/H and structural group G, induced by

$$f : B \to B_G$$

from the universal fibration

$$(U) \quad G/H \subset B_H \to B_G.$$

As in §V.5, we have

$$I^*(G) \approx \text{Extr}\,(p_1, \cdots, p_N)$$

with p_μ primitive elements and

$$I^*(B_G) \approx \text{Polym}\,(s_1, \cdots, s_N)$$

with s_μ some definite transgression of p_μ. Since $I^*(B_G)$ is a polynomial algebra, we get from the Fiber-Square Theorem by using theorems of §VII.1

$$I^*(G/H) \approx \min\ \text{Kosz}\,(i_0^I, g^I),$$
$$I^*(E) \approx \min\ \text{Kosz}\,(f^I, g^I).$$

By §VII.1 , we see that

$$\text{Kosz}\,(i_0^I, g^I) \approx \text{Extr}\,(x_1, \cdots, x_N) \otimes I^*(B_H)$$

with a differential

$$dx_\mu = -g^I s_\mu, \quad d|I^*(B_H) = 0.$$

It follows that, by taking primitives p_μ of $I^*(G) \approx H^*(G)$ with s_μ as transgressives and setting

$$x_\mu = -p_\mu,$$

the DGA Kosz (i_0^I, g^I) is seen to be just the Cartan algebra C associated to the pair (G, H) , as described in §V.4.

Similarly, we have

$$\text{Kosz}\,(f^I, g^I) \approx I^*(B) \otimes \text{Extr}\,(x_1, \cdots, x_N) \otimes I^*(B_H)$$

with a differential d given by

$$dx_\mu = f^I s_\mu - g^I s_\mu,$$

and with d on $I^*(B)$ and $I^*(B_H)$ the original ones. Comparing with the Cartan algebra and the corresponding differential we see, that

$$\text{Kosz}\,(f^I, g^I) \approx I^*(B) \underset{\tau}{\otimes} C$$

with differential $d = d_{\otimes} + d_{\tau}$ of which the twisted part d_{τ} is given by

$$d_{\tau} p_{\mu} = -f^I s_{\mu},$$
$$d_{\tau} | I^*(B_H) = 0.$$

The twisted part d_{τ} is thus determined by $f^I s_{\mu}$, the characteristic elements of the fibration (F) corresponding to s_{μ} and f^I.

Let

$$\rho : I^*(G/H) \to C$$

be the minimal morphism, then we have

$$\begin{aligned} I^*(E) &\approx \min \text{ Kosz } (f^I, g^I) \\ &\approx \min (I^*(B) \underset{\tau}{\otimes} C) \\ &\approx \min (I^*(B) \underset{\tau}{\otimes} I^*(G/H)). \end{aligned}$$

for which the twisted part in the last tensor product is the one induced by that of $I^*(B) \underset{\tau}{\otimes} C$ under ρ, or

$$d_{\tau} x = d_{\tau} \rho x$$

for any $x \in I^*(G/H)$.

The result can thus be formulated in the following form:

Theorem 2: For a fibration (F) with fiber a homogeneous space G/H as above, the I^*-measure, and hence also the H^*-measure, of the fiber space is completely determined by the I^*-measure of the base, the Cartan algebra of the homogeneous space and the characteristic elements $f^I s_{\mu}$ of the fibration. In more details

$$I^*(E) \approx \min (I^*(B) \underset{\tau}{\otimes} I^*(G/H)),$$
$$H^*(E) \approx H(I^*(B) \underset{\tau}{\otimes} I^*(G/H)),$$

with a twisted differential in the tensor product of which the twisted part is determined by the characteristic elements.

Now, consider the particular case of a sphere bundle with fiber an m-sphere as a homogeneous space

$$S^m = SO(m+1)/SO(m).$$

We have thus an universal bundle

$$(U)_m \quad S^m \subset B_{SO(m)} \xrightarrow{g} B_{SO(m+1)}.$$

First let $m = 2n-1$ be odd. Then

$$\begin{aligned} &I*(SO(2n)) \approx \text{Extr}\,(p_1, \cdots, p_n),\\ &I^*(B_{SO(2n)}) \approx \text{Polym}\,(s_1, \cdots, s_n),\\ &I^*(B_{SO(2n-1)}) \approx \text{Polym}\,(s_{H_1}, \cdots, s_{H,n-1}),\end{aligned}$$

in which $(\mu = 1, \cdots, n-1; k = 1, \cdots, n)$

$$\begin{aligned} &\deg p_\mu = 4\mu - 1, && \deg p_n = 2n-1,\\ &\deg s_\mu = \deg s_{H_\mu} = 4, && \deg s_n = 2n,\\ &s_k = \text{transgression of } p_k, &&\\ &g^I s_\mu = s_{H\mu}, && g^I s_n = 0.\end{aligned}$$

The Cartan algebra is given by

$$C \approx \text{Extr}\,(p_1, \cdots, p_n) \otimes \text{Polym}\,(s_{H_1}, \cdots, s_{H,n-1})$$

with differential d_C given by

$$\begin{aligned} &d_C p_\mu = g^I s_\mu = s_{H\mu}, \quad d_C p_n = 0,\\ &d_C s_{H\mu} = 0.\end{aligned}$$

The I^*-measure of S^{2n-1} thus is

$$I^*(S^{2n-1}) \approx \min\, C \approx \text{Free}\,(x)$$

with a single generator x of degree $2n-1$, and the minimal morphism ρ is given by

$$\rho x = p_n.$$

Hence, for a sphere-fibration

$$(S)_{2n-1} \quad S^{2n-1} \subset E \xrightarrow{g} B$$

induced by a map $f : B \to B_{SO(2n)}$ from $(U)_{2n-1}$ we have

$$\begin{aligned} I^*(E) &\approx \min\,(I^*(B) \underset{\tau}{\otimes} I^*(S^{2n-1})) \\ &\approx \min\,(I^*(B) \underset{\tau}{\otimes} \text{Free}\,(x)). \end{aligned}$$

The twisted part of the differential is given by

$$d_\tau x = -f^I s_n,$$

where $f^I s_n$ is the characteristic element whose homology class is the Euler class of the bundle.

Next, consider the case $m = 2n$ even. Then,

$$\begin{aligned} I^*(SO(2n+1)) &\approx \text{Extr}\,(p_1, \cdots, p_n), \\ I^*(B_{SO(2n+1)}) &\approx \text{Polym}\,(s_1, \cdots, s_n), \\ I^*(B_{SO(2n)}) &\approx \text{Polym}\,(s_{H1}, \cdots, s_{Hn}). \end{aligned}$$

in which $(\mu = 1, \cdots, n-1;\ k = 1, \cdots, n)$

$$\begin{aligned} &\deg p_k = 4k-1, && \deg s_k = 4k, \\ &\deg s_{H\mu} = 4\mu, && \deg s_{Hn} = 2n, \\ &s_k = \text{transgression of } p_k, && \\ &g^I s_\mu = s_\mu, && g^I s_n = c_n s_{Hn}^2. \end{aligned}$$

The c_n is certain non-zero rational number, dependent on n which does not interest us. In fact, because of the fact that the basic field is of characteristic 0, the generators may be chosen up to non-zero multiples, so that c_n may be absorbed. Thus, the Cartan algebra is given by

$$c \approx \mathrm{Extr}\,(p_1, \cdots, p_n) \otimes \mathrm{Polym}\,(s_{H1}, \cdots, s_{Hn})$$

with differential d_C given by

$$\begin{aligned} &d_C p_\mu = s_{H\mu}, \quad d_C p_n = c_n s_{Hn}^2, \\ &d_C s_{Hk} = 0. \end{aligned}$$

Thus, we have

$$I^*(S^{2n}) = \min\ C \approx \mathrm{Free}\,(x, y)$$

with

$$\begin{aligned} &\deg x = 4n-1, \quad \deg y = 2n, \\ &dx = c_n y^2, \qquad\quad dy = 0. \end{aligned}$$

and the minimal morphism $\rho : I^*(S^{2n}) \to C$ given by

$$\rho x = p_n, \quad \rho y = s_{Hn}.$$

For a sphere-fibration

$$(S)_{2n} \quad S^{2n} \subset E \xrightarrow{g} B$$

induced by a map $f : B \to B_{SO(2n+1)}$ from $(U)_{2n}$ we therefore have

$$\begin{aligned} I^*(E) &\approx \min\,(I^*(B) \underset{\tau}{\otimes} I^*(S^{2n})) \\ &\approx \min\,(I^*(B) \underset{\tau}{\otimes} \mathrm{Free}\,(x, y)). \end{aligned}$$

The twisted part of the differential is given by

$$\begin{aligned} &d_\tau x = -f^I s_n, \\ &d_\tau y = 0. \end{aligned}$$

in which $f^I s_n$ is the characteristic element of the fibration whose homology class is the ordinary Pontrjagin class in dimension $4n$.

Summarizing up, we have the following

Theorem 3: For a sphere-fibration $(S)_m$ the I^*-measure, and hence also the H^*-measure, of the fiber space E is completely determined by the I^*-measure of the base B and some characteristic element of the fibration. More explicitly, we have:

For $m = 2n - 1$ odd,

$$I^*(E) \approx \min\,(I^*(B) \underset{\tau}{\otimes} \text{Free}\,(x)),$$
$$H^*(E) \approx H(I^*(B) \underset{\tau}{\otimes} \text{Free}\,(x)),$$

with

$$\deg x = 2n - 1, \quad dx = -e,$$

where e is the Euler element of the fibration.

For $m = 2n$ even,

$$I^*(E) \approx \min\,(I^*(B) \underset{\tau}{\otimes} \text{Free}\,(x, y)),$$
$$H^*(E) \approx H(I^*(B) \underset{\tau}{\otimes} \text{Free}\,(x, y)),$$

with

$$\deg x = 4n - 1, \deg y = 2n,$$
$$dx = c_n y^2 - \pi_n,$$
$$dy = 0,$$

where π_n is the Pontrjagin element of degree $4n$ of the fibration. As an application let us consider e.g. the Thom space T of a sphere fibration $(S)_m$. In fact, let D be the associated disc-fibration of $(S)_m$. Then, D is contractible to B, so that for the inclusion $j : E \subset D$ the induced DGA-morphism $j^I : I^*(D) \to I^*(E)$ is the same as the DGA-morphism

$$g^I : I^*(B) \to I^*(E) \approx \min\,(I^*(B) \underset{\tau}{\otimes} I^*(S^m)).$$

Since the Thorn space T is homotopically the space obtained from D by erecting a cone over the subspace E, the method of Chap. VI can be applied to determine $I^*(T)$ from g^I. By the same Chapter, instead of g^I, we can also use the natural inclusion DGA-morphism

$$k : I^*(B) \subset I^*(B) \underset{\tau}{\otimes} I^*(S^m)$$

for the determination of $I^*(T)$.

Thus, consider first the case $m = 2n - 1$ odd, so that $I^*(S^m) =$ Free (x) with $d_\tau x = -e$. As in Chapter VI, form a DGA

$$\widetilde{I}(B)^* \approx I^*(B) \otimes \text{Free}\,(x^0, x^+)$$

with deg $x^0 = 2n - 1$, deg $x^+ = 2n$ and $dx^0 = x^+$, $dx^+ = 0$. Extend also the DGA-morphism k to one $\widetilde{k} : \widetilde{I}^*(B) \to I^*(B) \underset{\tau}{\otimes} I^*(S^{2n-1})$ by $\widetilde{k} = k|I^*(B)$, $\widetilde{k}(x^0) = x$, $\widetilde{k}(x^+) = dx = -e$. Then, $(\text{Ker } \widetilde{k})^+$ is the ideal in $\widetilde{I}^*(B)$ generated by $u = x^+ + e$. Since min Ker $\widetilde{k} \approx I^*(T)$ and $H^S(B) \approx H_S(I^*(B)) \approx H_S(\widetilde{I}^*(B))$, we see that the module-morphism $z \to zu$ for $z \in I^*(B)$ will give rise to module-isomorphisms $H^S(B) \approx H^{S+2n}(T)$. This is just the Thom isomorphism of the spherefibration $(S)_{2n-1}$.

Next, consider the case $m = 2n$ even. Then, for the determination of $I^*(T)$ we have to consider the natural inclusion morphism

$$k : I^*(B) \subset I^*(B) \underset{\tau}{\otimes} \text{Free}\,(x, y)$$

with x, y given, as in Theorem 3. To facilitate the calculations let us replace $I^*(B) \underset{\tau}{\otimes} \text{Free}\,(x, y)$, as it is clearly legitimate by §II,6, by another DGA $J^*(B)$ obtained from $I^*(B)$, by adjoining a single generator $\overline{y}$ such that

$$\deg \overline{y} = 2n, \quad c_n \overline{y}^2 = \pi_n, \quad d\overline{y} = 0.$$

Form now a DGA

$$\widetilde{I}^*(B) \approx I^*(B) \otimes \text{Free}\,(y^0, y^+)$$

with deg $y^0 = 2n$, deg $y^+ = 2n+1$, $dy^0 = y^+$, $dy^+ = 0$. Extend also the natural inclusion $\overline{k} : I^*(B) \subset J^*(B)$ to a DGA-morphism

$$\widetilde{k} : \widetilde{I}^*(B) \to J^*(B)$$

such that

$$\widetilde{k}(y^0) = \overline{y}, \quad \widetilde{k}(y^+) = 0.$$

It follows that $(\mathrm{Ker}\ \widetilde{k})^+$ is an ideal in $\widetilde{I}^*(B)$ with generators

$$u = c_n(y^0)^2 - \pi_n, \quad v = y^+$$

such that

$$du = 2c_n y^0 v, \quad dv = 0.$$

For any element w in $(\mathrm{Ker}\ \widetilde{k})^+$ we can write it in the form

$$w = \sum_{i\geqslant 1}(a_i + a_i' y^0)a^i + \sum_{\geqslant 0}(b_i + b_i' y^0)u^i v$$

with $b, a', b' \in I^*(B)$ while $a \in I^*(B) \times \text{Free }(y^0)$.

Then, w will be a cycle if and only if

$$da_i = 0, \quad da_i' = 0, \quad a_i \sim 0, \quad a_i' \sim 0.$$

We have then

$$w \sim zv$$

with z a cycle in $I^*(B) \times \text{Free }(y^0, y^+)$. As in the preceding case, it follows that the module-morphism $z \to zv$ will give rise to the Thom-isomorphism $H^S(B) \approx H^{S+2n+1}(T)$ in $(S)_{2n}$.

We may summarize the results as in the following

Theorem 4: For sphere-fibrations the I^*-measure is calculable with respect to the Thom-space construction. More precisely, the I^*-measure, and hence also the H^*-measure, of the Thom-space of a sphere-fibration is completely determined by the I^*-measure (but not the H^*-measure) of the base space as well as by certain characteristic element of the fibration which, when passing to homology, is either the Euler class or the Pontrjagin class in the top dimension, according to the dimension of the fiber-sphere being odd or even.

Bibliography

Andrews, P. & Arkowitz, M.

1. Sullivan's minimal models and higher order Whitehead products. Canadian J. Math. 30(1978), 961-982.

Babenko, L. K.

1. Lie algebras of homotopy groups of minimal Sullivan models. Math. Notes 20(1976), 1005-1011.

Baues, H. J. & Lemaire, J. M.

1. Minimal models in homotopy theory. Math. Ann. 225(1977), 219-242.

Baum, P. F.

1. On the cohomology of homogeneous spaces. Topology 7(1968), 15-38.

Baum, P. F. & Smith, L.

1. The real cohomology of differential fiber bundles. Comm. Math. Helv. 42 (1967), 171-179.

Borel, A.

1. Sur la cohomologie des espaces fibrés principaux et des espacès homogènes de groupes de Lie compacts. Annals of Math. 57(1953), 115-207.

Bott, R.

1. Lectures on characteristic classes and foliations. Lectures on algebraic and differential topology. Lecture Notes in Math. No. 279, Springer-Verlag (1972), 1-94.

Bousfield, A. K. & Guggenheim, V. K. A. M.

1. On P.L. de Rham theory and rational homotopy type. Mem. Amer. Math. Soc. 8(1976), No. 179.

Brown, E. H.

1. Twisted tensor products. I. Annals of Mathematics 69(1959), 223-296.

Cairns, S. S.

1. Triangulated manifolds and differentiable manifolds. Lectures in Topology. University of Michigan Press (1941), 143-158.

Cartan, H.

1. La transgression dans un groupe de Lie et dans un espace fibré principal. Colloque de Topologie (espaces fibrés) Bruxelles 1950. Masson et Cie.(1951), 15-27.

Cartan, H.

1. Cohomologie réelle d'un espace fibré principal différentiable. Sem. Cartan1949/50, Exp. 19, 20.
2. Algèbres d'Eilenberg-MacLane et homotopie. Sem. Cartan 1954/55.

Cartan, H. & Serre, J. P.

1. Espaces fibrés et groupes d'homotopie. I. Constructions générales, II. Applications. C. R. 234(1952), 288-290, 393-395.

Chen, K. T.

1. Reduced bar constructions on de Rham complexes. Algebra, Topology and Category Theory (1976), 19-32, Acad. Press.
2. Connections, holonomy and path space homology. Differential geometry (Proc. Symp. Pure Math. V. 27, Ptl. 1973), 39-52.

Deligne, P. Griffiths, P. Morgan, J. & Sullivan, D.

1. The real homotopy theory of Kähler manifolds. Invent. Math. 29(1975), 245-254.

Friedlander, E. Griffiths, P. A. & Morgan, J.

1. Homotopy theory and differential forms. Mimeog. Notes (1972).

Griffiths, P. A. & Morgan, J. W.

1.Rational homotopy theory and differential forms. Progress in Math. 16, Birkhäuser, Boston (1981).

Grivel, P. P.

1. Suite spectrale et modèle minimal d'une fibration. Thèse, Univ. de Genève (1975) .
2. Formes différentielles et suites spectrales. Ann. Inst. Fourier 29(1979), 17-37.

Haefliger, A.

1. Whitehead products and differential forms. Differential topology, foliations and Gelfand-Fuks cohomology. Lecture Notes in Math. V. 652(1978), 13-24.

Halperin, S.

1. Finiteness in the minimal models of Sullivan. Trans. Amer. Math. Soc. 230 (1977), 173-199.
2. Rational fibrations, minimal models and fiberings of homogeneous spaces. Trans. Amer. Math. Soc. 244(1978), 199-224.
3. Lectures on minimal models. Publ. U. E. R. de Mathématiques, Univ. de Lille I(1977, 1981).

Husemoller, D.

1. Fibre bundles. Springer-Verlag (1966).

Kahn, D. W.

1. The existence and applications of anticommutative cochain algebras. III. J. Math. 7(1963), 376-395.

Koszul, J. L.

1. Sur un type d'algèbres différentielles en rapport avec la transgression. Colloque de Topologie (espaces fibrès) Bruxelles 1950. Masson et Cie. (1951), 73-81.

Lehmann, D.

1. Théorie homotopique des formes différentielles d'après Sullivan.

Astérisque 45, Soc. Math. France, Paris (1977).

Liu, N. P.

1. Mod 2 programming and planar imbedding. Acta Math. Appl. Sinica, 1(1978), 321-329.

MacLane, S.

1. Homology. Springer-Verlag (1963).

Meier, W.

1. Rational universal fibrations and flag manifolds. Math. Ann. 258(1982), 329-340.

Milgram, R. J.

1. The bar construction and abelian H-space, Ill. J. Math. 11(1967), 242-250.

Milnor, J. & Stasheff, J. D.

1. Characteristic classes. Princeton Univ. Press (1974).

Moore, J. C.

1. Algèbre homologique et des espaces classifiants. Sém. Cartan 1959/1960, Exp. 7.

2. Comparaison de la bar construction à la construction W et aux complexes $K(\pi, n)$. Sém. Cartan 1954/1955, Exp. 13.

Quillen, D.

1. Rational homotopy theory. Annals of Math. 90(1969), 205-275.

Rashevskii, P. K.

1. Real cohomology of homogeneous spaces. Usp. Mat. Nauk 24:3 (1969), 23-90.

Smith, L.

1. Homological algebra and the Eilenberg-Moore spectral sequences. Trans. Amer. Math. Soc. 129(1967), 58-93.

Steenrod, N. E.

1. Milgram's classifying space of a topological group. Topology 7(1968), 349-368.

Sullivan, D.

1. Differential forms and the topology of manifolds. Manifolds Tokyo 1973, Univ. of Tokyo Press (1975), 37-50.
2. Cartan-deRham homotopy theory. Colloque analyse et topologie en l'honneur de H. Cartan. Astérisque No. 32-33(1976), 227-253.
3. Infinitesimal computations in topology. Publ. Math. 47(1977), 269-331.

Swan, R. G.

1. Thom's theory-of differential forms on simplicial sets. Topology 14(1975), 271-273.

Thom, R.

1. Opérations en cohomologie réelle. Sém. Cartan 1954/1955, Esp. 17.

Thomas, J. C.

1. Fibrés minimaux algébriques et transgression (Part 1). Publ. UER de Mathématique, Univ. de Lille I(1976).

Vigné-Poirrier, M.

1. Quelques problèmes d'homotopie rationnelles. Thése, Univ. de Lille I(1978)

Weil, A.

1. Sur les théorèmes de deRham. Comm. Math. Helv. 26(1952), 119-195.

Whitehead, J. H. C.

1. On XI'-triangulations. Annals of Math. 41(1940), 809-824.

Whitney, H.

1. Geometric integration theory. Princeton Univ. Press (1957).

Wolf, J.

1. The cohomology of homogeneous spaces. Amer. J. Math. 99(1977), 312-340.

2. The real and rational cohomology of differential fibre bundles. Trans. Amer. Math. Soc. 295(1978), 211-220.

Wu, Wen-tsün

1. A theory of imbedding, immersion and isotopy of polytopes in an euclidean space. Science Press, Beijing (1965); Chinese version (1978).
2. Layout problems in printed circuits and integrated circuits. Appendix in Chinese version of [1], 213-261.
3. A new functor in algebraic topology. (Chinese), Kexue Tongbao 9(1975), 311-312.
4. Theory of I^*-functor - The real topology of homogeneous spaces. (Chinese), Acta Mathematica Sinica 18(1975), 162-172.
5. Theory of I^*-functor in algebraic topology - Real topology of fiber squares. Scientia Sinica 18(1975), 464-482.
6. Theory of I^*-functor in algebraic topology - Effective calculation and axiomatization of I^*-functor on complexes. Scientia Sinica 19(1976), 647-664.
7. (with Wang, Qui-ming) Theory of I^*-functor in algebraic topology - I^*-functor of a fiber space. Scientia Sinica 21(1978), 1-18.
8. On calculability of I^*-measure with respect to complex-union and other related constructions. Kexue Tongbao 25(1980), 185-188.
9. de Rham - Sullivan measure of spaces and its calculability. The Chern Symposium 1979, Springer-Verlag (1980), 229-295.
10. A constructive theory of algebraic topology - Part I. Notions of measure and calculability. J. Sys. Sci. & Math. Sci. 1(1981), 53-68.
11. The de Rham theorem from a constructive point of view. Proc. 1981 Symp. Diff. Geometry and Diff. Equations (Shanghai-Hefei), Science Press (1984), 497-528.

Index